中国科协学科发展预测与技术路线图系列

中国科学技术协会 主编

U0187615

可再生能源
学科路线图

中国可再生能源学会◎编著

中国科学技术出版社

·北 京·

图书在版编目（CIP）数据

可再生能源学科路线图 / 中国科学技术协会主编；
中国可再生能源学会编著 . -- 北京：中国科学技术出版
社，2023.12
　（中国科协学科发展预测与技术路线图系列报告）
　ISBN 978-7-5046-8850-7

　I. ①可… II. ①中… ②中… III. ①再生能源—学
科发展—研究报告—中国　IV. ① TK01

中国版本图书馆 CIP 数据核字（2020）第 199302 号

策划编辑	秦德继
责任编辑	杨　丽
装帧设计	中文天地
责任校对	邓雪梅
责任印制	李晓霖

出　　版	中国科学技术出版社
发　　行	中国科学技术出版社有限公司发行部
地　　址	北京市海淀区中关村南大街 16 号
邮　　编	100081
发行电话	010-62173865
传　　真	010-62173081
网　　址	http://www.cspbooks.com.cn

开　　本	787mm×1092mm　1/16
字　　数	248 千字
印　　张	13.5
版　　次	2023 年 12 月第 1 版
印　　次	2023 年 12 月第 1 次印刷
印　　刷	北京荣泰印刷有限公司
书　　号	ISBN 978-7-5046-8850-7 / TK·29
定　　价	70.00 元

本书编委会

主编、首席科学家: 谭天伟

副 主 编: 李宝山　肖明松

编 写 组:（按姓氏笔画排序）

马丽云　王志峰　王斯成　韦东远　祁和生

许洪华　孙孟佳　杨世关　李宝山　肖明松

何　涛　赵　颖　姚兴佳　秦海岩　袁振宏

郭烈锦　梁　媛　蒋剑春　董丽静

学术秘书:（按姓氏笔画排序）

韦东远　李宝山　肖明松　袁振宏

前　言

本书在重点研究国内、国外可再生能源学科的发展现状、属性及定义的基础上，深入研究和探讨了我国对可再生能源的一般性定义，不同研究部门对可再生能源定义的差异，以及我国可再生能源学科发展路径和现状，学科发展过程存在的问题。

本书在对学科分类原则和分类方法以及可再生能源新观点、新理论、新技术等方面进行深入研究的基础上，研究和总结了可再生能源学科研究平台建设现状及发展趋势，介绍了本学科在学术建制、人才培养、研究平台、重要研究团队等方面的进展。根据国内外在可再生能源前沿技术热点的发展趋势，预测我国未来可再生能源技术的发展方向和学科发展趋势，提出可再生能源学科近期和未来发展方向，制定本学科发展的路线图，为学科发展、规划提出建议，为学科协调创新研究、谋划学科布局以及促进相关产业发展提供参考。

可再生能源学科发展与我国的能源发展体系和生态环境平衡直接相关联，本书从全局视角出发，用近期、远期的发展眼光，通过分析提炼出不同时间节点可再生能源学科的技术、产业、市场等要素特征，尽可能提出符合实际的可再生能源学科发展轨迹。

可再生能源学科研究是一项动态、开放性研究，中国可再生能源学会会根据技术进步、产业和市场发展的实际情况，不断更新完善，以便能够真实反映技术进步和外部因素的变化等所带来的改变。

作为《可再生能源学科路线图》的承担单位，中国可再生能源学会特别感谢为该项目做出特殊贡献的华北电力大学及中国电力高校联盟单位，同时感谢共同参与研究的单位和企业专家。

中国可再生能源学会

目　录

第一章　可再生能源学科发展背景

第一节　可再生能源发展历程

能源是人类生存、生活与发展的主要基础。能源的发展史直接影响人类的发展和进化，能源的发现与转化利用技术的进步，在促进人类社会发展中一直扮演着极其重要的角色。每一次能源利用的里程碑式发展，都伴随着人类生存与社会进步的巨大飞跃。几千年来，在人类的能源利用史上，大致经历了这样几个里程碑式的发展阶段：原始社会火的使用，先祖们在火的照耀下迎来了文明社会的曙光；18 世纪蒸汽机的发明与利用，大大提高了生产力，导致了欧洲的工业革命；19 世纪电能的使用，极大地促进了社会经济的发展，改变了人类生活的面貌；20 世纪以核能为代表的新能源的利用，使人类进入原子的微观世界，开始利用原子内部的能量；21 世纪大规模可再生能源的开发利用，缓解了化石能源的污染和不可持续问题。

一、发展初级阶段

在当今世界，能源的发展、能源和环境，是全世界、全人类共同关心的问题，也是我国社会经济发展的重要问题。人类在享受能源带来的经济发展、科技进步的同时，也遇到一系列无法避免的能源安全挑战，能源短缺、资源争夺以及过度使用能源造成的环境污染等问题威胁着人类的生存与发展。

在 19 世纪中叶煤炭发展之前，所有使用的能源都是可再生能源，其主要来源及其原始形式主要是人力和畜力，利用牛、骡、马、火、水力和风力种植、运输和加工粮食，利用水流运输木材，利用阳光烘干食品等。

1878 年，法国在巴黎建设了首个太阳能动力站，该装置是一个小型聚集太阳能热动力系统，盘式抛物面反射镜可以将阳光聚焦到置于其焦点处的蒸汽锅炉，由此产生的蒸汽驱动一个很小的互交式蒸汽机运行。

二、快速发展阶段

进入 20 世纪，能源和能源利用技术得到了快速发展，原始的可再生能源利用方法，随着技术进步也取得了突破。

1901 年，美国工程师研制成功 7350 W 的太阳能蒸汽机，采用 70 m² 的太阳聚光集热器，该装置安装在美国加州做实验运行。

1950 年，苏联设计了世界上第一座塔式太阳能热发电站的小型实验装置，对太阳能热发电技术进行了广泛的、基础性的探索和研究。

1952 年，法国国家研究中心在比利牛斯山东部建成一座功率为 1 MW 的太阳炉。

1973 年，世界性石油危机的爆发刺激了人们对太阳能技术的研究与开发。相对于太阳能电池的价格昂贵、效率较低，太阳能热发电的效率较高、技术比较成熟。许多工业发达国家都将太阳能热发电技术作为国家研究开发的重点。

从 1981—1991 年 10 年间，全世界建造了装机容量 500 kW 以上的各种不同形式的兆瓦级太阳能热发电试验电站 20 余座，其中主要形式是塔式电站，最大发电功率为 80 MW。

太阳能热发电最早是在以色列进行研究开发的。20 世纪 70 年代，以色列在死海沿岸先后建造了 3 座太阳池太阳能热发电站，以提供其全国 1/3 用电量的需求。美国也曾计划将加州南部萨尔顿海的一部分建成太阳池，用以建造 800 ~ 600 MW 太阳池太阳能热发电站。后来，以色列和美国均对其太阳能热发电计划做了改变。

随着能源紧缺，各国对可再生能源的利用率越来越高。我国的水力发电已跃为国际先进行列，风力发电广泛兴起，太阳能发电开始投入，已见成效。

从 20 世纪 70 年代中期开始，随着太阳能利用技术的迅速发展，我国一些高等院校和中科院电工研究所等单位和机构，也对太阳能热发电技术做了不少应用性基础实验研究，并在天津建造了一套功率为 1 kW 的塔式太阳能热发电模拟实验装置，在上海建造了一套功率为 1 kW 的平板式低沸点工质太阳能热发电模拟实验装置。中科院电工研究所对槽式抛物面反射镜太阳能热发电用的槽式抛物面聚光集热器也做了不少单元性试验研究。同期，中科院电工研究所建立了一套 1 kW 碟式太阳能热发电系统，正在进行实验研究。此外，80 年代初，湖南湘潭电机厂与美国公司合作，设计并研制成功了 5 kW 的盘式太阳能热发电装置样机。

我国太阳能热发电技术的研究开发工作开始于 20 世纪 70 年代末，但由于工艺、材料、部件及相关技术未得到根本性的解决，加上经费不足，热发电项目先后停止和下马。国家"八五"计划安排了小型部件和材料的攻关项目，带有技术储备性质，与国外差距很大。这期间，国外太阳能热发电技术发展很快，我国应加快这项技术的引进研制，找准切入点建立示范电厂，以填补国内空白。

三、逐步成熟阶段

（一）产业发展

进入 21 世纪，煤、石油和天然气等矿石燃料资源日益枯竭，甚至不能维持几十年。人类面临能源危机，因此，必须寻找可持续的替代能源。全球能源结构加速向低碳化、无碳化方向演变，以可再生能源生产和应用为代表的变革正吹响全球新一轮能源革命的号角。在此大背景下，2017 年全球能源资源市场、技术、政策等都出现新变化，能源大国的清洁能源开发顺势而上，新兴能源技术变革不断取得进步，对全球能源供给多元化及能源技术进步起到了积极促进作用。我国坚持以绿色发展推动能源革命，鼓励可再生能源技术创新与产业发展，将逐步成为经济增长的新动能。

截至 2017 年年底，我国可再生能源发电装机达到 6.5 亿 kW，同比增长 14%，占全部电力装机的 36.6%，同比上升 2.1 个百分点，可再生能源的清洁能源替代作用日益显现。我国光伏发电新增装机容量 5306 万 kW，累计装机容量 13025 万 kW，新增和累计装机容量均为全球第一；新增太阳能集热系统总量约为 3723 万 m^2，遥遥领先于其他国家；全年新增风电装机 1503 万 kW，累计并网装机容量达到 1.64 亿 kW，占全部发电装机容量的 9.2%；生物质发电装机容量达到 1488 万 kW：新能源汽车产量 79.4 万辆，销售量 77.7 万辆，比 2016 年同期分别增长 53.8% 和 53.3%。可再生能源产业是我国实现在能源领域"弯道超车"的关键布局，随着经济发展进入新时代，可再生能源也步入产业发展的新阶段，迎来前所未有的全新机遇。党的十九大报告中明确提出："建立健全绿色低碳循环发展的经济体系，构建市场导向的绿色技术创新体系，构建清洁低碳、安全高效的能源体系。"为能源结构转型指明方向，更有利于可再生能源行业突出绿色环保产业的特点，在利用可再生能源培育新经济增长点的同时，实现经济、社会、环境效应的共赢。

（二）技术装备

可再生能源技术日趋成熟。在水电方面，建成了世界上最高的 300 m 及以上混凝土双曲拱坝；在风电领域，1.5 ~ 5 MW 的风机已经实现批量生产；在光伏领域，依托国家光伏领跑示范基地，推动光伏产品先进性指标提升。另外，为了发展可再生能源，在储能技术、多能互补技术以及微电网等方面也进行了有效的示范。从这些方面来看，我国水电、风电、光伏产业的制造能力已经位居世界首位，正在从"制造大国"向"制造强国"迈进。

（三）标准体系

可再生能源产业体系逐步健全。国家出台了可再生能源法以及一系列配套政策，成立水电、风电、光伏、农村可再生能源领域的标准化委员会，推进了标准体系的建设。认证、建设、勘察能力不断加强，支撑可再生能源产业的规模化发展。

（四）技术经济

可再生能源经济性不断提高。"十二五"时期，以光伏为代表的可再生能源是成本下降最快、经济性提高显著的能源类型。光伏在 2010 年的单位千瓦造价为 2 万元左右，2012 年下降至 1.1 万元左右，"十二五"末期降至 7000 元左右。上网电价由最初的 1 元 / kW·h 降至 0.6 ~ 0.8 元 / kW·h，经济性显著提升。

据新华社报道，2018 年 4 月 7 日，德国 2018 年 4 月 5 日发布了一份题为《2018 全球可再生能源投资趋势》的报告，报告显示，2017 年我国可再生能源领域投资额为 1266 亿美元，创下历史新高，占全球可再生能源总投资额的 45%。其中，在光伏发电和风力发电领域，中国也成了全球最大的投资者。报告指出，预计到 2035 年，可再生能源发电将提供全球三成以上的电力。同时，中国在可再生能源电力新增和累计装机容量方面，以及发电总量均领先全球，其中可再生能源累计装机总量高达 500 GW，远高于排名第二的美国，约占全球比例的 1/4。

俄专家称中国可再生能源领域居世界领先地位，需要发展可再生能源的国家应向中国学习。俄罗斯科学院远东研究所中国经济社会研究中心高级研究员表示，"中国在（可再生能源领域）领先，中国在生产最新的设备，应用最高水平的技术方面甚至已超过了美国，更不用说其他国家"，中国正向可再生能源的发展投入大量资金；包括日本在内的许多正在发展可再生能源的国家应该向中国学习。英国利兹大学的克里斯托弗·登特教授指出，中国拥有全世界水电站装机容量的 1/4，出于保障环境和能源安全的必要性，中国利用可再生能源的水平和产能都势必上升。

第二节 可再生能源定义及属性

一、可再生能源的属性

可再生能源是指自然界可直接获取并能在较短时间内再生的各种能源资源。它不同于常规化石能源，可以持续发展，对环境无损害，有利于生态的良性循环。大部分的可再生能源其实都是对太阳能的各种形式的储存和转化。

可再生能源资源作为一种独立存在的能量载体，在总体上具有许多不同于化石能源资源的特点：能量密度较低并且高度分散，呈现明显的地域性；资源丰富，具有可再生性；太阳能、风能、潮汐能等资源具有间歇性和随机性；可再生能源资源和生态环境密切相关；清洁干净，使用中几乎不排放损害生态环境的污染物；开发利用的技术难度大。

根据国际能源署（IEA）发布的《2018年可再生能源市场分析与预测报告》，可再生能源在未来五年将继续扩张，并占全球能源消费增长的40%。另外，电力部门对可再生能源的利用程度继续快速增长，至2023年其将占世界总发电量近1/3的份额。世界各国日益重视能源节约、环境保护和全球气候变化问题，致使可再生能源在能源发展中的战略地位更加突出，使得近年来可再生能源得到了快速发展，产业化水平逐步提高，在能源构成中的比重越来越大。

（一）太阳能

太阳能（solar energy），是指太阳光的辐射能量，在现代一般用作发电或者为热水器提供能源。自地球形成以来，生物就主要以太阳提供的热和光生存，而自古人类也懂得以阳光晒干物件，并作为保存食物的方法，如制盐和晒咸鱼等。在化石燃料日趋减少的情况下，太阳能已成为人类使用能源的重要组成部分，并不断得到发展。太阳能的利用有被动式利用光热转换和光电转换两种方式，太阳能发电是一种新兴的可再生能源。太阳能是取之不尽、用之不竭的理想能源。太阳能既是一次能源，又是可再生能源。它资源丰富，既可免费使用，又无需运输，对环境无任何污染，为人类创造了一种新的生活形态，使社会及人类进入一个节约能源、减少污染的时代。

1. 太阳能光伏

光伏组件是一种暴露在阳光下便会产生直流电的发电装置，太阳能利用由几乎全部以半导体物料（例如硅）制成的固体光伏电池组成。由于没有活动的部分，故可以长时间操作而不会导致任何损耗。简单的光伏电池可为手表以及计算机提供能源，较复杂的光伏发电系统可为房屋提供照明以及用于交通信号灯和监控系统，还可并入电网供电。光伏组件可以制成不同形状，而组件又可连接，以产生更多电能。

2. 太阳能光热

太阳能光热基本原理是将太阳辐射能收集起来，通过与物质的相互作用转换成热能加以利用。目前，使用最多的太阳能收集装置主要有平板型集热器、真空管集热器、陶瓷太阳能集热器和聚焦集热器4种。通常根据所能达到的温度和用途的不同，而把太阳能光热利用分为低温利用（<200℃）、中温利用（200~800℃）和高温利用（>800℃）。目前低温利用主要有太阳能热水器、太阳能干燥器、太阳能蒸馏器、太阳房、太阳能温室、太阳能空调制冷系统等，中温利用主要有太阳灶、太阳能热发电聚光集热装置等，高温利用主要有高温太阳炉等。

（二）风能

风能（wind energy）指地球表面大量空气流动所产生的动能。由于地面各处受太阳辐照后气温变化不同和空气中水蒸气的含量不同，因而引起各地气压的差异，在水平方向高压空气向低压地区流动，即形成风。风能资源取决于风能密度和可利用的风能年累积小时数。风能密度是单位迎风面积可获得的风的功率，与风速的三次方和空气密度成正比关系。

空气流速越高，动能越大。人们可以用风车把风的动能转化为旋转的动作去推动发电机，以产生电力，方法是透过传动轴，将转子（由以空气动力推动的扇叶组成）的旋转动力传送至发电机。

（三）生物质能

生物质能（biomass energy）就是太阳能以化学能形式储存在生物质中的能量形式，即以生物质为载体的能量。它直接或间接地来源于绿色植物的光合作用，可转化为常规的固态、液态及气态燃料，取之不尽、用之不竭，是一种可再生能源，同时也是唯一一种可再生的碳源。地球每年经光合作用产生的物质有1730亿吨，其中蕴含的能量相当于全世界能源消耗总量的10~20倍，但目前的利用率不到3%。

生物质是指利用大气、水、土地等通过光合作用而产生的各种有机体，即一切有生命的可以生长的有机物质通称为生物质，包括植物、动物和微生物。广义概念：生物质包括所有的植物、微生物以及以植物、微生物为食物的动物及其生产的废弃物。

有代表性的生物质如农作物、农作物废弃物、木材、木材废弃物和动物粪便。狭义概念：生物质主要是指农林业生产过程中除粮食、果实以外的秸秆、树木等木质纤维素（简称木质素）、农产品加工业下脚料、农林废弃物及畜牧业生产过程中的禽畜粪便和废弃物等物质。特点：可再生、低污染、分布广泛。

（四）水能

水能（water energy），是指水体的动能、势能和压力能等能量资源。水能是一种可再生能源，水能主要用于水力发电。水力发电将水的势能和动能转换成电能。以水力发电的工厂称为水力发电厂，简称水电厂，又称水电站。水力发电的优点是成本低、可连续再生、无污染；缺点是分布受水文、气候、地貌等自然条件的限制大，容易被地形、气候等多方面的因素所影响。国家还在研究如何更好地利用水能。

（五）地热能

地热能（geothermal energy）是由地壳抽取的天然热能，这种能量来自地球内部的熔岩，并以热力形式存在，是引致火山爆发及地震的能量。地球内部的温度高达7000℃，而在 80～100 km 的深度，温度会降至 650～1200℃。透过地下水的流动和熔岩涌至离地面 1～5 km 的地壳，热力得以被转送至较接近地面的地方。高温的熔岩将附近的地下水加热，这些加热了的水最终会渗出地面。运用地热能最简单和最合乎成本效益的方法，就是直接取用这些热源，并抽取其能量。地热能是可再生能源。

（六）海洋能

海洋能（ocean energy），是一种蕴藏在海洋中的可再生能源，海洋通过各种物理过程接收、储存和散发能量，这些能量以潮汐能、波浪能、温差能、盐差能、海流能等形式存在于海洋之中。

1. 潮汐能

潮汐能是从海水面昼夜间的涨落中获得的能量。它与天体引力有关，地球月亮太阳系统的吸引力和热能是形成潮汐能的来源。潮汐能包括潮汐和潮流两种运动方式所包含的能量。潮水在涨落中蕴藏着巨大能量，这种能量是永恒的、无污染的能量。

2. 波浪能

波浪能指蕴藏在海面波浪中的动能和势能。波浪能主要用于发电，同时也可用于输送和抽运水、供暖、海水脱盐和制造氢气。

3. 温差能

海水温差能是指海洋表层海水和深层海水之间水温差的热能，是海洋能的一种重要形式。低纬度的海面水温较高，与深层冷水存在温度差，而储存着温差热能，其能量与温差的大小和水量成正比。

4. 盐差能

盐差能是指海水和淡水之间或两种含盐浓度不同的海水之间的化学电位差能，是以化学能形态出现的海洋能，主要存在于河海交接处。同时，淡水丰富地区的盐湖和地下盐矿也可以利用盐差能。盐差能是海洋能中能量密度最大的一种可再生能源。

5. 海流能

海流能是指海水流动的动能，主要是指海底水道和海峡中较为稳定的流动以及由于潮汐导致的有规律的海水流动所产生的能量，是另一种以动能形态出现的海洋能。

二、能源的定义

（一）国外对能源的定义

关于能源的定义，有不同的表述。《不列颠百科全书》描述为"能源是可从其获得热、光和动力之类能量的资源；能源是一个包括所有燃料、流水、阳光和风的术语，人类用适当的转换手段便可让它为自己提供所需的能量"；《日本大百科全书》描述为"在各种生产活动中，我们利用热能、机械能、光能、电能等来做功，可利用作为能量源泉的自然界中的各种载体，称为能源"。

（二）国内对能源的定义

我国的《能源百科全书》描述为"能源是可以直接或经转换提供人类所需的光、热、动力等任一形式能量的载能体资源"。可见，能源是一种呈多种形式的，且可以相互转换的能量的源泉。确切而简单地说，能源是自然界中能为人类提供某种形式能量的物质资源。

能源亦称能量资源或能源资源，是指可产生各种能量（如热量、电能、光能和机械能等）或可做功的物质的统称；是指能够直接取得或者通过加工、转换而取得有用能的各种资源，包括煤炭、原油、天然气、煤层气、水能、核能、风能、太阳能、地热能、生物质能等一次能源和电力、热力、成品油等二次能源，以及其他新能源和可再生能源。

《中国大百科全书·机械工程卷》说：能源（energy source）亦称能量资源或能源资源，是国民经济的重要物质基础，未来国家命运取决于能源的掌控。能源的开发和有效利用程度以及人均消费量是生产技术和生活水平的重要标志。

在《中华人民共和国节约能源法》中所称能源，是指煤炭、石油、天然气、生物质能和电力、热力以及其他直接或者通过加工、转换而取得有用能的各种资源。

三、能源发展趋势

（一）国外发展趋势

世界各国在发展新能源及可再生能源方面的政策措施各具特色，侧重点不尽相同，但也有许多共同之处。

一是注重能源安全，强调能源来源多元化。各国制定新能源及可再生能源政策的最主要目的是减少对化石能源的依赖，通过大力发展风能、太阳能、水电、生物质能、核能、地热能和海洋资源等，逐步降低一次性化石能源在能源消费结构中的比重。2011年的日本核危机事件，使全球各国深刻认识到核能是一把"双刃剑"，开始更加注重发展可再生能源，可再生能源或将接替核能成为今后世界能源格局中的主力军。

二是注重节能减排，试图减缓全球气候变化影响。20世纪90年代后，各国能源政策的一个新亮点就是将应对生态危机和气候变化作为制定能源政策的主要目的。例如，英国议会2008年11月通过了《气候变化法案》，率先在世界上建立了减少温室气体排放、适应气候变化的法律约束性长期框架。

三是注重技术创新，着力抢占未来新能源及可再生能源技术的制高点。世界主要发达国家非常重视新能源及可再生能源技术的研发和应用。欧盟于2010年3月发布了《欧盟2020年战略为实现灵巧增长、可持续增长和包容性增长的战略》，提出发展智能、现代化和全面互联的运输和能源基础设施等措施，建立资源效率更高、更加绿色、竞争力更强经济的目标。

（二）国内发展趋势

作为一个能源生产和消费大国，保持能源、经济和环境的可持续发展是中国长期面临的一个重大战略问题。中华人民共和国成立初期，为了重建国内经济和抵制西方制裁，中国实施的是自给自足的能源开发战略，并初步构建了较为完备的能源工业体系。改革开放后，面对国内日益增加的能源需求，中国立足国情，构建了以煤炭为主、石油电力等为辅的能源结构，并通过国际能源贸易解决国内石油供需缺口的矛盾，维持了国民经济在改革开放30多年来的快速发展势头。但是，由于经济增长方式粗放等原因，中国的能源利用效率长期偏低，保障能源供应和改善生态环境已经成为中国经济继续快速发展必须要解决的瓶颈问题。

在进入 2000 年时，我国常规能源资源仅占世界总量的 10.7%，人均能源资源占有量远低于世界平均水平。其中，人均石油可采储量只有 4.7 吨，人均天然气可采储量 1262 m^3，人均煤炭可采储量 140 吨，分别为世界平均值的 20.1%、5.1% 和 86.2%。2004 年，我国一次能源生产量为 18.46 亿吨标准煤，一次能源消费量为 19.7 亿吨标准煤，居世界第二位。随着我国经济的快速发展，能源供需矛盾将日益显现，特别是石油供需矛盾将更为突出，石油供应安全凸显。我国以煤为主的能源结构也将带来严重的大气污染。2017 年，我国烟尘和 CO_2 排放量的 70%、SO_2 排放量的 90%、NO_x 排放量的 67% 来自燃煤。SO_2 和 CO_2 排放量已分别居世界第一位和第二位，20 世纪 90 年代中期酸雨区已占全国面积的 30% 左右。此外，可吸入颗粒物、重金属污染等对生态环境造成的不利影响也日益受到全社会的关注。为满足小康社会对环境质量的要求，必须在保持经济增长和能源发展的同时，采取有效措施，显著减少污染物的排放。同时，我国能源大规模开发利用所引起的环境问题，尤其是以 CO_2 为主体的温室气体排放问题，已受到世界各国的普遍关注，《京都议定书》生效和《后京都议定书》开始谈判，将使我国在温室气体排放问题上面对的国际压力日趋严重。

通过对我国中长期能源供需形势的分析，可以得出这样的基本结论：我国的能源发展将长期存在三大矛盾，即大量使用煤炭与环境保护和减排温室气体的矛盾，大量消耗优质能源和国内油气资源短缺的矛盾，大量进口石油、天然气和能源安全的矛盾。如何面对我国能源供需矛盾是一种严峻挑战，唯有采取强化节能、大幅度提高能源效率和各种资源的综合利用，积极利用国际资源，特别是油气资源，同时大力发展可再生能源，才是缓解三大矛盾、应对挑战的根本出路。

在这种形式下，一些发达国家可再生能源的地位得到很大的提升，已从原来的补充能源上升到战略替代能源的地位，发展可再生能源的目的已经演变为保障能源安全、减少环境污染和实现社会可持续发展。我国的可再生能源法就是在这样的环境条件下诞生了。我国政府一直积极探索以强制性手段保障可再生能源发展的有效机制。2003 年可再生能源立法开始列入议程，这是我国可再生能源发展史上的一项重要举措。在当时，我国可再生能源发展面临成本高、市场容量小、制造业薄弱、缺少立法支持和相应的运行机制等多种问题，解决这些问题的途径首先是推动可再生能源立法。其次，在立法的基础上进行可再生能源发展机制的创新，建立包括目标机制、定价机制、选择机制、补偿机制、交易机制和管理与服务机制等在内的运行机制。由于中国发展可再生能源要实现多种目标，因此不能依靠单一手段解决所有的问题。中国可再生能源发展的新机制应该是多种机制共同起作用的系统。

步入 21 世纪，我国更多地参与到应对气候变化的国际合作中，并逐步确立了节约高效为核心的能源安全战略框架，力图通过转变经济增长方式，为经济发展构筑稳定、经济、清洁的能源保障体系。从中长期看，构建较为稳定的国际能源供应体系和更加合理的国内能源价格机制，将有助于中国经济增长方式的转变。从未来世界能源技术的发展趋势看，谁掌握了新能源及可再生能源技术谁就获得了未来能源资源的主动权和控制权。因此，加快新能源及可再生能源技术的研究和开发，推广和使用先进的新能源及可再生能源技术，将是我国未来实现经济持续、快速、健康发展的重要保障，也是促使我国从能源大国向可再生能源强国转变的关键。

四、可再生能源定义

（一）可再生能源的概念

可再生能源（renewable energy）是指自然界中可以不断利用、循环再生的一种能源，例如太阳能、风能、水能、生物质能、地热能、水能、海洋能等。随着世界石油能源危机的出现，人们开始认识到可再生能源的重要性。来自大自然的能源，例如太阳能、风力、潮汐能、地热能等，是取之不尽、用之不竭的能源，是相对于会穷尽的不可再生能源的一种能源，对环境无害或危害极小，而且资源分布广泛，适宜就地开发利用。

可再生能源经历三十多年的发展历程，现已进入快速发展阶段，一些新的学术动向和派生出来的新形式不断产生，也引起一些不同观点和认识，急需进行属性定义和边界定义。

（二）权威定义

从一般意义上说，可再生能源主要是指在自然界中可以不断再生并有规律地得到补充的能源，但在法律意义上，对于如何界定可再生能源却存在着一定的分歧。有研究学者指出，要明确把握"可再生能源"中"可更新"是"可再生"的核心含义，对于准确地形成其法律定义具有重要意义，并据此认为应将法律意义上的可再生能源界定为"从自然界直接获得的，可更新的，非化石能源"；但从立法部门的意图来看，似乎并不把"可再生"和"可更新"进行明确区分，认为"可再生能源是指从自然界获取的，可以再生的非化石能源"。但从《中华人民共和国可再生能源法》（以下简称《可再生能源法》）的相关条文来看，显然回避了上述认识的分歧，《可再生能源法》

第二条主要从实证的角度出发，以现行立法中对可再生能源的界定作为研究的基本参照。相对于化石能源而言，可再生能源具有很多优点，比如分布广泛，具有开发利用的长久性和环境友好性等。但从另外一个角度来说，可再生能源也存在一些自身的缺点，比如开发利用对技术和成本要求高、间歇性和波动性较大等，而且可再生能源的环境友好性也是相对而言的，对可再生能源的开发利用同样也会带来一些环境问题，而且有些还表现得较为突出，这些都是在进行相关立法时应给予充分关注的。

可再生能源是从资源的角度而言的，所谓一次能源，是指从自然界取得未经改变或转变而直接利用的能源。一次能源一般不能规模化地作为日常消费使用，必须将其转换为二次能源，才能满足实际的消费需求，比如电力、汽油、柴油、液化石油气等。而二次能源有显著的商品特性，具有排他性和竞争性特征。但可再生能源则不同，从目前的相关实践来看，由可再生能源转化的二次能源主要是电力，而电力作为一种商品，因为其具有明确的排他性和竞争性，所以，不能将可再生能源的发展定位为公益事业。虽然从源头上看，作为一次能源的可再生能源具有一定的公共物品属性，对其开发利用需要行政权的制度设计作为启动因素。但就可再生能源开发利用的整个过程而言，为有效提高可再生能源开发利用过程中二次能源的产出量，从而优化国家的能源供求结构，仅有政府、公益、事业等概念是不够的，必须通过产业化的运作提高可再生能源的开发利用效率，扩大可再生能源开发利用的实际产出。而对于发展可再生能源产业来说，从立法的角度加强行政权的制度设计，从而将之作为产业的启动和保障因素当然是必需的，但产业的发展无法离开以市场为基础的激励机制。因此，如何在确保以行政权为主导的前提下，有效借助市场的力量，实现政府与市场的功能互补，也是可再生能源立法必须始终关注的问题。

《可再生能源法》是为了促进可再生能源的开发利用，增加能源供应，改善能源结构，保障能源安全，保护环境，实现经济社会的可持续发展制定；由中华人民共和国第十届全国人民代表大会常务委员会第十四次会议于2005年2月28日通过，自2006年1月1日起施行。

《可再生能源法》第二条规定："本法所称可再生能源，是指风能、太阳能、水能、生物质能、地热能、海洋能等非化石能源。水力发电和低效率炉灶直接燃烧方式利用秸秆、薪柴、粪便等，不适用本法。"

在2009年的修订版，第二条没有任何改动。

就可再生能源立法而言，现行《可再生能源法》作为我国当前可再生能源开发利用领域牵头的法律，采用的是针对所有类型可再生能源的统一立法模式，而实际上可再生能源只是一个概括性的提法，其涵盖多种不同类型，每种类型的可再生能源的赋存状态、开发利用技术要求、发展阶段以及法律制度需求都会存在一定差异。

《能源词典》在"新能源和可再生能源分类"是这样论述的：广义可再生能源包括太阳能、风能、生物质能、地热能、海洋能等。但按目前国际通例，可再生能源一般不包括大中型水电，只包括小型水电、太阳能、风能、生物质能、地热能、海洋能、氢能。

五、能源的分类

（一）按来源分类

能源按来源可分为以下三大类。

1. 来自太阳的能量

人类所需能量的绝大部分都直接或间接地来自太阳。正是各种植物通过光合作用把太阳能转变成化学能在植物体内储存下来；煤炭、石油、天然气等化石燃料也是由古代埋在地下的动植物经过漫长的地质年代形成的，它们实质上是由古代生物固定下来的太阳能。此外，水能、风能、波浪能、海流能等也都是由太阳能转换来的。

2. 来自地球本身的能量

来自地球本身的能量是指与地球内部的热能有关的能源和与原子核反应有关的能源，如地热能、原子核能等。温泉和火山爆发喷出的岩浆就是地热的表现。地球可分为地壳、地幔和地核三层，它是一个大热库。地壳就是地球表面的一层，一般厚度为几千米至 70 km 不等。地壳下面是地幔，它大部分是熔融状的岩浆，厚度为 2900 km。火山爆发一般是这部分岩浆喷出。地球内部为地核，地核中心温度为 2000℃。可见，地球上的地热资源储量很大。另一种是地壳内铀、钍等核燃料所蕴藏的原子核能。

3. 引力能

引力能是指月球和太阳等天体对地球的引力产生的能量，如潮汐能。

（二）按产生分类

根据产生方式，能源分为一次能源和二次能源，而一次能源根据其能否再生又分为可再生能源和不可再生能源，如表 1-1 所示。其中，可再生能源包括太阳能、水能、风能、生物质能、波浪能、潮汐能、海洋温差能、地热能等，而不可再生能源主要包括煤、石油和天然气等化石能源以及核能。此外，电力、煤气、汽油、柴油、焦炭、洁净煤、激光和沼气等都属于二次能源。

	表 1-1　能源分类	
一次能源	可再生能源	太阳辐射、生物质、风、流水、海浪、潮汐、海流、海水温差、地热水、地热蒸汽、热岩层等
	不可再生能源	化石燃料（煤、石油、天然气、油页岩、可燃冰）、核燃料（铀、钍、氘）等
二次能源		电能、汽油、煤油、柴油、火药、酒精、甲醇、沼气、丙烷、苯胺、焦炭、硝化棉、甘油三硝酸酯等

（三）按使用类型分类

按使用类型可分为常规能源和新能源。利用技术上成熟，使用比较普遍的能源叫作常规能源，包括一次能源中的可再生的水力资源和不可再生的煤炭、石油、天然气等资源。

新近利用或正在着手开发的能源叫作新能源。新能源是相对于常规能源而言的，包括太阳能、风能、地热能、海洋能、生物质能、氢能以及用于核能发电的核燃料等能源。由于新能源的能量密度较小，或品位较低，有间歇性，按已有的技术条件转换利用的经济性尚差，还处于研究发展阶段，只能因地制宜地开发和利用；但新能源大多数是可再生能源，资源丰富，分布广阔，是未来的主要能源之一。

（四）按形态特征分类

按转换与应用的层次进行分类。世界能源委员会推荐的能源类型分为：固体燃料、液体燃料、气体燃料、水能、电能、太阳能、生物质能、风能、核能、海洋能和地热能。其中，前三个类型统称化石燃料或化石能源。已被人类认识的上述能源，在一定条件下可以转换为人们所需的某种形式的能量。

（五）按商品和非商品分类

凡进入能源市场作为商品销售的均为商品能源，如煤、石油、天然气和电等。国际上的统计数字均限于商品能源。非商品能源主要指薪柴和农作物残余（秸秆等）。

六、常见疑问

（一）清洁能源

1. 清洁能源的基本概念

传统意义上，清洁能源指的是对环境友好的能源，意思为环保，排放少，污染程度小。但是这个概念不够准确，容易让人们误以为是对能源的分类，认为能源有清洁与不清洁之分，从而误解清洁能源的本意。

清洁能源的准确定义应是：对能源清洁、高效、系统化应用的技术体系。含义有三点：第一，清洁能源不是对能源的简单分类，而是指能源利用的技术体系；第二，清洁能源不但强调清洁性同时也强调经济性；第三，清洁能源的清洁性指的是符合一定的排放标准。

2. 清洁能源与可再生能源的关系

清洁能源的含义包含两方面的内容：①可再生能源：消耗后可得到恢复补充，不产生或极少产生污染物，如太阳能、风能、生物质能、水能、地热能、氢能等；②不可再生能源：在生产及消费过程中尽可能减少对生态环境的污染，包括使用低污染的化石能源（如天然气等）和利用清洁能源技术处理过的化石能源（如洁净煤、洁净油等）。

3. 清洁能源的问题

核能虽然属于清洁能源，但消耗铀燃料，不属于可再生能源，投资较高；而且几乎所有的国家，包括技术和管理最先进的国家，都不能保证核电站的绝对安全，苏联的切尔诺贝利事故、美国的三里岛事故和日本的福岛核事故影响都非常大。核电站尤其是战争或恐怖主义袭击的主要目标，遭到袭击后可能会产生严重的后果。所以目前发达国家都在缓建核电站，德国准备逐渐关闭目前所有的核电站，以可再生能源代替，但可再生能源的成本比其他能源要高。

可再生能源是理想的能源之一，可以不受能源短缺的影响，但会受自然条件的影响，如需要有水力、风力、太阳能资源，而且最主要的是投资和维护费用高，效率低，所以发出的电成本高，现在许多科学家在积极寻找提高利用可再生能源效率的方法，相信随着资源的短缺，可再生能源将会发挥越来越大的作用。

（二）绿色能源

1. 绿色能源的基本概念

绿色能源（green energy；green energy resources）是指温室气体和污染物零排放或排放很少的能源，主要是新能源和可再生能源。绿色能源也称清洁能源，是环境保护和良好生态系统的象征和代名词。狭义的绿色能源是指可再生能源，如水能、生物质能、太阳能、风能、地热能和海洋能。这些能源消耗之后可以恢复补充，很少产生污染。广义的绿色能源则包括在能源的生产及消费过程中，选用对生态环境低污染或无污染的能源，如天然气、清洁煤和核能等。

2. 绿色能源的含义

绿色能源的含义，一是利用现代技术开发干净、无污染的能源，如太阳能、风能、潮汐能等。二是化害为利，与改善环境相结合，充分利用城市垃圾、淤泥等废物中所蕴藏的能源。与此同时，大量普及自动化控制技术和设备提高能源利用率。在可预见的未来，人类能源需求习惯难以改变，石油和煤炭仍将是一次能源消费的主力。不过，伴随着可再生能源近年来不断技术攻关，市场发展壮大，人类能源消费结构已开始发生明显变化，绿色能源发展道路逐渐成为共识。

3. 绿色能源与可再生能源彼此融合

人们常常提到的绿色能源指太阳能、氢能、风能等，另一类绿色能源是绿色植物提供的燃料，又叫生物能源或生物质能源。其实，绿色能源是一种古老的能源，千万年来，我们的祖先都是伐树、砍柴烧饭、取暖、繁衍生息。这样的后果是给自然生态平衡带来了严重的破坏。沉痛的历史教训告诉我们，利用生物能源，维持人类的生存，甚至造福于人类，必须按照自然规律办事，既要利用它，又要保护它，使自然生态系统保持平衡和良性循环。

（三）新能源

1. 新能源的定义

1980年联合国新能源和可再生能源会议给出了新能源的定义：以新技术和新材料为基础，使传统的可再生能源得到现代化的开发和利用，用取之不尽、周而复始的可再生能源取代资源有限、对环境有污染的化石能源，重点开发太阳能、风能、生物质能、潮汐能、地热能、氢能和核能。

新能源一般是指在新技术基础上加以开发利用的可再生能源，包括太阳能、生物质能、风能、地热能、波浪能、洋流能和潮汐能，以及海洋表面与深层之间的热循环等；此外，还有氢能、沼气、酒精、甲醇等。已经广泛利用的煤炭、石油、天然气、水能等能源，称为常规能源。随着常规能源的有限性以及环境问题的日益突出，以环保和可再生为特质的能源越来越得到世界各国的重视。

2. 新能源的内涵

在我国可以形成产业的新能源主要包括水能（主要指小型水电站）、风能、生物质能、太阳能、地热能等，是可循环利用的清洁能源。新能源产业的发展既是整个能源供应系统的有效补充手段，也是环境治理和生态保护的重要措施，是满足人类社会可持续发展需要的最终能源选择。

一般常规能源是指技术上比较成熟且已被大规模利用的能源，而新能源通常是指尚未大规模利用、正在积极研究开发的能源。因此，煤炭、石油、天然气以及大中型水电都被看作常规能源，随着技术的进步和可持续发展观念的树立，过去一直被视作垃圾的工业与生活有机废弃物被重新认识，作为一种资源的能源化利用而受到深入的研究和开发利用，因此，废弃物的资源也可看作是新能源技术的一种形式。

3. 新能源与可再生能源的区别

新能源一般包括可再生能源，但是新能源不一定就是可再生能源。例如：核能属于新能源，但是不属于可再生能源。在利用方式上，新能源和可再生能源都是鼓励使用的，尽量用它们取代传统能源。

（四）低碳

1. 低碳的含义

低碳（low carbon），旨在倡导一种低能耗、低污染、低排放为基础的经济模式，减少有害气体排放。它要求社会经济以低碳经济为发展模式及方向，日常生活以低碳生活为理念和行为特征，社会管治以低碳社会为建设标本和蓝图。低碳经济可让大气中的温室气体含量稳定在一个适当的水平，避免剧烈的气候改变，减少恶劣气候对人类造成伤害的机会。

2. 低碳经济的意义

从战略高度看，开发环境友好的可再生能源，并使其在保障和能源供应中扮演重要角色，已经成为我国可持续能源战略的必然选择。积极开发可再生能源，降低对化石碳能源的依赖，建立多元化的新型能源消费结构，提高资源循环利用和集约化水平，对调整和优化能源结构，强化能源节约和高效利用，减少温室气体排放，发展循环经济和低碳经济，以及全面贯彻落实科学发展观，加快我国经济发展方式转变都具有重要现实意义。

低碳经济是人类社会继农业文明、工业文明之后的又一次重大进步。低碳经济是能源高效清洁利用和绿色发展的问题，核心是能源技术和碳减排技术，产业结构调整和制度创新以及人类生存发展观念的根本性转变。从长远来看，发展低碳经济是全球的必然选择，也是我国建设生态节约、环境友好型社会，实现可持续发展的根本要求。发展低碳经济，提高可再生能源比重，可以有效地降低一次能源消费的碳排放，有利于我国的中长期发展和长治久安。

3. 低碳经济与可再生能源

我国低碳之路应该有两个走向：一是强化能源节约和高效利用的政策导向，这个主要是节能减排；二是大力发展可再生能源。由此可见，可再生能源与低碳经济发展是相互促进的关系。

可再生能源是发展低碳经济的重要基础能源，是经济社会发展的重要基础，也是生产力发展的动力源泉。人类社会每一次发展的转折点都是以开发利用能源引发的技术创新为契机的，同时能源也是社会进步程度的重要标志，经济社会越发达，消费的能源就越多。即使不考虑温室气体排放对气候变化的影响，这种主要依赖化石能源的经济和社会体系也不能持续，开发利用可再生能源资源势在必行。

随着经济发展和全面建设小康社会进程的推进，我国能源需求必将持续增长。随着国家对低碳经济的日益重视，可再生能源的发展具有广阔的前景。事实上，碳减排的压力不断上升，正在为可再生的清洁能源创造更大的舞台。因为低碳经济的发展需要"全民使用清洁能源"，我国低碳经济速度加快对可再生能源开发提出全新要求，必将有力推动可再生能源的开发步伐。中央经济工作会议已明确提出，要"开展低碳经济试点，努力控制温室气体排放"，同时加大经济结构调整力度，提高经济发展质量和效益。

国家的经济建设和社会发展离不开能源，能源在社会发展中具有非常重要的作用。中华人民共和国成立以来，我国大力发展重工业，在经济建设中主要以煤炭、石油等高碳能源为主，但是这些能源在开发和使用的过程中对生态环境造成了十分严重的破坏，为后期的环境治理工作带来了很大的阻碍。绿色环保已经成为21世纪的主流思想，低碳能源也因此成为国家能源发展战略的重点，低碳能源技术发展战略既有研究价值又有现实意义。

随着现代社会的不断发展，对能源的需求也在不断增多，传统的以煤炭和石油为主的能源结构与现代社会低碳经济的发展要求逐渐出现了脱节的现象，以往的能源结构要将开发与治理结合起来，不仅浪费时间、消耗成本，对自然环境产生的破坏也是无法从根本上消除的。因此，低碳能源技术的发展逐渐受到全世界的关注，也是实现我国低碳经济发展的基础和重要途径，在我国低碳经济建设中具有重要的地位。

（五）对可再生能源方面的疑问

1. 水能是否为可再生能源

从可再生能源的定义中不难得出，水能应该属于可再生能源范畴。但《可再生能源法》中规定，"水力发电对本法的适用，由国务院能源主管部门规定，报国务院批准"。而小水电在我国属于可再生能源范畴，小水电规模的基准线不同年代有所不同。

小水电的划分：我国小水电系指装机容量 25 MW 及以下的水力发电站和以小水电为主的地方小电网。

小水电的容量界限是与我国国民经济的发展相协调的，尤其与我国农村经济的发展和农村用电水平有关。在 20 世纪 50 年代，一般称 500 kW 以下的水电站为农村小水电站；到 60 年代，小水电的容量界限调整到 3 MW，并在一些地区出现了由几个小水电站联起来的小型供电网，这是中国地方电网的雏形。60 年代末期，随着县、社工农业用电量和经济实力的增长，国家及地方设备制造能力的加强，小水电站的容量界限上升到 12 MW，并形成了统一调度的县电网，电网电压等级多在 35 kV 以下。80 年代以后，随着以小水电为主的农村电气化计划实施，小水电的建设规模迅速扩大，小水电站建设容量也不断增大，并开始建设 110 kV 的地方电网，小水电站的定义也扩大到 25 MW。90 年代后，国家进一步明确装机容量 50 MW 以下的水电站均可享受小水电的优惠政策，并出现了一些容量为 6~25 MW 的地方电网。

在划分小水电容量中，主要考虑了以下三个主要因素：

1）用电负荷需要：小水电主要供县、乡工业企业和广大农村用电。目前我国农村用电水平还较低，一般中等县的用电水平只有几十兆瓦左右，因此，不可能把小水电的容量定义得太大。

2）地方办电能力：小水电主要由县、乡、村三级兴建，采用民办公助办法，建设资金主要靠地方各级自筹解决，国家只补助一部分，一座 10 MW 的小水电站，需投资近亿元，即使国家有些补助，地方自筹也是很重要的。

3）机组设备的选择：在一个小水电站内，通常选用规格型号相同的两台水轮发电机组。因为采用一台机组，遇到机组检修或发生故障时，电站就只能停止发电；如果采用多台机组，往往又要增加机电设备和厂房土建费用，而且建成后也要增加机组运行人员。因此，从经济上考虑，往往采用两台机组。同时，根据我国小水电机组产品系列规格，当选用两台单机为 6 MW 机组，总装机容量则为 12 MW。因此，60 年代末期将小水电的容量定为 12 MW 以下。这对设备制造、电站设计、地方办电能力和农村用电水平等各方面都是比较适合的。

随着我国国民经济的发展，农村用电水平不断提高，小水电装机容量也不断扩大。总结国内外经验可以看出，小水电容量的范围关系到能否促进小水电的发展。总的趋势是，小水电容量在随着地方经济的发展而不断增大。

2. 乙醇是否属于可再生能源

发酵法制乙醇是在酿酒的基础上发展起来的，在相当长的历史时期内，曾是生产乙醇的唯一工业方法。发酵法的原料可以是含淀粉的农产品，如谷类、薯类或野生植物果实等；也可用制糖厂的废糖蜜，或者用含纤维素的木屑、植物茎秆等。这些物质经一定的预处理后，经水解（用废糖蜜作原料不经这一步）、发酵，即可制得乙醇。发酵液中的质量分数约为 6%～10%，并含有其他一些有机杂质，经精馏可得 95% 的工业乙醇。乙醇属于二次能源，不属于可再生能源。

3. 空气热能是否为可再生能源

2015 年 11 月 25 日，住建部科技发展中心发表了《〈空气热能纳入可再生能源范畴的技术路径分析〉研究报告》，报告从"空气热能的定义、储量、利用""国内外空气热能利用技术现状""空气源能效水平及区域适用性""技术指标及常规能源替代潜力""结论及建议"五个方面展开论述，对空气热能的属性、空气热能的利用技术进行了总结，对空气源热泵的技术类型、行业发展进行了回顾，对其系统能效及常规能源替代潜力进行了分析。研究结论认为：根据国际上对可再生能源的属性定义，以及我国《可再生能源法》对可再生能源的法律界定，空气热能与已经被纳入可再生能源范围的浅层地热能一样，具备可再生能源的属性，因此，建议将空气热能纳入可再生能源范畴。

4. 核能的属性

按照联合国开发计划署的划分方式，核能并不包含在新能源中，联合国开发计划署认为新能源是直接或者间接地来自太阳或地球内部深处所产生的热能。而新能源另一种通常的定义是具有很高开发价值，目前尚未得到广泛使用，技术上不太成熟或正在开发研究的能源。在我国核能归属于新能源，很大程度是基于这种考虑，但这也是一种基于我国国情的说法。新能源和常规能源在不同的国家和地区根据其开发利用的程度不同，叫法是不一样的。比如核能在法国就是常规能源，在我国就是新能源。随着科学技术的发展，我国的很多新能源随着利用的程度和比例的增加，也会变成常规能源，比如大中型水电。

5. 传统生物质能与现代生物质能的区别

依据是否能大规模代替常规化石能源,生物质能可分为传统生物质能和现代生物质能。传统生物质能主要包括农村生活用能:薪柴、秸秆、稻草、稻壳及其他农业生产的废弃物和畜禽粪便等。现代生物质能是指生物质能中非传统生物质能的部分,是可以大规模应用的生物质能,是对物质再加工利用,包括现代林业生产的废弃物、甘蔗渣和城市固体废物等。依据来源的不同,将适合于能源利用的生物质分为林业资源、农业资源、生活污水和工业有机废水、城市固体废物及畜禽粪便五大类。中国受环境经济状况制约,生物质能方面发展较差。

在各种可再生能源中,生物质能源是重要的可再生能源之一。根据国际能源署(IEA)的最新市场预测,生物质能源在2018—2023年间引领可再生能源增长,生物质能源的重要作用在于其可构建一个可靠的可再生能源结构,以确保能源系统的安全性和可持续性。

6. 可燃冰是否为可再生能源

可燃冰是不可再生的。它是天然气水合物,是分布于深海沉积物或陆域的永久冻土中,由天然气与水在高压低温条件下形成的类冰状的结晶物质。可燃冰的形成与海底石油的形成过程相仿,而且密切相关。埋于海底地层深处的大量有机质在缺氧环境中,厌气性细菌把有机质分解,最后形成石油和天然气(石油气)。其中许多天然气被包进水分子中,在海底的低温与压力下形成"可燃冰"。因其外观像冰一样而且遇火即可燃烧,所以被称作"可燃冰""固体瓦斯"或"气冰"。

可燃冰甲烷含量占80%~99.9%,燃烧污染比煤、石油、天然气都小得多,而且储量丰富,全球储量足够人类使用1000年,因而被各国视为未来石油天然气的替代能源。

第三节　可再生能源学科发展现状

一、可再生能源学科分类

(一)国家标准关于可再生能源学科分类情况

国家标准《学科分类与代码》(GB/T 13745—2009)中规定了部分可再生能源学科的分类与代码。分类与代码见表1-2。

表 1-2 可再生能源学科的分类与代码（GB/T 13745—2009）					
代码（一级）		代码（二级）		代号（三级）	
480	能源科学技术	480.60	一次能源	480.6030	水能（包括海洋能等）
				480.6040	风能
				480.6050	地热能
				480.6060	生物能
				480.6070	太阳能
		480.70	二次能源	480.7040	沼气能

（二）教育部可再生能源专业的设置情况

1. 专业设置说明

2010年，教育部向社会公布了首批战略性新兴产业相关本科专业名单，这些为服务国家战略新兴产业而兴办的专业，是工学门类材料类中最年轻的专业之一。在国家战略大力支持的背景下，这一专业毕业生的发展前景十分广阔。本专业学生毕业后能胜任新能源技术开发等方面的技术与管理工作，并能从事相关领域的技术开发和管理等专业技术工作，成为富有创新精神的高素质复合型人才。该专业的发展变化备受社会的关注。

新能源科学与工程专业为2011年教育部批准设置的本科专业，2012年将原有的风能与动力工程和新能源科学与工程合并统一改为"新能源科学与工程"。该专业主要学习新能源的种类和特点、利用的方式和方法、应用的现状和未来的发展趋势，具体内容涉及风能、太阳能、生物质能、核电能等。各开设高校根据自己学校的学科设置和专业特点不同，导致在具体的学科方向上不同。

根据《普通高等学校本科专业目录（2012年）》，新能源科学与工程属于工学中的能源动力类。由于它是面向新能源产业的，其学科交叉性强、专业跨度大，学科基础来自多个理科和工科。

基于新能源产业对于可持续性发展的重要支撑和目前新能源专业人才匮乏的现状，部分高校设置新能源科学与工程专业，自2011年开始招生。经过几年的发展，开设该专业的院校不断增加，报考人数逐年递增。

新能源科学与工程专业的毕业生主要到核能、电力、制冷、低温、汽车、船舶、流体机械、石化、冶金、化工、新能源等中外大型企业从事研究、开发、策划、管理和营销等工作；也可在高等院校、科研院所和政府机关，从事教学、科学研究与管理工作。

2. 大专院校可再生学科专业设置

（1）本科专业设置管理

为贯彻落实教育规划纲要提出的要适应国家和区域经济社会发展需要，建立动态调整机制，不断优化学科专业结构的要求。2012 年 10 月 15 日，教育部通知印发《普通高等学校本科专业目录（2012 年）》（以下简称新目录）和《普通高等学校本科专业设置管理规定》（以下简称新规定）等文件，其是对 1998 年印发的普通高等学校本科专业目录和 1999 年印发的专业设置规定进行的修订。为便于新目录的实施，制定了《普通高等学校本科专业目录新旧专业对照表》。

专业目录分为学科门类、专业类和专业三级，其代码分别用两位、四位和六位数字表示。专业目录包含基本专业和特设专业。基本专业一般是指学科基础比较成熟、社会需求相对稳定、布点数量相对较多、继承性较好的专业。特设专业是满足经济社会发展特殊需求所设置的专业，在专业代码后加"T"表示。专业目录中涉及国家安全、特殊行业等专业由国家控制布点，称为国家控制布点专业，在专业代码后加"K"表示。新目录分为基本专业（352 种）和特设专业（154 种），并确定了 62 种专业为国家控制布点专业。

新目录将原有的风能与动力工程［080507S］和新能源科学与工程［080512S］合并统一，改为新能源科学与工程［080503T］。

（2）新旧目录对比

能源动力类调整前后专业代码设置情况见表 1-3。

表 1-3　能源动力类新旧专业对照表			
专业代码	学科门类、专业类、专业名称	原专业代码	原学科门类、专业类、专业名称
0805	能源动力类	0805	能源动力类（部分）
		080501	热能与动力工程
080501	能源与动力工程	080505S	能源工程及自动化
		080506S	能源动力系统及自动化
		080110S	能源与资源工程（部分）

新能源专业调整前后的对照表见表 1-4。

表 1-4　新能源专业调整前后对照表

专业代码	学科门类、专业类、专业名称	原专业代码	原学科门类、专业类、专业名称
0805	能源动力类	0805	能源动力类（部分）
080502T	能源与环境系统工程	080504W	能源与环境系统工程
080503T	新能源科学与工程	080512S	新能源科学与工程
		080507S	风能与动力工程

二、可再生能源学科建设

（一）专业需求与培养目标

21 世纪，能源与环境问题是人类面前难以绕过的两大难题，发展新能源及可再生能源是突破这两大难题的必由之路。相对于常规能源而言，新能源及可再生能源是采用新技术和新材料而获得，在新技术基础上系统地开发利用的能源，如太阳能、风能、生物质、地热能、海洋能等。由于新能源及可再生能源具有再生、清洁、低碳、可持续利用等优势，所以引起了许多国家的高度重视。新能源及可再生能源可以作为促进人类发展和保护环境的重要途径，这些国家在相关政策中都增加了新能源及可再生能源的利用。新能源及可再生能源产业的发展也是未来中国可持续发展的关键。和发达国家相比，我国新能源产业化发展起步较晚，技术相对落后，总体产业化程度不高。不过，我国可再生资源非常丰富，市场需求空间很大，在政府大力发展新能源及可再生能源政策的促动下，新能源领域已成为大型能源集团、民营企业、国际资本、风险投资等诸多投资者的投资热点，技术利用水平和利用规模逐步提高，具有赶超和引领发展之势。今后的一段时间将是我国可再生能源产业从起步阶段进入大规模发展的关键转折时期。

尽管国家已经把发展新能源放在一个重要的战略位置上，一场新的能源革命已经逐步展开，必将带来新的经济繁荣、新的社会理念和新的生活方式。但是，我国新能源及可再生能源产业发展过程中的一大难题是缺少合理的学科位置和成熟先进的新能源和可再生能源技术和专业人才。我国主要的新能源及可再生能源设备和技术完全依赖进口，新能源及可再生能源领域的科技创新能力明显不足。而新能源及可再生能源产业化进程中的这些难题需要从源头进行解决。由于新能源及可再生能源产业作为一个错综复杂的资源环境复合体，是一个典型的多学科交叉的新兴产业，新能源人才要有宽的知识面、自主的学习能力、丰富的想象力、敏锐的洞察力以及较强的沟通协调能力等，进而要求高校做好优化人才培养层次、改进人才培养方案等工作。国外已有一些著名大学建立了新能源及可再生能源的本科专业，用于培养太阳能、风能、生物质能等方面的科技人才。我国高校在新能源及可再生能源专业设置和产业专业人才培养方面还落后于发达国家。为顺应时代的发展，为国家培养新能源这一新兴产业的专业人才，新能源及可再生能源科学与工程专业本科生的培养方案、培养模式和培养体系处于不断探索和完善中。

2010 年 7 月经教育部审批，国内有 11 所高校首次设立新能源科学与工程专业，到 2018 年为止，国内已有 118 所高校设立了新能源及可再生能源相关专业。

（二）专业人才培养方案

在对国内外新能源及可再生能源相关专业人才培养充分调研的基础上，分析我国社会和经济发展要求，基于新能源及可再生能源产业特点及企业和社会对新能源专业人才知识结构和能力结构的要求，同时还要结合学校自身的学科特色和优势，确定新能源及可再生能源专业人才培养方案，应该包括专业培养目标的确立、科学合理的课程体系的设置、可行的教学计划的制订等。

在新能源及可再生能源专业人才培养方案的制订上，国内外高校都具有相似性，主要是综合培养和专业化培养两种方案。许多高校在课程设置上兼顾了风能、生物质能、太阳能等不同的新能源及可再生能源知识的学习，但每一类新能源及可再生能源对专业基础知识的要求不同，风能侧重于机械与电气，生物质能侧重于化学与热能，而太阳能则侧重于物理与材料。综合培养能够使学生了解更多相关的知识，但对每种新能源及可再生能源专业知识的学习与理解存在深度方面的局限。另外，一些高校除了设置基础专业课程外，主要针对某一种新能源及可再生能源开设了相关课程，学生的专业知识掌握程度较深，但削弱了学生对新能源及可再生能源综合知识的培养。两种培养体系各有优缺点。

针对现有的课程设置，大部分学生反映，课程设置涉及各类新能源及可再生能源知识的学习，导致优势方向不明确，课程专业知识深度不够，最终会形成"多能不专"的结果。学生们希望学校能开设更多的新能源及可再生能源专业课程，同时由学生自主的选课，能够满足学生在自己感兴趣的方向开展深入的学习与探讨。由于新能源及可再生能源专业建立时间较短，实验课程与实验室建设还不完善，学生认为四年的学习过于理论，希望能够多开设实验实践课程，在专业课程设计中，希望提供更多关于能源系统建设相关的课题。

针对新能源及可再生能源专业的毕业学生，用人企事业单位认为，通过一段的实习后，能够很快地适应岗位的要求。针对就业情况，新能源及可再生能源专业学生在就业方向还比较乐观，除了应聘新能源企业，还可以应聘汽车、发动机制造等行业。

三、可再生能源学科建设成效

（一）华北电力大学可再生能源学院

1. 学科建设

华北电力大学现设有11个学院，59个本科专业；2个国家级重点学科，25个省级重点学科；5个博士后科研流动站；7个博士学位一级学科授权点，23个硕士学位一级学科授权点；9个专业学位类别，12个工程硕士授权领域。

2. 可再生能源学院可再生能源学科设置情况

可再生能源科学与工程［0807Z1］：

门类/领域代码：08

门类/领域名称：工学

一级学科/领域代码：0807

一级学科/领域名称：动力工程及工程热物理

二级学科代码：0807Z1

二级学科名称：可再生能源科学与工程

相近二级学科：可再生能源与环境工程［0807J1］；风能和太阳能系统及工程［0807Z1］；可再生能源科学与工程［0807Z1］；能源环境工程［0807Z1］；能源与环境工程［0807Z1］；新能源科学与工程［0807Z1］；风能和太阳能系统及工程［0807Z1］

（二）华中科技大学中欧清洁与可再生能源学院

1. 学院办学宗旨

2012年3月，中欧清洁与可再生能源学院（China-EU Institute for Clean and Renewable Energy，简称CEICARE或ICARE）正式获得中国政府批准，于2012年10月6日正式揭牌。华中科技大学中欧清洁与可再生能源学院是中欧高级别人文交流对话机制启动后续计划的中欧高等教育合作平台的重要内容之一，也是继上海交通大学中欧国际工商学院和中国政法大学中欧法学院之后中欧教育合作领域又一个重要合作项目。

华中科技大学中欧清洁和可再生能源学院是由中国政府和欧盟委员会共同发起建

立的第三所中外合作办学机构。华中科技大学、法国巴黎高科学院、希腊雅典国家技术大学、西班牙萨拉哥萨大学、英国诺森比亚大学、意大利罗马大学、法国佩皮尼昂大学、东南大学、武汉理工大学等共6个国家9所重点大学和法国国际水资源事务所将共同参与支持该学院运作。

学院拥有三大办学功能：清洁与可再生能源领域的中欧双学位硕士培养、职业培训、研究平台和博士培养，主要围绕太阳能、风能、生物质能、地热能、能源效率五个技术领域开展活动，并可根据未来能源发展和中国能源领域人才需求设立新的技术领域。

学院旨在为清洁和可再生能源领域培养高素质人才，搭建中国和欧洲的专家、学者和研究机构长期深度合作的平台，满足中国经济社会发展对清洁与可再生能源人才和技术日益增长的需求。欧洲在清洁和可再生能源领域总体处于世界领先地位，中欧清洁和可再生能源学院有利于我们快速缩小与世界先进水平的差距。

2. 学科设置

中欧清洁与可再生能源学院双硕士课程设置见表1-5。

3. 研究平台

中欧清洁与可再生能源学院研究平台主要开展中欧合作大学博士交换培养并采用双导师制的活动。作为中欧联合学术研究机构，研究平台也组织欧方任课教师与中方教师之间的交流合作，旨在推动中欧双方合作及开发研究项目。平台每年不定期组织清洁与可再生能源领域的顶级专家到中欧能源学院举办学术讲座。

表1-5　中欧清洁与可再生能源学院双硕士课程设置			
课程类型	课程名称	高水平课程	开课系所
公共课	自然，辩证法，概论		
	中国特色社会主义理论与实践研究		
	第一外国语（英语）		外国语学院
	人文类或理工类或其他类课程		相关院系
学科基础课	矩阵论		数学系
	数理统计		数学系
	可再生能源理论基础		中欧能源学院
	可再生能源概论	全英文	中欧能源学院，能源学院
	可再生能源政策与管理	全英文	中欧能源学院

续表

课程类型	课程名称	高水平课程	开课系所
学科基础课	太阳能基础	全英文	中欧能源学院
	风能基础	全英文	中欧能源学院
	生物质能基础	全英文	中欧能源学院
	地热能基础	全英文	中欧能源学院
	能源效率基础	全英文	中欧能源学院
	电力基础和分布式发电系统与微网	全英文	中欧能源学院
硕士专修课程	太阳能技术	全英文	中欧能源学院
	风能技术	全英文	中欧能源学院
	生物质能技术	全英文	中欧能源学院
	地热能技术	全英文	中欧能源学院
	氢能	全英文	中欧能源学院
	电能效率	全英文	中欧能源学院
	热能效率	全英文	中欧能源学院
	能源变换与并网控制	全英文	中欧能源学院
	建筑节能	全英文	中欧能源学院
	能源经济学与系统生命周期分析	全英文	中欧能源学院，能源学院

（三）南京大学新能源科学与工程专业

1. 院系概况

南京大学在化学、材料、物理等领域有着深厚的教学和研究基础，在新能源领域也汇集了大批国内外知名的专家学者，已建有"储能材料与技术中心""太阳能光伏中心""清洁能源与环境材料中心"。在此基础上，南京大学于2012年5月成立了新能源科学与工程系，该系隶属于现代工程与应用科学学院，受教育部批准于当年面向全国招收新能源科学与工程专业本科生。

目前，南京大学新能源科学与工程系着重研究可再生能源转化与储存过程的科学理论和工程技术问题，致力于新能源利用与储存器件的研制与产业化开发。研究方向基本涵盖了目前新能源开发与利用的前沿方向，在二次电池、生物质能源、光伏技术、氢能源、燃料电池等领域均有丰硕的研究成果。

2. 本科人才培养指导思想

南京大学本科生培养分为大类培养、专业培养和多元培养三个阶段，各院系通过制订"专业分流机制"实现学生从大类培养到专业培养阶段的过渡。"专业分流机制"应充分贯彻通识教育与个性化培养融通的教学理念，在保证公开、公平、公正的前提下，为学生提供充足的自主选择空间；主要内容由分流原则、分流办法和院系分流工作组织机构构成。

3. 培养目标与思路

新能源科学与工程专业重视培养学生良好的综合素质。通过四年的系统学习，使学生具备扎实的数学、化学、物理、材料、电工电子、机械设计等的理论基础，熟练的外语技能，系统的新能源科学与工程专业知识与实验技能，掌握能源转换与利用原理、新能源装置及系统运行技术与设计方法，在毕业后能立即胜任太阳能、风能、核电能、生物质能等新能源获取与存储技术相关的科学研究、工程设计、技术开发及技术经济管理等工作，成为个性健全、情操高尚、基础扎实、知识面广、应用能力强、具有创新精神的复合型高级工程技术人才。

该专业毕业生适宜在研究机构、高等院校及能源、材料、电力、航空航天、信息、交通等企事业单位从事与新能源材料和器件相关的研发、教学、生产及营销管理等工作，也可以进入国内外一流高校继续深造学习。

4. 专业介绍

新能源科学与工程专业旨在培养从事可再生能源的开发利用、能量储存与转换领域科学研究和工程技术方面的高水平人才。该系招收的新能源科学与工程专业本科生在接受理科学基础课程与工程学基础课程训练之后，分流到四个专业方向进行深入的专业学习：二次电池技术、生物质能源技术、太阳能光伏技术、氢能与燃料电池。

5. 课程体系

新能源科学与工程专业以强化理学和工程学基础，掌握新能源科学研究方法，并培养工程技术开发能力为原则，除数、理、化、英语、计算机技术等必修课外，还开设学科平台课（如大学物理、大学化学、大学物理实验、大学化学实验、数学物理方法和理论物理等），专业核心课（如物理、化学、能源科学与工程概论、能量转换与储存原理、可再生能源导论、材料化学等）。在学生进入专业方向分流后，还将开设专业选修课（二次电池技术概论、光伏技术导论、生物能源概论、燃料电池概论、生物能源概论等），并安排半年时间从事毕业论文工作，使学生跟随指导教师接触新能源科学与工程研究的最前沿。

新能源科学与工程专业的毕业生应该是理工兼备，既有扎实的数理科学基础又有专业的工程学素养，有强烈的社会责任感，掌握较系统的新能源科学与工程的基本理论、基本知识、基本实验技能，并掌握一定的工程经济和工程管理知识，受到基础研究和工程开发的初步训练，具有良好的科学素养和教学、研究、开发和管理能力。学生在毕业后能很快投入到新能源领域的科学研究与工程技术开发和管理中。

（四）大专院校可再生能源学科设立情况

从 2010 年教育部首次设置国家战略性新兴产业相关可再生能源专业以来，2010年首批 12 所高校获准开设该专业，截至 2020 年，已经有 136 所高校开设了相关专业。为推进可再生能源专业的建设与发展，2013 年华北电力大学联合相关高校成立了"全国新能源科学与工程专业联盟"，联盟成立后的重要工作是推动专业统编教材的建设，见表 1-6。经过十多年的发展，我国新能源科学与工程专业实现了快速增长。

表 1-6　可再生能源学科教材

序号	教材名称	主编	出版社	出版时间
1	《新能源科学与工程专业导论》	杨世关	中国水利水电出版社	2018 年
2	《生物质能转化原理与技术》	陈汉平、杨世关	中国水利水电出版社	2018 年
3	《风能转换原理与技术》	田德	中国水利水电出版社	2018 年
4	《太阳能转换原理与技术》	戴松元	中国水利水电出版社	2018 年
5	《储能原理与技术》	黄志高	中国水利水电出版社	2018 年
6	《新能源技术经济学》	杨晴	中国水利水电出版社	2018 年
7	《能源与环境》	田艳丰	中国水利水电出版社	2019 年
8	《光伏发电实验实训教程》	李涛	中国水利水电出版社	2018 年
9	《智能微电网技术与实验系统》	熊超	中国水利水电出版社	2018 年

四、研究领域可再生能源科学研究及分类

（一）研究领域技术分类及代码

一般认为，高技术包括六大技术领域，12 项标志技术和 9 个高技术产业。六大高技术领域是信息技术、生物技术、新材料技术、新能源技术、空间技术和海洋技术，它们将在 21 世纪获得迅速发展，并通过广泛的实用化和商品化，成为日益强大的高

技术产业。以光电子技术、人工智能为标志的信息技术，将成为 21 世纪技术的前导；以基因工程、蛋白质工程为标志的生物技术将成为 21 世纪技术的核心；以超导材料、人工定向设计的新材料为标志的新材料技术将成为 21 世纪技术的支柱；以航天飞机、永久太空站为标志的空间技术将成为 21 世纪技术的外向延伸；以深海采掘、海水利用为标志的海洋技术将成为 21 世纪技术的内向拓展。

六项高技术领域中的 12 项标志技术，是已经萌发但还远未成熟的前沿技术。传统产业在 21 世纪的国民经济中所占比重将缩小，但由于高技术对传统产业的强制性渗透改造了这些传统产业部门，因此这些产业的绝对产量和产值不会萎缩。

1. 信息技术领域

信息技术是六大高技术的前导，主要指信息的获取、传递、处理等技术。信息技术以电子技术为基础，包括通信技术、自动化技术、微电子技术、光电子技术、光导技术、计算机技术和人工智能技术等。

2. 生物技术领域

生物技术是以生命科学为基础，利用生物体和工程原理等生产制品的综合性技术，包括基因工程、细胞工程、酶工程、微生物工程四个领域。生物技术是 21 世纪技术的核心。它有两个标志性技术，基因工程和蛋白质工程。

生物技术不仅在农业和医学领域得到广泛的应用，而且对环保、能源技术等都有很强的渗透力。

3. 新材料技术领域

新材料主要是指最近发展或正在发展之中的具有比传统材料更优异性能的一类材料。

新材料技术是高新技术的物质基础，包括对超导材料、高温材料、人工合成材料、陶瓷材料、非晶态材料、单晶材料等的开发和利用。它有两个标志：一个是材料设计或分子设计，即根据需要来设计新材料；另一个是超导技术。

新材料技术研究的主要方向是：高功能化、超高性能化、复合化和智能化。

4. 新能源技术领域

能源是人类生存和发展的基本保障。现代的新能源技术按照其创新性和是否能够再生或连续使用的性质可划分为新能源技术和可再生能源技术。新能源与可再生能源技术主要包括核能、太阳能、水能、地热能等。

核能技术与太阳能技术是新能源技术的主要标志，对核能、太阳能的开发利用，打破了以石油、煤炭为主体的传统能源观念，开创了能源的新时代。

5. 空间技术领域

空间技术即新型高科技航天技术，是探索、开发和利用太空以及地球以外的天体的综合性工程技术，包括对大型运载火箭、巨型卫星、宇宙飞船等空间技术的研究与开发。空间技术是21世纪技术的外向延伸，其两个标志是航天飞机和永久太空站。它不仅把高技术用于地球上，还把人类整体生存机构引向了外层空间。

6. 海洋技术领域

世界海洋总面积约3.6亿 km²，占地球总面积的70%以上，海洋的平均深度约为3800 m，蕴藏着极为丰富的资源和能量。海洋技术是21世纪技术的内向拓展，其标志技术是深海挖掘和海水淡化。

（二）技术代码说明

01. 信息技术：指研制计算机硬件、软件、外部设备、通信网络设备的活动，以及利用计算机硬件、软件及数字传递网对信息进行文字、图形、特征识别、信息采集、信息处理和传递的活动。

02. 生物技术：包括基因工程、细胞工程、酶工程和发酵工程，指为了生物技术本身的发展，就有关原理、技术、特种工艺、测试、仪器而进行的活动，以及利用生物技术为农、林、牧、渔、医药卫生、化学、食品、轻工等部门提供生物技术新产品而开展的活动。无特定目标或虽有特定目标但不是为促进生物技术发展而开展的有关生命科学的研究不包括在此分类内。

03. 新材料：指新近发展或正在研制的具有优异性能或特定功能的材料，如新型无机非金属材料、新型有机合成材料、新型金属和合金材料。包括为发展新材料就有关原理、技术、新产品、特种工艺、测试而进行的活动。

04. 能源技术：包括能源问题一般理论，地区性能源综合开发与利用，石油、天然气、煤炭、可再生能源的开发与利用，新能源（太阳能、生物能、核能、海洋能等）的研制开发与利用，节能新技术、能源转换和储存新技术等活动。

05. 激光技术：激光器和激光调制技术的研制及为了激光在工业、农业、医学、国防等领域内的应用而进行的活动。

06. 自动化技术：指在控制系统、自动化技术应用、自动化元件、仪表与装置、人工智能自动化、机器人等领域中的活动。

07. 航天技术：有关运载火箭及人造卫星本体的研究及有关为了跟踪、通信而使用的地面设备的研究而进行的活动。不包括天文学及气象观察。

08．海洋技术：包括有关维护海洋权益和公益服务技术研究、海洋生物资源的开发利用及产业化、海洋油气勘探开发技术、海洋环境要素监测技术等活动。

09．其他技术领域：属于技术领域，但不能归入上述八类领域的其他技术活动。

第四节　可再生能源学科发展成效

一、高校新能源科学与工程专业联盟

由华北电力大学可再生能源学院发起组织，并由中南大学承办的第二届全国新能源科学与工程专业建设与发展研讨会于 2014 年 12 月 5—7 日在湖南长沙召开。本次大会有 42 所高校、6 家出版社和部分新能源企业的共 130 多位代表参加。

本次大会期间，华北电力大学可再生能源学院发起并倡议成立了"高校新能源科学与工程专业联盟（筹）"，会议讨论通过了联盟章程，推举产生了第一届理事会。第一届理事会理事长单位共由 9 所高校组成：华北电力大学、中南大学、华中科技大学、重庆大学、河海大学、福建师范大学、河南农业大学、东北农业大学和江苏大学。

通过本次会议，与会代表一致认为新能源科学与工程专业的建设与发展目前正处在一个非常关键的时期，急须联盟发挥作用，联合高校、出版社和新能源企业的力量，加快推进专业核心课程体系建设，统编教材建设，并借助联盟的力量共同推动新能源学科的建立。部分代表还建议联盟能够筹办"全国大学生新能源创新大赛"。

二、新能源及可再生能源学科人才培养

（一）培养目标

新能源科学与工程专业为 2010 年教育部批准设立的本科专业，主要学习新能源（包括风能、太阳能、生物质能、核电能等）的特点、利用的方式和方法以及新能源应用的现状、未来发展的趋势。开设该专业的高校根据自己学校的学科设置和优势专业侧重点不同，具体的学科方向也不同。

（二）专业培养条件建设

1．西安交通大学新能源科学与工程专业

该专业主要培养具备动力工程及工程热物理学科宽厚理论基础，系统掌握新能源

与可再生能源转换利用过程中所涉及的能源动力、化工、环境、材料、生物等专业知识，能从事新能源与可再生能源开发利用及其相关交叉学科领域的科学研究、技术开发、工程设计及运行管理等工作的创新性高层次专门人才。

2. 重庆大学新能源科学与工程专业

该专业培养具备扎实的理论基础、宽广的知识面以及扎实的专业知识，掌握可再生能源及替代能源相关的知识与技术，从事清洁能源生产、能源环境保护、可再生能源技术研发、设计及管理等方面的跨学科、复合型人才。

3. 华北电力大学新能源科学与工程专业

该专业在生物质能、太阳能和风能三个方向培养掌握新能源科学与工程专业的基础理论知识和实践技能，具备在相关的领域从事所需要的经济管理知识和能力，能够在新能源领域从事科学技术应用、研究、开发和管理的高级人才。

4. 东北电力大学新能源科学与工程专业

该专业培养专业基础扎实、综合素质高、实践能力强和发展潜力较好的高级应用技术人才。学生通过基础理论与专业课程的学习，接受现代风力发电专业工程师的基本训练，使学生能胜任现代风电场的运行、维护、规划、设计与施工、风力发电机组设计与制造、风能资源测量与评估、风力发电项目开发等技术与管理工作，并能从事其他相关领域的高素质应用型专门人才。专业结合东北电力大学在发电领域的自身优势和享有的声誉，主要面向以风力发电场为主的应用领域。学生在学习风能与动力工程领域相关课程外，还学习风力发电厂电气部分以及电网的相关知识，以缓解目前我国风电场对专业技术人才的迫切需求。

5. 沈阳工程学院新能源科学与工程专业

该专业培养具有热学、电学、力学、自动控制、能源科学、系统工程等方面理论基础，掌握风能、太阳能、生物质能等新能源领域的专业知识和实践技能，具有较强社会责任感、工程实践和创新能力，能够在风力发电、太阳能利用、生物质燃料等新能源开发利用相关领域，从事科学研究、技术开发、工程设计及运行管理等工作，具有良好的团队合作精神和国际视野的跨学科应用型高级工程技术人才。

（三）研究实验条件建设

中国可再生能源学会是目前中国可再生能源领域内最具影响力的学术团体之一。本会自成立以来，曾多次为中国可再生能源领域的重大技术经济决策提供咨询和建议，也曾多次成功地主办或承办国内和国际间的学术会议和展览会，并为众多的企业提供培训和技术咨询服务，成为国家能源管理部门和企业间联系的桥梁和纽带。

中国可再生能源学会是由从事新能源和可再生能源研究、开发、应用的科技工作者及有关单位自愿组成并依法登记的全国性、学术性和非营利性的社会团体，接受业务主管单位中国科学技术协会和社会团体登记管理机关中华人民共和国民政部的业务指导和监督管理。相关的主要会员单位如下：

1. 中国科学院广州能源研究所

中国科学院广州能源研究所定位于新能源与可再生能源领域的应用基础研究与技术开发，围绕国家能源可持续发展战略，服务国家能源结构优化、生态环境保护和新兴产业发展重大需求。目前形成了以生物质能、海洋能、太阳能、地热能、固体废弃物能、天然气水合物和节能与环保为重点方向的学科布局，是国家能源生物燃料研发中心、中国科学院可再生能源重点实验室、中国科学院天然气水合物重点实验室、中国科学院广州天然气水合物研究中心及广东省新能源和可再生能源研究开发与应用重点实验室的依托单位。

2. 农业农村部规划设计研究院农村能源与环保研究所

农业农村部规划设计研究院农村能源与环保研究所是主要从事农业农村可再生能源与生态环境保护科研创新和技术服务的综合性研究机构。农村能源与环保研究所围绕国家农业农村能源与环保领域重大科技需求，紧跟国际科技前沿，聚焦畜禽养殖粪污、作物秸秆、尾菜等农业废弃物资源化利用。

科技创新方面：重点开展畜禽粪便、农作物秸秆等多种原料干法发酵制取沼气关键技术研究，厌氧消化机理与关键技术装备研究，厌氧发酵工程安全监控系统研发。在热解炭化方面，重点开展生物质热解特性研究，连续式热解炭化多联产技术工艺与装备研究，热解技术评价与保障体系研究。在肥料化利用方面，重点开展重金属钝化及臭气去除技术研究，沼渣沼液肥料化利用技术及设备研发，农业废弃肥料化利用装备及高值产品研发，有机肥标准体系研究。研究形成政策体系。

技术服务方面：围绕秸秆、畜禽粪便、尾菜等农业废弃物资源化利用、农村可再生能源开发、生态循环农业以及农业可持续发展示范区建设等工程咨询需求，为政府、企业以及新型经营主体等开展顶层设计、区域规划、技术方案、工程措施以及项目可行性研究等咨询服务工作。

3. 金风科技

金风科技公司主要经营项目为风能设备，是中国最早从事风电机组研发和制造的企业之一。公司主营业务为大型风力发电机组的开发研制、生产及销售，中试型风力发电场的建设及运营，是国内最大的风力发电机组整机制造商，主要产品有 600 kW、750 kW、1.2 MW、1.5 MW 系列风力发电机组，正在研制的产品有 1.5 MW 部分新机型、2.5 MW、3.0 MW、5.0 MW 风力发电机组。

公司拥有自主知识产权的直驱永磁技术代表着全球风电领域最先进的技术路线，产品除广获主要国内电力公司的采用，还进入了美国和欧洲等海外市场。

4. 国家太阳能热水器质量监督检验中心（北京）

国家太阳能热水器质量监督检验中心（北京）始建于 1999 年，中心的建设受到国家发改委、国家质检总局及建设部的支持，得到了联合国开发计划署（UNDP）的资助。2005 年 2 月，依据国认实函〔2005〕20 号文，国家太阳能热水器质量监督检验中心（北京）成立。

国家太阳能热水器质量监督检验中心（北京）依据有关国家标准、国际标准和欧洲标准，面向全国开展家用太阳能热水器、太阳能集热器、太阳能真空集热管、太阳能供热系统的质量监督检验工作。其主要工作内容包括：承担太阳能热水器产品及应用的监督抽查和统检工作；承担国家认可机构委托的检验任务；承担科技成果新产品的鉴定检验工作；承担产品质量争议的仲裁检验任务；承担日常委托检验任务。

国家太阳能热水器质量监督检验中心（北京）除承担上述质量监督检验工作外，还参与国家有关标准的编写，主持各地国家级实验室的设计与建设，同时依托中国建筑科学研究院，承担国家发改委、建设部、联合国基金会（UNF）下达的太阳能热水系统的试点项目年性能检测等工作，在太阳能与建筑结合方面做出了许多卓有成效的工作。

5. 华北电力大学可再生能源学院重点实验室

华北电力大学可再生能源学院设有 7 个研究中心，即风力发电研究中心、水电能源与工程中心、太阳能研究与工程中心、新能源材料与光电技术研究中心、生物质能研究中心、新能源与城市环境研究中心、水库移民研究中心。

学院现有水利水电工程、水文与水资源工程、应用化学、新能源科学与工程、新能源材料与器件 5 个本科专业，其中新能源科学与工程专业下设有 3 个方向，即风力发电方向、太阳能光伏发电方向和生物质能方向。

近年来，学院在科学研究方面取得了重要进展，获省部级奖 3 项，出版教材 10 部，获专利 50 余项；在国内外重要学术期刊发表论文 600 多篇，其中 SCI 收录 160

余篇，EI 收录 300 余篇。承担了大量的科研项目，包括科技部"973"计划 1 项，国家"863"项目 5 项，杰出青年基金项目 1 项，国家科技支撑计划项目 4 项，国家自然科学基金重点项目 2 项，国家自然科学基金重大国际合作项目 1 项，国家自然科学基金项目 49 项等，科研经费总量累计达到 2 亿元以上。

6. 北京化工大学

北京化工大学是教育部直属的全国重点大学，国家"211 工程"和"985 工程优势学科创新平台"重点建设院校，国家"一流学科"建设高校。北京化工大学肩负着高层次创新人才培养和基础性、前瞻性科学研究以及原创性高新技术开发的使命。

学校科研工作发展迅速，承担重大项目、解决国家经济社会发展重大需求的能力进一步增强，科技经费不断创出历史新高，人均科研经费名列全国高校前茅。2001年以来，学校已有 26 个科研项目获得国家科技三大奖，拥有 3 个国家自然科学基金委员会创新研究群体，6 个长江学者创新团队，1 个国家国防科工局第二批国防科技创新团队，5 个国家引智基地，位居全国高校前列。是入选国防科工局和教育部"十三五"期间共建高校中仅有的 3 所"211 工程"和"985 工程优势学科创新平台"行业院校之一。一大批科研成果在 *Nature*、*Science* 等国际顶尖学术期刊上发表，各类科研成果应用于国家尖端科技领域。2018 年学校科技经费到款 4.39 亿元，获专利授权 309 项，鉴定成果 5 项。

学校科技成果转化不断加强，坚持服务创新型国家建设，引领企业转型升级，促进经济社会发展。学校拥有约 30 个与教学、科研紧密结合的科技产业实体，依托学校科技和人才优势，以科技成果产业化为经营宗旨，形成了具有北化特色的高科技产业，在生物化工、日用化工、精细化工、化工新材料等领域已形成系列技术和多种产品。

7. 浙江大学能源与环境系统工程研究团队

浙江大学能源与环境系统工程研究团队以全国优秀教师获得者岑可法院士为带头人，以具有丰富研究经验、学术造诣的教学团队为主体。团队依托动力工程及工程热物理国家一级重点学科，工程热物理、制冷与低温工程国家二级重点学科以及能源清洁利用国家重点实验室优势，以本科教学评估、国家精品课程、创新实验室建设等一系列重大教学质量工程建设为契机，在不断改革中，形成一支年龄、职称、学历结构合理，治学严谨，富于开拓创新，团结协作的研究团队。

该研究团队与社会科研机构形成了一个紧密团结的科研群体，面向国家重大需求和学科前沿进行科研选题，组织联合攻关。导师创造条件把学生推向科研第一线，将国家及省部级重大科研项目分解成若干关键科学问题，指导学生分工协作、共同攻关。导师组充分信任并重用学生，发挥他们的主动性，要他们勇于挑担子，鼓励他们在国际权威杂志上发表论文。各年级的学生之间采取"传帮带"的学习形式，整体形成竞争合作的培养机制和积极有效的激励机制，创造了良好的学术氛围，大大强化了研究群体的凝聚力。

8. 中国林科院林产化学工业研究所

中国林科院林产化学工业研究所南京科技开发总公司是自主经营、自负盈亏的经济实体，具有独立法人资格。公司以高新技术产品开发为突破口，依靠生物质化学利用国家工程实验室、国家林产化学工程技术研究中心及中国林科院南京科技园的工程技术与产业化优势条件，面向市场需求，以生物质资源为原料，研究、开发、生产精细与功能化学品、生物质能源、生物质材料和天然保健品等产品，并承接外来化学工程设计、新产品开发、中间试验和其他技术服务，是集科研开发、生产经营、工程设计于一体的综合型科技企业。

蒋建春院士研究团队主要从事林产化学加工领域的生物质热化学转化技术、活性炭制备和应用的基础与应用基础研究、开发设计工作。作为生物能源和活性炭领域的学术带头人，带领创新团队注重科技成果的转化，先后主持承担国家基金、国家攻关、国际合作、部省级科技攻关和重点项目、省级应用开发项目及工厂委托的研究课题等，已鉴定和验收成果 22 项；主持和参加技术成果转化、技术服务工程设计项目 20 余项。其中生物质能源转化和活性炭研究成果转化，产品出口欧美、非洲、东南亚等国家，取得了很好的经济和社会效益。获国家科技成果进步奖一等奖 1 项，江苏省科技进步奖二等奖 1 项，梁希林业科技技术三等奖 1 项。申请发明专利 23 项，其中授权发明专利 8 项；撰写并发表研究报告和论文 80 余篇，EI 收录 16 篇，SCI 和 ISTP 收录 1 篇。

9. 天津大学地热研究培训中心

天津大学地热研究培训中心是国家科技部批准成立的全国唯一从事地热利用与研究培训的专门机构，是国家"211 工程"首批建设单位。地热研究培训中心是国内最早从事地热能开发利用与研究的单位之一。地热中心拥有多名科研实力强和学术水平高的科技人才，其中有享受国务院政府津贴的博士生导师、教授、外聘教授、副教授及工程师，为国家培养了 50 多名热能工程、工程热物理专业的博士、硕士生。从"六五"到目前，地热中心已完成国家和省部级地热科技攻关项目与省部级基金项目共 30 多项，其中获国家和省部级科技进步奖 6 项（一等奖 2 项，二等奖 3 项，三等奖 1 项），专利 6 项；国家"863"项目 2 项；开发新产品 2 项（中高温地热热泵和高温地热潜水电泵）；地热利用工程设计 50 多项。地热中心发表论文百余篇，其中在国外有影响的刊物和会议上发表 50 余篇。

研究团队带头人朱家玲主任，曾荣获 2004 年天津大学巾帼立功先进个人，2004 年天津市三八红旗手，2005 年天津市劳动模范和天津大学三八红旗手，2006 年全国三八红旗手，2008 年天津市巾帼发明家，2008 年全国第四届新世纪巾帼发明家创新奖。

三、科技前沿热点成果

（一）非晶硅薄膜电池

非晶硅薄膜电池以碲化镉和硒铟铜为主，薄膜电池将有可能取代晶体硅电池，成为太阳电池的主导产品。薄膜电池中最具发展潜力的是非晶硅薄膜电池，非晶硅材料是由气相淀积形成的，目前已被普遍采用的方法是等离子增强型化学气相淀积（PECVD）法。此种制作工艺可以连续在多个真空淀积室完成，从而实现大批量生产。由于反应温度低，可在 200℃左右的温度下制造，因此可以在玻璃、不锈钢板、陶瓷板、柔性塑料片上淀积薄膜，易于大面积化生产，成本较低。

与晶硅光伏电池比较，非晶硅薄膜光伏电池具有弱光响应好，充电效率高的特性。非晶硅材料的吸收系数在整个可见光范围内，几乎都比单晶硅大一个数量级，使得非晶硅光伏电池无论在理论上和实际使用中都对低光强有较好的适应。越来越多的实践数据也表明，当峰值功率相同时，在晴天直射强光和阴天弱散射光环境下，非晶硅光伏电池板的发电量均大于单晶硅、非晶硅薄膜光伏电池。测试数据表明，在相同环境条件下，非晶硅光伏电池的每千瓦年发电量要比单晶硅高 8%，比多晶硅高 13%。

（二）跨季节水体储热技术的集中型太阳能热站技术

太阳能跨季节储热是指太阳能集热系统全年运行，在非供热季，将热量储存在储热体内；在供热季，根据供热负荷需求，合理释放存储热量。为提高用能可靠性，可以匹配一定容量的热泵或电锅炉作为辅助热源。

在我国，基于国家"十二五"科技支撑项目对 50 万 m³ 跨季节土壤储热系统的跨季节储热进行了支持。2013 年，河北省实施了一项太阳能跨季节储热供热项目，该项目总蓄热容量达 2 万吨，为学校的 3 万 m² 教学楼、宿舍楼等建筑进行供暖。

为切实推进我国北方地区集中型太阳能热站的规模化应用，中国科学院电工研究所与张家口市政府、达华集团达成三方合作协议，共同推进基于大容量跨季节水体储热的集中型太阳能供热系统，将为张家口市涿鹿县黄帝城小镇 30 万平方米建筑提供零碳、清洁的热力。

根据前期技术方案计算，太阳能采光面积 6 万 m^2，跨季节储热水体容量 30 万 m^3，在跨季节储热水体达到热性能稳定后，可基本满足 30 万 m^2 建筑全年供热负荷要求。若储热季第一年实现 4 月份储热，则至当年 10 月份，可满足至少 16 万 m^2 建筑供热要求。整个热站在设计上本着可再生能源利用率 100%、全天候供热的基本要求，通过集热、储热、控制系统及关键部件的技术研发，使得整体技术处于国际先进水平，与其他可再生能源结合达到环境和经济最优，可推广可复制。

（三）生物质气化耦合高效发电与多联产技术

中国农林生物质资源化利用资深专家，首次提出生物质气化耦合高效发电及多联产概念，并组织南京林业大学专家与合肥德博公司共同进行技术研发和推广应用。生物质气化耦合高效发电是提高气化效率，将主物质燃气与大型燃煤电站耦合高效发电；生物质气化多联产技术是将生物质中的挥发分热解气化成为生物质燃气，固定碳完全转化成为高品质生物炭的高效能源转化和产出多种产品的一项综合技术。

以 2013 年开始商业运行的示范项目为例，主要技术特点和相关参数为：每小时处理 1.6 万吨生物质的气化耦合发电系统为例，生物质气化发电效率为 31.2%，发电功率 20.4 MW，年消耗生物质量 11.2 万吨，年运行 7000 小时。电力年收入 10175 万元，投资回收期 2.9 年。

华电襄阳电厂生物质气化耦合燃煤发电项目，在原来技术基础上，突破生物质气化与燃煤发电耦合瓶颈，于 2017 年 8 月投资建设及运行调试，2018 年正式运行。该项目为生物质处理量 8 ~ 10 吨 / 小时循环流化床气化炉，与一个 600 MW 火电机组耦合发电获得成功。

（四）沼气提纯技术

生物燃气具有绿色、清洁、环保和可持续等特性，就转化利用技术而言，是采用厌氧发酵技术将农业和畜禽养殖业废弃物、城市固体垃圾等转化成富含甲烷的沼气，但由于这种初级的沼气成分复杂，不易直接用于工商业和民用，这样就限制了生物燃气的应用范围。

沼气主要成分是甲烷和二氧化碳，甲烷含量 50% ~ 70%，二氧化碳含量 30% ~ 50%，还有少量的氢、一氧化碳、硫化氢、氧和氮等气体。沼气提纯的目的是去除沼气中的杂质组分，使之成为甲烷含量高，热值和杂质气体组分品质符合天然气标准要求，可替代化石天然气。

目前国内较为常用的沼气提纯有四种方法，分别是吸收法、变压吸附法、低温冷凝法和膜分离方法。通过这些技术手段，可以将初级沼气转化为高效清洁燃气资源，可为工商业及居民提供集中或分散发电、供热、供气的生物燃气或生物燃料。沼气膜法净化提纯是目前最可靠、经济的提纯工艺之一，利用气体膜分离技术，将二氧化碳等杂质从初级沼气中去除，甲烷（CH_4）浓度可达到 95% 以上，可作为天然气替代产品使用。

我国生物燃气资源潜力总量为 1500 亿立方米 / 年，相当于 900 亿立方米 / 年天然气，据推算到 2030 年，我国天然气消费量将达到 3000 亿立方米 / 年；在国家相关政策支持下，生物燃气的发展可以实现 10%～20% 天然气的替代量，市场前景巨大。

这些前沿技术能够实现对原料（比如有机废物、动物粪便和污水污泥）进行厌氧消化生产沼气，或者利用专用绿色能源作物（比如玉米、草和小麦）生产。沼气通常用于生产热力和电力，也可以通过除去二氧化碳和硫化氢（H_2S）升级为生物质甲烷，注入天然气管网中。生物质甲烷也可用作天然气车辆中的燃料。

（五）中深层地下热水高效超导供热、供暖技术

中深层高效超导深井热管供暖技术是通过钻机向地下一定深处的高温岩层钻孔，在钻孔中安装一种涂有保温防腐材料的密闭金属换热器，通过换热器内超长热管的物理传导，将高温岩层的热能导出，并通过专业设备进行热能交换，向地面建筑物供暖的新技术。

该技术涉及多项自主发明，有多项核心技术，其中超长深井热管导热技术、地下换热系统的保温防腐技术、超级热泵取热技术等在国内、国际处于领先地位。该项技术不仅用于建筑供暖、制冷，还可用于发电。

该技术特点和主要优势表现在：

1）保护了地下水资源：由于地热井只取热不取水，地下换热系统与地下水隔离，与传统的抽取地下热水的取热方式完全不同，过去是依靠深层热水资源才能提取热能，现在这项技术因为不用水，所以保护了地下水资源。

2）适用地域广：在任何地区都可以应用，因为该技术不需要地下深层热水源，所以在没有水的地方同样可以应用。

3）能效比高：超级热管技术及超级热泵取热技术，使热泵的输出温度达到70～90℃，更适合北方采用换热装置进行大面积供暖，提高了能效比。该技术可应用于极寒冷地区的供暖。

4）系统使用寿命长：地下系统在 2000 m 以下，采用了纳米级的保温防腐涂料，使地下系统几乎不会腐蚀，做到零维护。地下无运动部件，高稳定热源自由提取，安全可靠，以上措施使地下系统运行寿命可达 60 年。

该技术的优势明显，近几年中，应用该技术供暖、制冷的建筑面积已达 600 多万 m^2。已运行 5 年的项目始终保持安全平稳运行。运行的项目中有两个项目供暖建筑面积都是 130 万 m^2 的超大建筑群。

（六）智能电网技术

1. 技术特点

智能电网是当前全球电力工业关注的热点，是引领电网的未来发展方向，涉及从发电到用户的整个能源转换和输送链。目前智能电网技术还在不断的探索研究中，还没有普遍运用到生活中，还有很多的挑战在等着智能电网技术。

智能电网将纳入能够自动监测用电量的实时变化，从而减少能源浪费的传感器和控制新技术。此外，电网运营商能及时发现可能会导致级联中断的相关问题。智能电网技术还能在电力输出实时变化的情况下保持电网稳定，从而使能源公司纳入更多像风电、光电这样的间歇性可再生能源电力。

对于消费者来说，智能电网意味着将彻底改变他们支付电费的方式。消费者不再按照统一费率支付电费，而是要在高峰期间支付更多的费用，以鼓励他们在这些时段减少能源使用。一些电气公司正在研发新型冰箱、干衣机及其他家用电器，这些电器设备可对来自公用部门的电力信号自动做出反应，在用电高峰期切断电源或减少能源消耗，从而使消费者避免支付峰值电价。此策略也可使公用事业部门推迟建设用来满足用电高峰的新输电线路和发电机组。

目前，工业和商业用电客户已实行了每天不同时段不同价格的可变电价，他们具有专门知识和必要的资源及能力来寻求处理方法，但普通消费者则不具备这样的优势。但事实上可变电价会对那些无法避开用电高峰的消费者（如需要昼夜运行电动医疗设备的消费者）造成影响。因为某些好处很难衡量，电网升级还可能面临来自监管部门的阻力。监管部门负责确保公用事业部门做出可抑制电价的明智投资，但效率和可靠性的提高是不容易量化的。除电力成本外，监管部门还必须开始考虑长期社会效益。最终，监管部门还需证明该系统将可实现预期利益。

消费者目前还没有做好改变自己的准备，可变电价的实施也许还需要 10 年的时间。同时，电网的改造必须以不直接影响消费者的方式进行，如减少从发电机组到消费者之间的能源浪费量：通常的损耗率为 7%～10%，而在高峰需求期间这个数字能达到 20%～30%。另外，可执行可变电价的智能电表和设备的技术开发将耗资数十亿美元，并可能需要 10 年的安装时间。

有许多智能电网技术领域，每个领域都由多套单项技术组成，这些技术横跨整个电网，从发电到输电和配电到各类电力消费者。一些技术正得到积极推广，在开发和应用方面都被认为是成熟的，而其他技术则要求进一步开发和示范，见图 1-1。然而，并非需要安装所有技术才能增加电网的"智能性"。

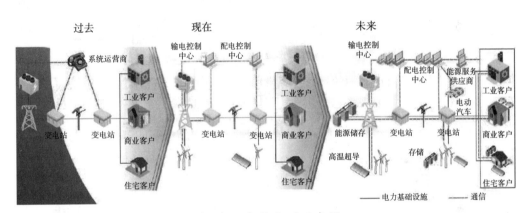

图 1-1 智能电网示意图

2. 智能电网的关键技术

我国数字化电网建设涵盖了发电、调度、输变电、配电和用户各个环节，包括信息化平台、调度自动化系统、稳定控制系统、柔性交流输电、变电站自动化系统、微机继电保护、配网自动化系统、用电管理采集系统等。实际上，目前我国数字化电网建设可以算是智能电网的雏形。

（1）参数量测技术

参数量测技术是智能电网基本的组成部件，先进的参数量测技术获得数据并将其转换成数据信息，以供智能电网的各个方面使用。它们评估电网设备的健康状况和电网的完整性，进行表计的读取、消除电费估计、缓减电网阻塞以及与用户的沟通。

未来的智能电网将取消所有的电磁表及其读取系统，取而代之的是可以使电力公司与用户进行双向通信的智能固态表计。基于微处理器的智能表计将有更多的功能，除可以计量每天不同时段电力的使用和电费外，还有储存电力公司下达的高峰电力价格信号及电费费率，并通知用户实施什么样的费率政策。更高级的功能有用户自行根据费率政策，编制时间表，自动控制用户内部电力使用的策略。

对于电力公司来说，参数量测技术给电力系统运行人员和规划人员提供更多的数据支持，包括功率因数、电能质量、相位关系（WAMS）、设备健康状况和能力、表计的损坏、故障定位、变压器和线路负荷、关键元件的温度、停电确认、电能消费和预测等数据。新的软件系统将收集、储存、分析和处理这些数据，为电力公司的其他业务所用。

未来的数字保护将嵌入计算机代理程序，极大地提高可靠性。计算机代理程序是一个自治和交互的自适应的软件模块。广域监测系统、保护和控制方案将集成数字保护、先进的通信技术以及计算机代理程序。在这样一个集成的分布式的保护系统中，保护元件能够自适应地相互通信，这样的灵活性和自适应能力极大地提高可靠性，因为即使部分系统出现了故障，其他的带有计算机代理程序的保护元件仍然能够保护系统。

（2）智能电网通信技术

建立高速、双向、实时、集成的通信系统是实现智能电网的基础，没有这样的通信系统，任何智能电网的特征都无法实现。因为智能电网的数据获取、保护和控制都需要这样的通信系统的支持，因此建立这样的通信系统是迈向智能电网的第一步。同时通信系统要和电网一样深入到千家万户，这样就形成了两张紧密联系的网络——电网和通信网络，只有这样才能实现智能电网的目标和主要特征。高速、双向、实时、集成的通信系统使智能电网成为一个动态的、实时信息和电力交换互动的大型的基础设施。当这样的通信系统建成后，可以提高电网的供电可靠性和资产的利用率，繁荣电力市场，抵御电网受到的攻击，从而提高电网价值。

适用于智能电网的通信技术需具备以下特征：一是具备双向性、实时性、可靠性特征，出于安全性考虑理论上应是与公网隔离的电力通信专网；二是具备技术先进性，能够承载智能电网现有业务和未来扩展业务；三是最好具备自主知识产权，可具有面向电力智能电网业务的定制开发和业务升级能力。

电力客户用电信息采集系统是智能电网的重要组成部分，信息通信公司积极参与其中与信息通信专业相关的研究，向国家电网公司提交了通信专题技术报告。同时，积极推进产业化进程，进一步完善了用电信息采集主站软件平台、基于电力线宽带通信技术的采集器等产品。智能电网客户服务是智能电网用电环节的重要组成部分，是实现电网与客户之间实时交互响应，增强电网综合服务能力，满足互动营销需求，提升服务水平的重要手段。

（3）信息管理系统

智能电网中的信息管理系统应主要包括信息采集与处理、分析、集成、显示、安全五个功能：①信息采集与处理。主要包括详尽的实时数据采集系统、分布式的数据采集和处理服务、智能电子设备（intelligent electronic device，IED）资源的动态共享、大容量高速存取、冗余备用、精确数据对时等；②信息集成。智能电网的信息系统，纵向要实现产业链信息集成和电网信息集成，横向要实现各级电网企业内部业务的信息集成；③信息分析。对经过采集、处理和集成后的信息进行业务分析，是开展电网相关业务的重要辅助工具。纵向包括"发电－输电－配电－需求侧"四级产业链分析和"国家－大区－省级－地县"四级电网信息分析。横向包括发电计划、停电管理、资产管理、维护管理、生产优化、风险管理、市场运作、负荷管理、客户关系管理、财务管理、人力资源管理等业务模块分析；④信息显示。为各类型用户提供个性化的可视化界面，需要合理运用平面显示、三维动画、语音识别、触摸屏、地理信息系统（GIS）等视频和音频技术；⑤信息安全。智能电网必须明确各利益主体的保密程度和权限，并保护其资料和经济利益。因此，必须研究复杂大系统下的网络生存、主动实时防护、安全存储、网络病毒防范、恶意攻击防范、网络信任体系与新的密码等技术。

（4）智能调度技术

智能调度是智能电网建设中的重要环节，智能电网调度技术支持系统则是智能调度研究与建设的核心，是全面提升调度系统驾驭大电网和进行资源优化配置的能力、纵深风险防御能力、科学决策管理能力、灵活高效的调控能力和市场调配能力的技术基础。

现有的调度自动化系统面临着许多问题，包括非自动、信息的杂乱、控制过程不安全、集中式控制方法缺乏、事故决策困难等。为适应大电网、特高压以及智能电网的建设运行管理要求，实现调度业务的科学决策、电网运行的高效管理、电网异常及事故的快速响应，必须对智能调度加以分析研究。

（5）高级电力电子技术

电力电子技术是利用电力电子器件对电能进行变换及控制的一种现代技术，节能效果可达 10%～40%，可以减少机电设备的体积并能够实现最佳工作效率。目前，半导体功率元器件向高压化、大容量化发展，电力电子产业出现了以静止无功补偿装置（SVC）为代表的柔性交流输电技术、以高压直流输电为代表的新型超高压输电技术、以高压变频为代表的电气传动技术、以智能开关为代表的同步开断技术，以及以静止无功发生器、动态电压恢复器为代表的用户电力技术等。柔性交流输电技术是新能源、清洁能源的大规模接入电网系统的关键技术之一，将电力电子技术与现代控制技术相结合，通过对电力系统参数的连续调节控制，从而大幅降低输电损耗、提高输电线路输送能力和保证电力系统稳定水平。

高压直流输电技术对于远距离输电、高压直流输电拥有独特的优势。其中，轻型直流输电系统采用 GTO、IGBT 等可关断的器件组成换流器，使中型的直流输电工程在较短输送距离也具有竞争力。此外，可关断器件组成的换流器，还可用于向海上石油平台、海岛等孤立小系统供电，未来还可用于城市配电系统，接入燃料电池、光伏发电等分布式电源。轻型直流输电系统更有助于解决清洁能源上网稳定性问题。

高压变频技术最大的优点是节电率一般可达 30% 左右，缺点是成本高，并产生高次谐波污染电网。同步开断（智能开关）技术是在电压或电流的指定相位完成电路的断开或闭合。目前，高压开关大都是机械开关，开关时间长、分散性大，难以实现准确的定相开断。实现同步开断的根本出路在于用电子开关取代机械开关。

（6）分布式能源接入技术

智能电网的核心在于构建具备智能判断与自适应调节能力的多种能源统一入网和分布式管理的智能化网络系统，可对电网与用户用电信息进行实时监控和采集，且采用最经济与最安全的输配电方式将电能输送给终端用户，实现对电能的最优配置与利用，提高电网运营的可靠性和能源利用效率。

分布式电源（DER）的种类很多，包括小水电、风力发电、光伏电源、燃料电池和储能装置（如飞轮、超级电容器、超导磁能存储、液流电池和钠硫蓄电池等）。一般来说，其容量从 1 kW 到 10 MW。配电网中的 DER 由于靠近负荷中心，降低了对电网扩展的需要，并提高了供电可靠性，因此得到广泛采用。特别是有助于减轻温室效应的分布式可再生能源，在许多国家政府政策上的大力支持下迅速增长。目前，在北欧的几个国家，DER 已拥有 30% 以上的发电量份额。在美国，DER 目前只占总容量的 7%。

大量的分布式电源并于中压或低压配电网上运行，彻底改变了传统的配电系统单向潮流的特点，要求系统使用新的保护方案、电压控制和仪表来满足双向潮流的需要。然而，通过高级的自动化系统把这些分布式电源无缝集成到电网中来并协调运行，将可带来巨大的效益。除了节省对输电网的投资，它可提高全系统的可靠性和效率，提供对电网的紧急功率和峰值负荷电力支持及其他一些辅助服务功能，如无功支持、电能质量改善等；同时，它也为系统运行提供了巨大的灵活性。如在风暴和冰雪天气下，当大电网遭到严重破坏时，这些分布式电源可自行形成孤岛或微网向医院、交通枢纽和广播电视等重要用户提供应急供电。

3. 应用领域

在联网和大范围地区，智能电网可实时监测和显示电力系统部件和性能，帮助系统运营商了解和优化电力系统的部件、行为和性能。先进的系统运行工具可以避免停电和有利波动性可再生能源并网。监测和控制技术以及先进的系统分析能力，包括广域情景知晓（WASA），广域监测系统（WAMS），广域自适应保护、控制和自动化（WAAPCA），可提供资料，为决策提供信息，减缓广域扰乱并改善输电容量和可靠性。智能电网技术领域见图1-2。

可持续能源服务与创新公司的情景分析提出，要尽可能地使用清洁和可再生能源

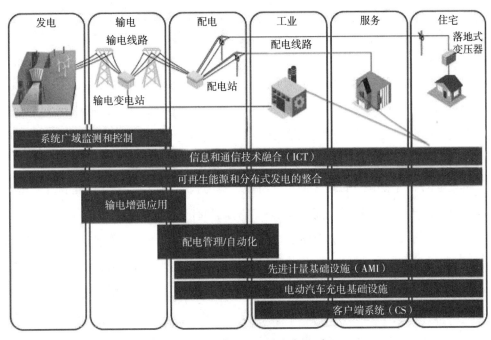

图 1-2　智能电网技术领域

的电力来取代化石燃料和核燃料。目前的情况是，电能所提供的能量占总能源需求量的比例不到五分之一。到 2050 年，根据可持续能源服务与创新公司情景分析，电力会占接近一半。小轿车和火车将全部用电作为动力，而其他能源（如建筑采暖的燃料）的使用量会很少。

更多使用可再生电力可能会面临着诸多挑战。首先是要生产电能。这意味着，要在对环境造成最小影响的情况下，大规模地增强使用可再生能源生产电力的能力，尤其是通过风能、太阳能和地热能技术生产电力的能力。需要更多大规模的可再生能源电站，还要在当地生产更多的电力，如使用太阳能光伏（PV）屋顶瓦片、水轮机和单个风机。需要大量的投入来扩大并现代化输电网，满足不断增长的负荷和不同的发电来源。要高效地从海上风机、沙漠太阳电站或者遥远的地热电站向城市中心传输电力，同时尽量减少新电力线路和地下光缆的影响。高效的国际电网也有助于平衡不同地区的各种可再生能源。例如：在欧洲，来自北海地区的风电和海洋电力可以补充阿尔卑斯的水电和地中海甚至北非太阳能电力的不足。

太阳能和风能具有提供高效而且不竭电力的巨大潜力，但这受输电网容量的限制。现有的输电网基础设施只能容纳有限的这类易受资源供应影响且电量处于波动的电力。电网要保持电压和频率的稳定，避免危险的电力浪涌，并且需要满足峰荷。目前一些电站，主要是煤和核电站，24 小时不停地运行来不间断供电（或者称"基荷"）。即使可再生能源的电力供应量很大，这些电站也不能一下子关闭，这意味着有些能量是会被浪费掉的。

可持续能源服务与创新公司情景分析估计，工业化国家的电网在不进一步现代化的情况下可传输波动电力为总电量的 20% ~ 30%。保守估计，随着科技和电网管理的进步，到 2050 年，这一比例将会提高到 60%。剩余的 40% 来自水力发电、生物质能、地热电力以及配有储能的聚光太阳能发电（CSP）。

超大电网和智能电网的组合是关键所在。电力公司和消费者会得到能源供应和价格的信息以助于需求侧管理。简单地说，当有风和有日照时，使用洗衣机就会更便宜；当能源供应充足时，住户、办公室和工厂通过编程控制智能电表，运行指定设备或者设定自动程序运行。电网公司可以通过调整恒温器的温度调整电流，以应对电力负荷的突然增长。当电力供应量超过需要量的时候，可以用来给汽车电池充电以及用来生产氢气燃料。

与此同时，要把电输送给局域网，特别是发展中国家的乡村地区。可以通过延长现有电网，或者给住户或社区建造太阳能、小水电、风电和小型生物质能电站。从 2017 年到 2030 年，每年为 14 亿用不上电的人口大致提供 50～100 kW·h 的供电量需要大约 250 亿欧元的投资额，大约占全球 GDP 总量的 0.05%。为全世界供电的电网是 20 世纪伟大的工程杰作之一。在接下来的几十年中我们为使其现代化所要做的工作将会是 21 世纪伟大功绩之一。

（七）储能技术

可再生能源的波动性是它致命的弱点，要想将这种不稳定的能源转换成能够持续不断、稳定供应的能源，储能技术是首选的方法之一。这不仅是发展和利用可再生能源的需要，也是提高整个能源系统效率的要求。由于能源系统在生产、输送和用户等环节的复杂性，其对储能技术的需求也是多样的，这就要求从不同层次和不同角度对储能技术提出要求。

储能技术使得可再生能源（如风能、太阳能等）的高效利用成为可能。可再生能源发电的时间、电量存在很大的不确定性，直接使用无论对电网还是对用电设备都会造成很大冲击，进而阻碍可再生能源并网发电以及向用电设备供电。再次，储能技术为汽车、内燃机驱动的重型动力设备等温室气体排放的污染源提供相对清洁的动力来源或者通过混合动力的方式提高能效，以降低温室气体排放。

1．技术简介

随着可再生能源体系和技术发展的不断成熟，越来越多风电、太阳能光伏发电正在接入电力系统，这对电网的安全稳定运营造成影响。那么，如何平衡电力供需？如何解决发电侧间歇式的问题？发展更多的储能技术是一种很好的解决办法。研究结果表明，风能与太阳能等可再生能源的应用比例占能源总量 20% 以上时，必须应用储能技术。据国家电网有限公司统计，公司 2018 年清洁能源发电量 1.2 万亿 kW·h，同比增长 11%；占总发电量的 22.8%，同比上升 0.5 个百分点。可再生弃电量 268 亿 kW·h，同比下降 35%；弃电率 5.8%，同比下降 5.2 个百分点。西南地区调峰弃水电量 138 亿 kW·h，同比下降 14%；弃水率 3.8%，同比降低 0.8 个百分点。

有研究表明，单一的储能技术很难同时满足能量密度、功率密度、储能效率、使用寿命、成本等性能指标，如果将两种或两种以上性能互补性强的储能技术结合，可以取得较好的技术经济性能。

近年来，随着我国电网面临用电负荷持续增加、间歇式电源接入电网的占比扩大、调峰手段有限等诸多问题，储能技术尤其是调峰电源得到了空前发展。储能技术主要有物理储能（如抽水蓄能、压缩空气储能、飞轮储能等）、化学储能（如各类蓄电池、可再生燃料电池、液流电池、超级电容器等）和电磁储能（如超导电磁储能等）等。这些储能技术的技术水平、发展趋势、应用前景各不相同。

目前，我国正在建设的智能电网以可再生能源的大规模利用和智能化为主要特征，发电形式将是大型集中式发电和分布式发电相结合，电力系统中的储能系统也将分为大规模集中式储能系统和大规模分布式储能系统。因此，没有任何一种储能技术可以全面满足智能电网接纳分布式能源的需求。为适应智能电网的发展，我国除发展抽水蓄能外，还应大力发展布置灵活的电池储能技术，如锂离子电池、钠硫电池、超级电容器、超导和先进储能技术等。

2. 储能关键技术

储能是指通过介质或设备把能量存储起来、在需要时再释放的过程。广义的储能包括煤、石油、天然气等化石能源以及电力、热、氢、成品油等二次能源的存储。狭义的储能一般指储电和储热。18世纪末期，随着第一块电池"伏特电堆"的出现，人们第一次把储能与"电"联系到了一起。19世纪的铅酸电池揭开了工业储能的序幕。进入20世纪后，伴随着电力行业的发展、消费电子产品的普及、可再生能源的大规模应用，各种新型储能技术层出不穷，其应用也逐渐向大型化和能源工业发展。

储能技术的应用领域广泛，包括电网调峰、调频及系统备用，可再生能源发电出力平滑，分布式发电和微电网，工矿企业、商业中心等大型负荷中心应急电源，无电地区和通信基站供电，电动汽车等场合。特别是近年来，在智能电网和可再生能源发电规模快速发展的带动下，储能技术越来越成为多个国家能源科技创新和产业支持的焦点。

我国的储能产业虽然起步较晚，但在政府的支持下，近几年的发展速度也令人瞩目。为发展分布式发电和促进可再生能源利用，我国强调储能在分布式电源和微电网建设以及分布式可再生能源发电自发自用中的作用，并通过建设风光储等示范项目，探索提高间歇性能源并网的途径。储能技术的规模化应用也从传统的抽水蓄能逐渐向可再生能源并网、电动汽车等新兴领域延伸。

（1）大规模储能技术应用潜力

储能技术可分为物理储能、化学储能、电磁储能及相变储能四大类。物理储能主要包括抽水蓄能、压缩空气储能和飞轮储能。化学储能主要包括锂电池、铅酸电池、液流电池和钠硫电池等电池储能技术。电磁储能包括超导储能和超级电容储能。相变储能主要指通过利用水等相变材料将电能转变为热的储能方式。根据各种应用场合对储能功率和储能容量的不同要求，各种储能技术都有其适宜的应用领域。总的来看，适合于大规模储能的技术主要有抽水蓄能、压缩空气和钠硫电池技术。近几年来，随着锂电池技术的快速进步，锂离子电池逐步向用于分散储能及规模储能领域渗透。

（2）物理储能

抽水蓄能（hydro pump energy storage）是目前唯一成熟的大规模储能方式，也是目前经济最优的储能方式。抽水蓄能电站在电力负荷低谷期将水从低水位水库抽到高水位水库，将电能转化成重力势能储存起来，在电网负荷高峰期通过排放高水位水库中的水来发电。由于抽水蓄能具有单位储电成本低、调节能力强、运行寿命长等特点，目前被广泛应用于电力系统调峰、调频和应急备用等领域。然而，抽水储能电站的选址受到地理因素和水资源的制约，项目建设工期长，并伴有移民及生态破坏等问题，影响了其进一步大规模应用。

压缩空气储能（compressed air energy storage）是在电力负荷较低时，通过吸收电网中富余的电能来进行空气压缩，并将其存储在高压容器（如岩洞、深井）中，在负荷高峰时使其释放驱动燃气轮机发电。压缩空气储能周期长，效率高，单位投资成本较低，需要同燃气轮机配套使用。此外，压缩空气储能与抽水蓄能类似，对地理条件的要求较高。

飞轮储能（flywheel energy storage）是一种利用高速旋转的飞轮存储能量的储能技术。典型的飞轮储能装置包括高速旋转飞轮、封闭壳体和轴承系统、电源转换和控制系统等。飞轮储能功率密度高，能量转换率高，但大型飞轮储能系统所需的高速低损耗轴承、散热及真空技术仍有待提高。

（3）电磁储能

超导储能（superconducting magnetic energy storage）利用超导线圈将电力通过励磁转化为磁场能存储，需要时再反馈给电网。超导储能的优点包括能量转化率高、响应速度快等。但超导储能成本高，能量密度低，且运行稳定性和安全性仍有待提高。

超级电容储能（super capacitor energy storage）通过双层电极将电解液中异性离子吸附于极板表面，从而形成双电层电容。由于电荷层间距非常小（5 mm 以下），且极板由特殊材料制成以增加其表面积，从而大幅增加了储电能力。超级电容结构简单，过充、过放性能好，但能量密度低，充放电存在一定的效率损失，且设备成本高。

电磁储能主要应用在不间断电源（UPS）、电能质量调节、提高电网稳定性等充放电频繁的领域。

（4）化学储能

化学储能，即电池储能，主要通过电池正负极的氧化还原反应来进行充放电。电池系统通常由电池、交直流逆变器及控制辅助装置组成，目前在小型分布式发电系统中应用广泛。

作为技术相对成熟的化学储能技术，铅酸电池（lead acid battery）具有价格低廉、可靠性高等优点，被广泛应用于车用电池、分布式发电及微电网系统。然而，目前铅酸电池的发展受到循环寿命短、不可深度放电、运行和维护费用高和失效后的回收等难题影响，使得铅酸电池在大规模储能领域受到很大限制。

钠硫电池（sodium sulfur battery）以钠和硫分别用作阳极和阴极，氧化铝陶瓷同时起隔膜和电解质的双重作用。在一定的工作温度下，钠离子透过电解质隔膜与硫离子之间发生可逆反应，形成能量的释放和储存。钠硫电池最大的特点是：比能量密度高，是铅酸电池的 3 ~ 4 倍；可大电流、高功率放电；充放电效率高；硫和钠的原料资源储量丰富，便于电池的量化生产。钠硫电池的不足之处在于其运行温度高达 300 ~ 350℃，需要附加供热设备来维持温度，且其正、负极活性物质的强腐蚀性，对电池材料、电池结构及运行条件的要求苛刻。此外，由于钠硫电池仅在高温下运行，造成启动时间很长，这在一定程度上制约了其在风电、光伏发电等间歇性能源发电并网领域的应用。

液流电池（redox flow battery）是电池的正负极或某一极活性物质为液态流体氧化还原对的一种电池。根据活性物质不同，主要的液流电池种类包括锌溴电池、多硫化钠/溴电池及全钒液流电池三种；其中，全钒液流电池被认为是具有广阔应用前景的液流储能电池。全钒液流储能电池具有循环寿命长、蓄电容量大、能量转换效率高、选址自由、可深度放电、系统设计灵活、安全环保、维护费用低等优点。在输出功率为几千瓦至数十兆瓦、储能容量数小时以上级的规模化固定储能场合，液流电池储能具有明显优势，是可再生能源大规模储能的理想方式。液流电池的主要缺点是能量密度及功率密度较低，且成本较高。液流电池的大规模应用依赖批量化生产技术开发，通过进一步降低成本、提升性能满足液流电池商业化的需要。

锂电池（lithium-ion battery）分为液态锂电池（LIB）和聚合物锂电池（PLB）两类。液态锂电池是指锂离子嵌入化合物为正、负极的二次电池。电池正极采用化合锂，如钴酸锂（$LiCoO_2$）或锰酸锂（$LiMn_2O_4$）等，负极采用锂 – 碳层间化合物。锂电池具有比能量和能量密度高、额定电压高、放电功率高、产业基础好等优点。但锂离子电池耐过充／放电性能差，组合及保护电路复杂，电池充电状态很难精确测量。此外，锂电池成本相对于铅酸电池等传统蓄电池偏高，单体电池一致性及安全性仍无法完全满足目前电力系统大规模储能的需要。

3. 应用领域

从欧美日实施的储能项目和发展规划来看，多个国家都将支持开发合适本国能源特点的储能技术，通过示范项目累计实际经验，推动储能产业的技术创新、研发和应用，并以此为基础开展储能经济性研究，促进储能商业化和市场化发展。

我国近年来大力发展可再生能源和分布式发电，鼓励新能源电源并网。以建设储能示范项目为依托，检验储能技术对可再生能源发电并网、电力系统调频、调峰及电力系统备用的效果。相关科技发展规划则专注于储能材料和储能技术在分布式、可再生能源发电项目中的系统集成技术。在我国现行的能源政策和电力市场框架下，储能扶持政策仍将主要围绕在智能电网、可再生能源发电、分布式发电及微电网、农村电网升级改造及电动汽车领域。我国现行的上网端峰谷电价对储能发展的激励作用有限，而大工业用户的两部制电价鼓励用户错峰用电的电力管理需求，一定程度上激励了储能产业的发展。

随着储能技术地位和作用的凸显，储能技术的研究逐渐引起重视，从世界范围来看，由于可再生和新能源智能电网的发展，储能技术受到前所未有的关注。目前的储能技术在世界范围内都还没有胜出者。在储能领域，各国都处于产业应用的初级阶段，欧盟、韩国、日本等也都设立专项经费支持储能技术的研究与开发。我国与国际先进水平差别不大，加大储能技术的研发力度有助于我国在未来的国际竞争中占据有利地位。

储能是一个产业链很长的产业。储能产业的发展，首先需要国家在关键材料，低成本、高性能的双极板材料及离子交换膜材料工程化技术上，进行研究开发及储能电池系统的应用示范。

随着国民经济的发展，人们对能源的需求越来越高，而化石能源资源却越来越少，人们将会越来越重视对水能、风能、太阳能等可再生能源及核能的开发和利用。从电力的稳定供应、节能、CO 减排的角度考虑，高效的新型储能（电）技术的开发和应用已成为当务之急。

抽水储能、压缩空气储能及大型超导储能主要用于发电厂调峰，即将夜间（用电低谷）时的电力储存，在用电高峰时供电，稳定电网，平衡负载。各种化学储能技术，主要用于终端电网和与太阳能发电、风能发电配套，是一种高效的储能技术。从技术发展水平看，抽水储能和压缩空气储能技术已经实用化。对于化学储能技术，铅酸电池、小型二次电池早已普遍实用化，氧化还原液流储能电池已经达到了商业演示运行水平，而超导储能和飞轮储能技术离应用还有相当大的距离。太阳能、风能发电系统的功率规模多在几百千瓦至兆瓦级。作为与其配套的储能系统，氧化还原液流电池由于有成本低、效率高、寿命长等优势，市场前景较为广阔。从适用化的角度考虑，氧化还原液流储能电池的研究今后将主要集中在高性能、低成本、耐久性好的离子交换膜材料、电极材料及高浓度、高导电性、高稳定性的电解液方面。

第二章 国外可再生能源学科发展现状

第一节 国外可再生能源重大研究方向

一、国外最新研究动态

（一）美国麦肯锡咨询公司研究结论

2019 年 1 月，麦肯锡咨询公司发布的《全球能源视角 2019：参考案例》中报道，他们的展望基于来自世界各地的数百名麦肯锡专家的研究成果，专家们来自不同的领域，包括石油和天然气、汽车、可再生能源和基础材料等。通过这个全球网络，我们能够将一系列不同的观点纳入一个共识。

世界各地的能源系统正在经历迅速转型，这将对为汽车提供燃料、为家庭供暖以及为工业提供动力的方式带来重大变化。这些趋势将在未来几十年对企业、政府和个人产生广泛影响。

影响能源未来的许多趋势实际上是由多种本地趋势驱动的，这些趋势将在不同的地理位置和行业中以不同的量级和速度发生。他们的研究结论如下：

随着可再生能源成本的进一步下降，许多国家将在未来 5 年达到新的临界点，目前光伏发电或风电装机容量与现有传统电厂的燃料成本相比更有成本竞争力。因此，可再生能源发展将进一步加速。

同样，随着电池成本的持续下降，在未来 5 ~ 10 年，许多国家将达到电动汽车比内燃机汽车更经济的节点。这种新的经济性适用于乘用车，同样也适用于大多数卡车部分。

尽管经济和全球人口不断增长，仍预计全球碳排放峰值将首次出现。受全球煤炭需求下降和石油需求减少的影响，碳排放量预计将从 21 世纪 20 年代中期开始下降。

（二）英国石油集团公司研究结果

2019 年 2 月 14 日，英国石油集团公司（British Petroleum，BP）发布了《世界能

源展望 2019》，考虑了能源转型的不同方面，以及这些方面产生的关键问题和不确定性，对世界能源发展格局做出预测：可再生能源增长最快，将成为世界第一能源；中国和印度等发展中国家支撑起能源消费增量的半边天；到 2040 年，世界将需要更多的能源。预测总体勾勒出未来世界能源发展变化的新格局。

在进化转型（ET）情景中，生活水平的提高导致能源需求比《世界能源展望 2019》增加了约三分之一，这是由中国、印度和其他亚洲国家所推动的，这些国家加起来占了增长的三分之二。而 2018 年的表述是中国和印度占全球能源消费需求增长的一半。

（三）可再生能源学科热点

1. 新加坡研发电池新技术

2018 年 9 月 30 日，新加坡南洋理工大学的科研人员成功研发一项新的电池技术，该项技术不是改进电池结构、提升电池密度，而是针对用旧的老电池，号称能让锂电池在 10 个小时内恢复至 95% 的容量，等于"返老还童"。具体来说，这项新技术是在每个锂电池中已有的两电极间增加第三电极，从而将残留的锂离子从一极排出到另一极，去除影响电池性能的"杂质"。

因为天然属性限制，锂电池使用时间越长，容量损失越明显，一般 300～500 次充放电循环后就会损失 15%～20% 的容量，而且无法逆转。但是新加坡南洋理工大学 Yazami 教授称，他的发明可以让老旧锂电池很快恢复青春，而且每隔几年就能在相同的电池上重复进行恢复容量操作，既能延长电池使用寿命，也有利于环保。这一发明已经在智能手机上做了测试，不过对于电动汽车行业的改变意义更加重大。

2. 最高性能的倒置钙钛矿太阳能电池

2018 年 7 月 12 日，在《科学》杂志发布的一项研究中，来自北京大学、萨里大学、牛津大学和剑桥大学的一组研究人员详细介绍了一种减少有害的非辐射复合过程的新方法，在该过程中钙钛矿太阳能电池的能量和效率都会降低。

该团队发明了一种称为溶液二次生长（SSG）的技术，该技术将倒置钙钛矿太阳能电池的电压提高了 100 mV，达到 1.21 V 的高电压，同时不会影响太阳能电池的质量或通过器件的电流。他们在一台设备上测试了该技术，测得了创纪录的 20.9% 的功率转换效率（PCE），这是迄今为止记录的倒置钙钛矿太阳能电池最高认证的功率转换效率。

3. 德国研制超级电池组

2017 年 6 月，欧洲最大的应用科学研究机构——德国弗劳恩霍夫应用研究促进协会（Fraunhofer-Gesellschaft）宣布，其研制出一种超级电池组，在不增加体积的前提下可提高电动汽车续航能力。该研究团队称，以特斯拉 Model S 为例，其目前电池续航为 540 km，若可使用该超级电池组，续航能力则有望提高一倍至 1000 km 左右。这种新型电池组名为 EMBATT，该研究项目的经理马瑞克·沃尔特（Mareike Wolter）称，这种新型电池组最大的技术突破是改变了电池内部电极的形态。

像特斯拉这样的电动汽车，其电池板内部是由大量圆柱形 18650 型锂电池连接而成，这样的设计会出现很大空间浪费，而 Fraunhofer-Gesellschaft 的新型电池设计就是为了消除这种空间浪费。所谓的 18650 型是一种电池的规格，是电子产品中比较常用的锂电池，常在笔记本电脑的电池中作为电芯使用。该型号具体定义的法则指的是，电池直径为 18 mm，长度为 65 mm，圆柱体形的电池。特斯拉最新车型 Model S 具有 100 kW·h 的电池板，包含 8000 多节 18650 型锂离子电池。

4. 美国研究出一种新的水基锌电池

《科技日报》2018 年 4 月 16 日消息，美国马里兰大学、陆军研究实验室和国家标准与技术研究院研究人员组成的研究小组，将传统的锌电池技术与水电池技术相结合，开发出了容量更大、安全性更高的可充电电池。他们使用新型的含水电解质，替代传统锂电池中使用的易燃有机电解质，大大提高了电池的安全性；而通过添加锌以及在电解液中添加盐，则有效提高了电池的能量密度。

研究人员指出，锌电池是一种安全且生产成本相对较低的电池，但能量密度相对较低，寿命也短，因而并不完美。新型水基锌电池则克服了传统锌电池的这些缺点，不仅大大提高了电池的能量密度，电池寿命也延长了许多。而与锂电池相比，水基锌电池不仅可在能量密度方面与其一较高下，而且安全得多，不会有爆炸或引发火灾的风险。

5. 加拿大哥伦比亚大学发现新生物太阳能电池技术

网易科技 2018 年 7 月 7 日消息称，加拿大哥伦比亚大学（Columbia University）的研究人员已经发现了一种新的廉价方式，借助细菌打造的太阳能电池将阳光转变成能量。他们打造的这种太阳能电池产生的电流比之前记录的任何类似装置都要强，而且无论在强光和弱光环境下都同样有效。据加拿大不列颠哥伦比亚大学发布的新闻公报，该校研究人员选择让天然色素保留在细菌内，通过基因工程技术改造大肠埃希菌，使其大量产生番茄红素。番茄红素是一种赋予番茄橙红色的色素，能特别有效地吸收光线并转化为能量。项目负责人称，这项研究的重点在于发现了一个不会杀死细菌的过程，因此它们能够无限期地制造生物燃料。这种生物太阳能电池技术也拥有其潜在应用，比如说在采矿业、深海探索和其他低光照环境中等。

6. 以色列 StoreDot 公司研发了闪充电池

太平洋汽车网 2017 年 9 月 18 日报道，以色列初创公司（StoreDot）研发"闪充电池"（flash batteries），一种可在数分钟内将电动车充满的锂离子电池，将纳米材料与新型有机化合物相结合，利用纳米材料保护合成有机材料不膨胀和不分解，从而也消除了传统充电电池存在的安全隐患，以这种独特方法研发开创性的充电电池材料。除了汽车用电池外，StoreDot 为手机充电研发类似的电池技术，该公司希望 2019 年前对该产品进行商业化。该公司称其电池产品环保，而且在充满电后，电动车可行驶 300 英里（约 483 km）。

2018 年，英国石油集团公司（BP）对 StoreDot 投资了 2000 万美元，希望在运营中减少温室气体的排放。除此次投资的 BP 之外，德国汽车制造商戴姆勒也是该初创公司的投资者，2017 年 9 月向 StoreDot 投资了 6000 万美元。

7. 韩国开发出常温液体金属 – 空气电池

《中国有色金属报》2018 年 4 月 11 日报道，韩国科学技术研究院（KIST）能源储存研究团队在全球最早采用常温液态的 Ga/In 共融化合物，成功开发出金属 – 空气电池（air-cell）的全新阴极材料，有望替代现有的二次电池。此项研究成果实现了电极的高稳定性和长寿命，在确保高性能的同时，还通过空间设计实现了自由变形。与复杂的纳米工艺技术相比，通过简单的混合工艺就可以制造复杂金属的电极，较低成本就可以完成高伸缩性和可变性的电极工艺。为了实现这一技术的后期推广，正在进行商用化技术的评价工作。此次研究开发的电池技术有望成为第四次工业革命能量储存系统的全新解决方案。

8. 瑞士生物沼气直接甲烷化技术

国际能源资讯网 2018 年 6 月 13 日报道，据瑞士保罗谢尔研究所（PSI）介绍，该所开发出一项独有的生物沼气直接甲烷化技术，将氢气直接加入生物沼气中进行甲烷化反应，使生物沼气中的二氧化碳直接转化为甲烷。经过直接甲烷化处理的生物沼气甲烷含量大大提高，质量可满足直接输入天然气管网的要求，不再需要经过提纯净化处理环节。

为在实际应用条件下验证该项技术，瑞士保罗谢尔研究所与瑞士一家能源企业合作开展验证和示范研究。将该项技术集成在一个集装箱大小的代号为 Cosma 的示范装置内，接入实际运行的生物沼气站进行 1000 小时验证试验，经过甲烷化后的沼气直接进入天然气管道，可满足一个独立家庭住宅的取暖和热水供应。试验取得成功，显示了该项技术已经具备进入实际应用的条件。

二、国外可再生能源学科发展简述

（一）澳大利亚

澳大利亚国立大学可再生能源工程硕士项目为期两年，为学生提供在快速发展的可再生能源行业工作所需的专业知识与工程技能。该项目以澳大利亚国立大学多个工程重点和研究专长为基础，为学生提供可再生能源领域的前沿科技知识以及处理多学科问题所需的技能。该项目的专业课程包括太阳能、风能及其他可再生能源技术，电力系统设计，电网集成与能源利用效率等方向。此外，学生有机会在澳大利亚国立大学内选择其他选修课，包括能源政策、法律及经济等互补领域的课程。

（二）英国

1. 杜伦大学（Durham University）

杜伦大学新能源与可再生能源硕士专业，旨在培养学生应用新能源与可再生能源技术，以及实现能源和环境可持续所需要的技能，学习期间，学生可通过个人和团队项目提升研究、开发、设计和项目管理方面的能力。开设的必修课有：低碳技术、能量转换与输送、小组设计项目、研发项目等。

2. 拉夫堡大学（Loughborough University）

拉夫堡大学欧洲可再生能源硕士专业是由 9 所欧洲顶尖大学联合开设，由欧洲可再生能源研究中心协会管理，旨在让学生掌握清洁能源发展的最新趋势，培养学生设计并发展温和的可再生能源技术，以减少化石燃料排放。

开设的必修课有：太阳能发电、风能、生物量、水能等。第二学期的必修课有：雅典国立科技大学风能、萨拉戈萨大学并网、诺桑比亚大学太阳能光伏、佩皮尼昂大学太阳能、里斯本高等理工学院海洋能源、汉泽应用科学大学可持续性燃料系统等。

可再生能源系统技术硕士专业经由英国工程技术学会（IET）、英国机械工程师学会和能源学会认证，实践性比较强，当然学生也会学习相关理论知识，比如可再生能源生产、分配、经济和政策的原则和方法。教授这个专业的老师都是国际学术团队人员和行业专家，为了能确保可再生能源系统技术跟得上行业变化，拉夫堡大学会定期更新该专业的课程设置。

3. 克兰菲尔德大学（Cranfield University）

克兰菲尔德大学的可再生能源硕士专业，分为工程方向和管理方向，旨在培养学生设计、优化和评估可再生能源项目技术及经济可行性所需要的高等跨学科技能。工程方向的学生有机会学习设计可再生能源系统最先进的技术技能，包括有限元分析（FEA）；管理方向允许学生专攻健康与安全、环境与资产管理等方面。课程安排比较紧密，一般 1~2 周学完一门课程，设置有实践性较强的小组项目，毕业前还有个人项目。

开设的必修课有：可再生能源技术原理、可再生能源后生代工程、风险与可靠性工程、工程应力分析/理论与模拟、技术管理、能源系统案例研究、流体力学与装载（工程方向）、健康安全与环境、高等维护工程与评估管理（管理方向）等。

4. 埃克塞特大学（University of Exeter）

埃克塞特大学在能源储存、海洋、太阳能及风能发电方面的研究有一定的优势，大学的可再生能源工程硕士专业，旨在让学生为将来从事能源方面工作做好充分准备，学习期间不仅有企业参观学习的机会，并且还有机会使用非常不错的陆地及海洋可再生能源设备，课程设置比较灵活。开设的必修课有三个：网络工程、建模与管理、可再生能源系统和研究项目。其他学分需要学生自行选修。

5. 南安普顿大学（University of Southampton）

南安普顿大学可持续能源技术硕士专业侧重于可持续电力现存以及现代能源技术，重点学习可持续能源系统、资源及使用，学习设计及评估燃料电池和光伏系统、风能与混合推进系统的性能，还会了解低碳能源热流体工程处理，学习更多的可再生技术，自主选修课程。开设的必修课有：燃料电池与光伏系统，可持续能源系统、资源与使用，能源技术、环境与可持续性简介，环境流动可再生能源，核能源技术等。

电力工程能源与可持续性硕士专业涵盖了可持续能源发电、传输及配送工程的方方面面，旨在培养学生从事电力行业所需要的技能。开设的必修课有：项目筹备、电力系统分析、发电技术与对社会的影响、电力与配送、能源基本原理等。

能源与可持续性硕士专业有两个专业方向：能源与可持续性能源、环境与建筑硕士专业。旨在为新一代能源专业人员培养应对气候变化所需要的技能，确保建筑环境中能源供应和管理效率。开设的必修课有：可再生能源技术、环境与可持续性简介，气候变化、能源与定居，土木与环境工程数据分析与实验方法，环保顾问地理信息系统，能源资源与工程，建筑与城市气候设计，建筑能源性能评价等。

能源与可持续性／能源、资源与气候变化硕士专业是和行业及公共部门能源专家合作开设的，旨在让学生对可持续能源有一个广泛的了解。

6. 英国曼彻斯特大学（The University of Manchester）

英国曼彻斯特大学可再生能源与清洁技术硕士专业，旨在让学生详细了解关键的可再生能源发电技术，以及影响其开发的原因，不仅提供太阳能、风能及海洋能源技术原理的基础知识，还提供了可再生能源的有效分配，以及将它们整合到零碳基础设施的建设中去，以确定影响可再生能源选择的经济与气候方面的议题。开设的必修课有：智能电网与可持续电力系统，用于研究与行业的技术，电力系统概述，相互连接的清洁能源系统，能源作为驱动现代社会系统，太阳能技术，零碳基础设施，海洋能源、风能、浪与潮汐等。

（三）德国

1. 柏林工业大学

柏林工业大学是世界著名理工院校，德国九所卓越理工大学联盟（TU9）成员之一。柏林工业大学前瞻性地开设可再生能源系统专业硕士课程，课程的重点内容是研究太阳能光伏、风能和再生原材料的筹备及开发，涵盖全部能源技术。在4学期学制的学习中，每个不同的课程模块都能使学生在某个领域进行深入研究，充分锻炼培养学生在能源利用及开发方面的素质和能力。

2. 慕尼黑工业大学

慕尼黑工业大学是德国最古老的工业大学之一，凭借深厚的科研基础在能源开发上更加注重对自然资源的利用。如何利用自然资源、如何处理废料、如何清理被污染的土地和水域等议题，都是慕尼黑工业大学环境规划和工程生态学专业硕士生探讨的问题。为了让这一专业的学生拥有更加广阔与深厚的资源认知，还学习除理工科基础知识之外的农业、园林建造、林业和规划学等。

3. 亚琛工业大学／明斯特大学

亚琛工业大学作为世界顶尖理工科大学、德国精英大学代表早已蜚声国际，明斯特大学是德国最大和最著名的大学之一。两所实力名校联合提供能源经济专业硕士课程。与其他学校的课程设置不同的是，该能源经济专业的两年硕士课程是跨学科的。攻读这一专业的学生需要全方面地学习能源技术、经济和法律方向的知识。此外，学校还与能源经济领域的企业和行业协会合作，希望为能源市场培养来自理科和工科方向的后备及领导人才。

三、国内外学科发展情况对比

（一）美英大学学院的异同

英国大学的学院不是按照学科专业划分的，是住宿学院，且独立于其所在的大学，教师和学生的隶属单位是学院，而非大学。该体制下，师生关系密切，且学生接触的知识面较广，因而在本科生培养上有优势，在研究生培养上对极少数天才学生也很有益。但其不大适合现代的研究生教育和研究的要求。原因在于按照学科专业划分的"系"和"学院"的结构更有利于学科发展。目前英国大学在向美国大学模式靠拢。

（二）国内大学学科专业划分

1. 2011 年以前

国内大学学科专业划分长期以来执行的标准和依据是教育部《普通高等学校本科专业目录》（1998 年颁布）和《授予博士、硕士学位和培养研究生的学科、专业目录》（1997 年颁布）。

2. 2011 年以后

2011 年教育部颁布了新的《学位授予和人才培养学科目录（2011）》，公布了《普通高等学校本科专业目录（修订一稿）》。

3. 我国学科设置的特点

国内大学学科专业学院设置，普遍采取两种方式进行，一是将原有的系升格为学院；二是根据社会需要和学科发展新设学院，原有的文理综合大学新设实用学科学院，原有的单科或多科大学或学院新设文理基础学科学院。如北京大学不包括医学部的学院系部有 34 个，清华不包括医学院有 15 个学院和 3 个独立系，合并后的吉林大学有 40 多个学院。

（三）我国学科划分

1. 学院过多学科过细

对于目前国内大学学科专业学院设置，存在两个共同问题：一是学院数目过多、学科分割严重；二是学院林立但无层次，没有区分基础学科与实用学科的差别，没有确定不同学院的不同使命和目标，实用学科受到偏爱，基础学科受到忽略。

从市场和学科建设两个因素考虑，根据国际经验，对于综合性研究大学而言，在学科和学院设置上最为重要的是文理学院和工、医、商、法四类职业学院。关于基础学科的学院设置，重要的是要按学科的性质归属，真正发挥基础学科在教学和研究中的基础位置。可试行多种模式，一种是成立一所文理学院，把所有的基础学科都归到该院下的系；另一种是按照三个学科门类成立三个学院，即理学院、人文学院和社科学院；再一种是允许文理学院下有二级学院和独立系。关于工、医、商、法四类职业学院，商学院和法学院往往为新设学院，历史遗留问题较少；工学院和医学院往往学院林立，面临体制整合和结构调整问题。一种思路是考虑先成立工学院和医学院，它暂时是"虚体"，在它的下面允许具有实体性质的二级学院和独立系并存。将来再逐步过渡到工学院和医学院下全部是系的模式。

2. 变化趋势

近年来，国内一些高校，如复旦大学、浙江大学、中山大学等，在学院设置上进行了局部的探索和试验。一是不分学科专业，设置面向少数学生的带有实验性质的开展精英教育的学院。如北京大学的元培学院、浙江大学的竺可桢学院、中山大学的博雅学院、重庆大学的弘毅学院、山西大学的初民学院；二是设置面向所有大学一年级或二年级学生开展通识教育的学院。如复旦大学的复旦学院，浙江大学的求是学院和本科生院；三是在学科专业学院方面，出现了向国外大学，主要是美国大学模式靠近的趋势，如一些学校将文、史、哲合并组建人文学院，将数、理、化合并组建理学院等。

（四）国内学科建设共同点和不同点

1. 国外学科建设特点

学科建设是一个中国化的专有名词，在国外很少有人把高校的学科建设问题作为一个单独的问题进行研究。在外文中甚至找不到与学科建设相对应的语词。这并不意味着国外没有人研究过学科建设问题，只是在研究高等教育和大学问题时作为一个方面来进行研究。

焦点问题在于普通教育应该放在本科阶段，把专业化教育留在研究生阶段和专业教育阶段进行，还是普通教育与专业教育在大学本科同时进行？英国兰开斯特大学社会研究中心主任哈罗德·珀金从历史学的角度，对欧洲、美国和日本大学的学科发展和大学形式的演进进行了研究，他认为欧洲中世纪大学与其他专业训练学校的区别就是它的多科性。美国加州大学伯克利分校高等教育研究所所长马丁·特罗从社会学的角度，通过对各国高等教育系统按照各种各样地位、名望、财富、权力以及影响进行分等的分析，介绍了一些国家的大学提高学科水平的做法，他认为要使高等学校的地位得到升迁和变革，无论国家采取什么行动，最终都要由争取著名教授和出类拔萃的教师、争取研究经费、争取优秀本科生研究生的市场力量来决定。由上可见，西方关于学科建设的研究主要集中于高等学校学科的形成和发展、学科分布及其学科对于提升大学地位的重要作用，但是很少有对学科建设的内涵形成统一的认识。

2. 国内外学科建设不同点

学科建设的问题已经引起了国内很多学者的关注，我国高校学科建设需要借鉴世界一流大学学科建设的经验已是共识。国内外大学学科分类与学院设置的共同点是，院系普遍按照学科专业设置。不同点主要包括：

（1）学科划分依据不同

国外大学更注重按照学科的使命和目标的分类；国内大学由于受传统苏联模式的影响，对不同学科的不同使命和目标重视不够。

（2）学院设置层次不同

国外大学注重从学科建设和市场情况两方面综合考虑，分层次设置学院；国内大学则往往按照基础学科加实用学科的模式设置学院。

（3）学院数量不同

国外大学一般按照学科门类设置，因而学院数量普遍不多；国内大学则往往按照专业门类设置，因而学院数量普遍较多。

3. 国外学科建设经验借鉴

学科建设是近年高校探讨和实践的热门话题，以学科建设为中心改造学科、重构学科，促进大学上档次或跻身世界一流大学的行列，这已成为共识。要保证学科建设活动能够沿着预定轨道卓有成效地进行，不仅需要政府和社会对高等学校持续不断地增加资金投入，而且需要大学自身能够根据社会发展的需要和高等教育的规律，借鉴国外著名大学学科建设的经验，科学筹划，严密组织，精心实施，方能奏效。国内很多学者从不同角度对国外著名大学的学科建设情况进行了介绍，并提出了许多值得借鉴的经验。例如从学科设置、学科结构、发展战略、管理体制、队伍建设、学科功能、学科环境等方面介绍了若干国外著名大学学科建设的基本经验。国内学者对世界著名大学学科建设的研究可以总结归纳为以下几个方面。

（1）学科门类齐全，文、理渗透

学科门类众多是当今世界著名大学学科分布的一个突出特点，但是从其发展历史看都经历了一个由单一学科或者学科门类比较少向学科门类比较齐全的发展过程。例如麻省理工学院（MIT）直到1930年才开始由一所工学院向理工结合的大学转变，今天的MIT不仅拥有世界一流的工学院，而且还包括世界一流的理学院和世界知名的人文社会科学学院。无论是综合性的大学还是理工大学都十分重视科学与人文的融合。哈佛大学一直秉承前校长科南特1945年提出的"通识教育"思想设计必修课程。在实施过程中，哈佛大学要求学生必须修6门通识教育课程，其中人文学科至少1门，自然学科至少1门，社会学科至少1门。大学前两年必须修完这些课程，以便获得广博的知识。哈佛大学中人文社会学科课程在本科生课程中占有很大的比重。哈佛大学两所本科学院共开设课程2500门左右，其中人文课程（美术、音乐、英文、古典作品、语言和文学、哲学、宗教等）总数为996门，占全部课程的40%，社会科学课程（经济、政治、区域研究、历史、人类学、社会学、心理学）总数为769门，占全部课程的31%，即便是理工科的学生，要想取得学位，也要学习占学分25%的人文社科类课程。从以上数据可以看出，世界一流大学普遍存在对人文科学类的重视以及对人文学科与理工学科交叉的注重，这正是值得国内很多大学借鉴的地方，尤其是要建设世界一流的研究型大学，必须重视人文社会科学的建设，人文社会科学在世界一流研究型大学中发挥着十分重要的作用。

（2）突出重点、形成特色、打造优势学科

学科门类众多是当今世界著名大学学科分布的一个突出特点，但并非所有的世界一流大学都是门类齐全的综合性大学。如伯克利加州大学原来有化学院、工程学院等14个学院，下设100多个学科系，各个学科的发展非常均衡，每个学科的水平都很高，就是没有一个学科是真正的世界一流，特色不明显，因而始终进不了世界一流大学的行列。于是他们就调整发展战略，集中发展生物原子工程，要求学校的每个系都要尽量和生物原子挂钩，经过几年的努力，终于促成劳伦斯发明了加速器，正是由于发明了加速器，伯克利加州大学拿了17个诺贝尔奖，伯克利的生物原子工程学科成了世界第一，伯克利加州大学才世界著名。

（3）在学科队伍建设上，具有世界知名的学科带头人

世界知名的学科带头人是促进学科建设加速发展和创造一流的关键。哈佛大学前任校长科南特曾说过："大学的荣誉不在于它的校舍和人数，而在于一代教师的质量。"

在教师的聘用和升迁上，哈佛大学要求教授进校要广泛征求校内外乃至世界本学科一流专家的意见，以衡量其学术水准；编内讲师，聘任 5 年，到期非迁即走，以保证其学术创造力，确保哈佛大学在美国乃至世界的地位。加利福尼亚大学的航空航天学院离不开冯·卡门的贡献，正如田常霖先生所说：加州理工学院为什么会成为这么著名的大学，它的腾飞就是靠两个教授：一个是密立根，诺贝尔物理学奖获得者，他使这个学校的实验物理迈入了世界一流；另一个是冯·卡门，钱学森先生的老师，他把美国的航天技术带了起来，有了这两个人加州理工学院就世界知名了。

（4）保证学术自由

剑桥大学前校长阿什比说过："任何类型的大学都是遗传和环境的产物。"科学的发展也是一样，它是遗传和环境的结晶。学科建设作为一种促进学科发展的实践活动，它不仅要继承学科的优良传统，更主要的是要营造一个学科发展的良好环境。大学自治和学术自由是西方大学永恒的主题，大学有足够的自主权来决定学校发展的大事，尤其是关于学术方面的，学者和教授在大学的决策和管理中发挥着很重要的作用。"只有具有安全和自由保障的学者才能探求科学真理。"——哈佛大学前校长博克如是说。

第二节　全球可再生能源技术热点及趋势

一、全球可再生能源发展

（一）全球可再生能源现状

根据联合国再生能源咨询机构（REN21）的 2018 年《全球可再生能源现状报告》（GSR），2017 年可再生能源发电量占全球发电量净增加值的 70%。这是现代历史上可再生能源发电量增长最大的一年。然而占全球终端能源需求量 80% 的供热、制冷和交通领域对于可再生能源的使用却远远落后于电力行业。

1. 能源转型

全球能源正在向高效、清洁、多元化的特征方向加速转型推进，全球能源供需格局正进入深刻调整的阶段。报告指出，世界各国对可再生能源的发展主要集中在太阳能、风能及生物质能方面，旨在加快能源转型进程、提高能源安全及减少对化石能源的依赖。

2. 低碳化

全球主要国家不约而同地加快了低碳化乃至"去碳化"能源体系的发展步伐。欧美发达国家先后提出了明确的能源转型计划、转型目标及推进措施，这是新科技革命、气候变化及绿色低碳背景下国际能源体系发生深刻变化的重要先导信号。就发电成本而言，国际可再生能源署（IRENA）2018年数据显示，未来两年内，包括生物质能、水力等在内的可再生能源发电成本将会与化石燃料发电成本几近持平，而发电成本的下降也是世界能源发展进入新时代的重要信号。伴随着气候变化及《巴黎协定》的签署，全球能源转型提速使得可再生能源的长期前景更加确定、投资风险降低，投资规模连续7年超过2000亿美元。从目前国际可再生能源投资形势看，风力和太阳能光伏发电是可再生能源投资的两个主要领域。该报告同时指出，就世界各地区可再生能源投资情况看，可再生能源投资区域重心正在逐渐"东移"，以中国、印度、巴西为代表的新兴经济体的可再生能源投资基本处于稳定状态，2006—2015年，新兴经济体对清洁能源的投资年均增长率近52.4%，全球可再生能源投资呈不断增加趋势。

3. 优化产业结构和能源消费结构

产业结构和能源消费结构的进一步优化调整对未来可再生能源的发展起到一定的推动作用。同时，新工业革命的爆发将人工智能与能源体系进行充分融合过程中，人工智能技术成为电网发展的必然选择，也成为当今能源电力转型的重要战略支撑。

报告认为，未来可再生能源发展潜力巨大，中国可再生能源发展前景也十分乐观。推进能源革命及绿色低碳清洁能源体系发展，是中国未来能源发展的重要突破点。

（二）全球可再生能源发展趋势

1. 可再生能源被认定为主流能源

英国德勤有限公司（Deloitte）2018年9月31日发布《2018全球可再生能源趋势》（*Global Renewable Energy Trends*）。报告显示，技术创新、成本效率和不断增长的消费者需求正在推动可再生能源，特别是风能和太阳能，成为首选能源。虽只是最近被认定为"主流"能源，可再生能源正在迅速成为首选之一。

第一个推动因素是可再生能源在电网和用户端达到价格和性能平衡。第二，太阳能和风能可以经济有效地帮助平衡电网。第三，新技术的不断发展提高了风能和太阳能的竞争优势。

2. 能源消费者的需求

能源消费者的需求主要集中在三个目标上，前三个趋势使可再生能源得以最好地实现。通过不同程度地强调每个目标，消费者正在寻求最可靠、经济、环保的能源。这些消费者中最主要的是将可再生能源纳入智慧城市规划的城市，社区能源项目使得可再生能源在电网内外获得利益的民主化，新兴市场引领可再生能源在发展道路上的部署，以及企业扩大其可持续发展的范围。新技术的部署将有助于进一步降低成本并改善整合。这将使越来越多的能源消费者能够采购他们喜欢的能源并加速全球的国家能源转型。

（三）全球可再生能源产业发展现状

1. 能源与发展速度

当前能源形势下，不同能源类型表现出不同的发展方向与速度。石油市场正进入新的不确定性和波动性时期，中国快速扩大的需求使得天然气的消费正在增长，太阳能光伏势头不错，而其他关键技术和能效政策还需继续推进，与能源相关的二氧化碳排放量在 2018 年达到历史新高，全球无电人口首次下降到 10 亿以下。人们对电力寄予很高期望，但人们对电力满足需求的程度以及未来电力系统将如何运行仍存在疑问。政策制定者需要对不同可能的未来以及它们是如何产生的有充分的了解。《世界能源展望 2018》提供了两个关键情景，分别是新政策情景和可持续发展情景。

2. 能源消费向亚洲转移

能源消费向亚洲转移的深刻变革在各类燃料、技术和能源投资方面都有所体现。亚洲占据了全球天然气消费增长的半壁江山，风电和太阳能光伏发电增长 60%，石油消费增长 80% 以上，以及煤炭和核电增长 100% 以上（其他地区总体呈负增长）。按装机容量计算，15 年前欧洲企业主导了全球最大电力企业排行榜，而如今，全球的十大电力公司榜单中，中国企业占其六个。2000 年，超过 40% 的全球能源需求来自欧洲和北美地区，约 20% 在亚洲的发展中经济体。到 2040 年，这种情况将完全逆转。

3. 电力行业的变化

电力行业正在经历其最剧烈的转变。对于更依赖轻工业、服务业和数字技术的经济体，电力日益成为首选"燃料"。其在全球最终能源消费中的比重接近 20%，且还将进一步增长。政策支持和技术成本降低使可再生能源发电迅速增长，推动电力行业成为减排先锋，但为了确保可靠供应，整个电力系统的运行方式需要改变。在发达经济体，电力需求增长温和，但由于发电结构变化和基础设施升级，所需投资依然巨大。

4. 未来电力要能接受高比例可变可再生能源电力

灵活性是未来电力系统的基础，高比例可变可再生能源提高了对灵活性的需求，需要进行改革，以实现对发电、电网和储能的投资，并释放需求侧响应。由于太阳能光伏竞争力日益增强，其装机容量在 2025 年前会超过风电，2030 年左右超过水电，2040 年前超过煤电。太阳能光伏发电和风力发电的崛起，使电力系统的灵活性变得空前重要，以保证系统的稳定运行。当装机规模较小时问题不多，但在新政策情景中，许多欧洲国家以及墨西哥、印度和中国，都将要求电力系统在大范围内拥有高度的灵活性，这是前所未有的。电池存储成本迅速下降，电池与燃气调峰电厂在应对短时供需波动方面的竞争日益激烈。然而，传统电厂依然是保持系统灵活性的主力，新的电网互联、储电和需求侧响应技术起支持作用。欧盟致力于建设"能源联盟"的努力说明，区域融合有助于推动可再生能源消纳。

二、技术热点

(一) 小型模块化反应堆

全球多个核电大国正逐步实践和应用小型模块化反应堆技术（SMR），并将其列入本国核能发展战略。美国已提出小型反应堆是其占领核电技术制高点的新技术，并计划到 2025 年投入 100 亿美元部署小型模块堆产能。俄罗斯首座浮动核电站"罗蒙诺索夫院士"号由两座小型反应堆组成，发电量达 70 MW，已首次实现持续链式反应。

(二) 多点并网技术标准

可再生能源是全球能源互联网清洁能源发展的重要组成部分，其并网问题是国际能源与电力技术发展的前沿和热点。国内外可再生能源并网技术标准化组织、标准体系及相关标准的发展和现状，总结分析了大规模可再生能源并网技术需求，针对未来超大规模可再生能源基地集中开发、高比例可再生能源并网运行情景下可能面临的新问题，对技术标准未来的发展趋势进行了展望和研判，同时提出了若干建议，为相关技术标准的制修订提供参考。

以风电和光伏发电为代表的可再生能源发电，其输出功率受一次能源的影响呈现极大的波动特性，对电网的频率调节和电压控制带来较大挑战。另外，波动性可再生能源发电大多采用基于电力电子变换装置的发电技术，普遍缺乏转动惯量，对系统呈现弱阻尼状态，电网故障下的频率支撑能力极为有限。未来，随着全球能源互联网的全面推进，千万千瓦级可再生能源基地的大范围开发、多点并网将成为常态，高比例可再生能源并网情景下，超大规模可再生能源基地和集群对电子化电力系统在无功电压、有功频率、故障穿越、谐波及弱电网下的相位角跳变、次同步振荡抑制的技术要求应成为重点关注的方向。

（三）高能蓄电池

在电动汽车的带动下，电池储能技术成为多国研发热点，新研究成果佳音频传。美国宾州州立大学通过一种新型的电池结构和充电策略，实现动力电池可在任何温度下的快速充电。英国哥伦比亚大学发明新生物太阳能电池技术，借助细菌可将阳光转变成能量。加州大学洛杉矶分校成功开发出一种高效的薄膜双层太阳能电池，其能量转化效率高达22.4%。美国与沙特合作开发出一种新集成太阳能液流电池设备，效率高达14.1%。英国剑桥大学圣约翰学院通过半人工光合作用，成功将阳光转化为燃料。

（四）储能

全球储能市场持续活跃，韩国、加拿大、中国等市场均在特定领域呈现爆发式增长，但从全球范围来看，储能还面临着火事故频发、市场规则调整、规范与标准制定落后等各种障碍。

各国积极探索"虚拟电厂"模式，分布式储能管理成为热点。2018年11月，继第一阶段试验成功后，澳大利亚政府与特斯拉启动了南澳澳大利亚"虚拟电厂"（VPP）第二阶段的合作。在这一阶段中，1000家住宅将安装包括太阳能电池板和特斯拉Powerwall的户用储能系统。除了澳大利亚，德国、日本、美国、中国都在积极探索分布式储能的管理以及参与电力市场交易的规则与机制，用户侧储能产品企业也都在积极开发"云平台"，为用户提供更多的增值服务。

2018年2月，美国电力市场监管者（FERC）全票通过法令841的草案《电力存储资源与市场运行规则》（Final Rule on Electric Storage Resource Participation in Markets Operated by RTOs and ISOs）。该法案要求各个区域配网运营商调整市场规则，以更好地接纳储能。该法案允许储能参与由各个区域系统运营商运营的各种容量、能量和辅助服务市场，这被认为是美国储能史上"重要的一步"，对全球市场规则制定者如何调整规则以更好的接纳储能，并充分发挥储能的价值具有重要的借鉴意义。

储能作为协同新能源运行的有效手段，可打破电能"即发即用"的特点，实现能量的高效利用。在大规模储能背景下，压缩空气储能以其自身的清洁、低成本等特点，逐步成为研究热点。2018年，压缩空气储能领域向示范工程、商业化初期不断迈进。2018年，压缩空气储能领域在多能互补、液化压缩、盐穴储气、循环控温、协同水力发电等技术方面进展突出。

（五）可再生能源制氢

利用可再生电力电解水制氢、生物质气化和蒸汽转化制氢、生物质热解制氢、光电化学法制氢和太阳能与热化学循环耦合制氢等，如果在这些生产过程中使用可再生能源或核能制氢，那么整个制氢过程的 CO_2 排放趋于零。要广泛利用来自可再生能源的氢，有必要致力于技术革新，从风力、光伏获得廉价电力和热，并继续致力于降低设备建设和关联设备的成本。水电解制造无 CO_2 排放的氢时，制造1立方米（标准）氢，最低需要电力约 $3.5\,kW \cdot h$，实际用 $4 \sim 5\,kW \cdot h$，为降低无 CO_2 排放的制造成本，重点在于提高电解效率、降低电解成本。

美国能源部的氢与燃料电池项目的目标要实现氢价格 $0.21 \sim 0.42$ 美元/立方米（标准），开发适应风力发电、光伏/光热发电变化的高效水电解系统，以及风力发电与水电解装置实际接续的验证试验。日本经济产业省新能源和工业技术发展组织（NEDO）计划采用可再生能源大规模制氢，2013年开始低成本、高效率水电解技术的研究开发。该项目的实施可望降低成本，以应对可再生能源变化的技术对策、固体氧化物型电解系统的技术验证、氢液化系统的高效化和大型化。

三、趋势展望

（一）全球能源供应呈多元化趋势

在国际能源格局动荡的背景下，各国都在不断调整能源供应结构，以期能源来源更多元化。法国计划到2035年将核反应堆发电量占比从目前的75%降至50%，以减少对核能的依赖并促进可再生能源发展。日本新的《能源基本计划》确定在2030年之前将可再生能源、核能、煤炭、液化天然气的发电比例维持在20%~30%。波兰公布《2040能源政策草案》，计划大幅增加核电和可再生能源在能源结构中的比例，以不断降低对煤炭的依赖。韩国政府将制定利用更多天然气和可再生能源的能源路线图，以期到2030年将可再生能源占比提升至20%。可再生能源多元化发展示意图如图2-1。

图 2-1 可再生能源多元化发展示意图

（二）先进核技术继续成为各国研究热点

北极星电力网新闻中心 2019 年 2 月 13 日报道，麻省理工学院的报告认为，先进、非常规核反应堆将在 2030 年颠覆当前的核能行业。各国政府对先进核电技术的关注必将加快其投入使用进程。美国政府签署的《能源部研究与创新法案》《核能创新能力法案》等将促进下一代核反应堆技术的发展，并在资金上大力支持新型核电技术的研发。欧盟明确小型堆发展目标，计划在 2030 年前在欧洲投入使用。英国政府为核聚变项目提供资金支持并将开展先进核反应堆燃料关键项目研究。俄罗斯首座浮动核电站"罗蒙诺索夫院士"号于 2019 年率先进入发电测试阶段。美国、英国、加拿大、日本等国将继续开展不同层次的小型模块化反应堆技术的研发合作。

（三）动力电池全球化竞争日益激烈

欧洲逐渐重视动力电池产业，中国、日本、韩国进一步拓展国际市场。欧盟动力电池联盟促进了欧洲电池产业发展。德国化学巨头巴斯夫将建立首个锂电池负极材料生产基地，进军动力电池领域。瑞典初创企业（Northvolt）与宝马集团和优美科共同建立电池全生命周期循环系统。中国投资 2.4 亿欧元，在德国图林根州建立电池生产基地和智能制造技术研发中心。韩国 LG 化学有限公司计划在 2023 年前分阶段在中国工厂投入 128 亿元生产动力电池。日本松下与美国电动汽车制造商特斯拉合作在中国投建超级电池工厂。未来，电池储能领域的竞争将愈发激烈。

第三章　可再生能源学科技术研究平台建设

学科建设离不开技术支持，可再生能源技术的发展是学科建设的实践，为学科建设奠定基础。可再生能源学科技术研究平台建设主要依靠现有学会会员单位内的大专院校、研究机构和具有一定研究能力的企业单位组成，实现不同种类可再生能源技术的学术研究和技术实践。

第一节　学会在可再生能源学科建设中的优势与作用

一、学会基本情况

（一）属性

中国可再生能源学会（China Renewable Energy Society，CRES）是由从事新能源和可再生能源研究、开发、应用的科技工作者及有关单位自愿组成并依法登记的全国性、学术性和非营利性的社会团体。

学会成立于1979年9月，领域涉及太阳能光伏与光热、风能、生物质能、氢能、海洋能、地热能以及天然气水合物、发电并网等，具有多学科、综合性的特点，是目前中国可再生能源领域内最具影响力的学术团体之一。

中国可再生能源学会与有关的国际组织、国内外的科研机构、大学及相关机构建立了广泛的联系，拥有各级会员4000余人，是国际太阳能学会、国际氢能协会、世界风能协会成员。40多年来，学会不断发展壮大，汇集了学科众多专家学者，成为一个巨大的人才库和国家级科技思想库。进入21世纪以来，学会注重利用自身在国家学科建设中的优势，努力发挥其重要作用，已经成为推动我国国家学科建设和发展的重要力量。

（二）学会宗旨

遵守宪法、法律、法规和国家政策，遵守社会道德风尚。

团结和动员新能源和可再生能源科学技术工作者以经济建设为中心，落实科学发展观，坚持科教兴国战略、人才强国战略、可持续发展战略，建设创新型国家。

贯彻可再生能源法，促进可再生能源科学技术与经济的结合，促进可再生能源科学技术的普及和推广，促进可再生能源与科学技术人才的成长和提高，反映可再生能源科学技术工作者的合法权益，为经济社会发展服务，为科学技术工作者服务，为提高全民素质服务。

（三）业务范围

1）开展新能源和可再生能源领域的科学技术发展方向、产业发展战略、科技规划编制、相关政策以及重大技术经济问题的探讨与研究，提出咨询和建议。

2）开展学术交流，活跃学术思想，促进新能源和可再生能源学科发展，推动自主创新。

3）弘扬科学精神，普及新能源和可再生能源科学知识，传播科学思想和方法，推广先进技术，开展青少年科学技术教育活动，提高全民素质。

4）开展新能源和可再生能源民间国际科学技术交流活动，促进国际科学技术合作，发展同国（境）外的科学技术团体和科学技术工作者的友好交往。

5）编辑、出版、发行新能源和可再生能源科技书籍、报刊及相关的音像制品，传播科学技术信息。

6）反映会员和科学技术工作者的建议、意见和诉求，维护会员和科学技术工作者的合法权益，促进科学道德和学风建设。

7）促进新能源和可再生能源科学技术成果的转化，促进产学研相结合，促进产业科技进步；组织会员和科学技术工作者建立以企业为主体的技术创新体系，为促进提升企业的自主创新能力作贡献。

8）组织会员和科学技术工作者对国家新能源和可再生能源政策、法规的制定和国家事务，提出咨询建议，推进决策的科学化、民主化。

9）开展表彰奖励、继续教育和培训工作，培养和举荐人才。

10）开展新能源和可再生能源技术方面的论证、咨询服务，举办科技展览，支持科学研究；接受委托承担项目评估、成果鉴定、技术评价，参与并承担技术标准制定、专业技术资格评审和认证等工作。

二、学会优势

（一）组织优势

由于可再生能源学会具有特殊的优势，所以在学科建设中发挥着特殊的、不可替代的作用，具有天然的组织优势。可再生能源学会与全国的可再生能源相关学会、协会、研究会（以下简称学会）和地方科协联系紧密，横向跨越绝大部分可再生能源学科和相关产业部门，是一个具有较大覆盖面和群众基础的联合型组织体系。可再生能源学会发挥其组织优势，以学科凝聚专家，按学科组建专委会。学会中的科技人员均来自学科理论研究和学科实践的第一线，来自产、学、研的各个方面，来自军、地、民等各条战线。在学会中，广大科技工作者打破原来的教育、科研、部队、企业等行业的界限，大家都来自共同的学科，拥有共同的学术语言，讨论共同的学术问题，共同关注本学科的建设与发展。因此，按学科组建的专委会，冲破了行业、单位的局限，最集中地反映了本学科绝大多数专家学者的智慧和意见，往往最能掌控学科的话语权，把握学科研究的动态，反映学科建设的整体水平，决策学科发展的方向，规划学科的未来。因此，利用好学会的这种组织优势，可以有效推动可再生能源学科建设与发展，而这一职责是其他任何组织机构都无法替代的。

（二）信息资源优势

学会具有信息优势，是国家学科建设的有力推动者，学会发挥在学科建设中的作用，经常组织各学会会员围绕本学科发展中的重大前沿问题、相关专业领域的共性关键技术问题，举办小型高端前沿专题论坛，深入研讨交流，提出本学科建设与发展的方向和重点难点问题，对学科发展的基本趋势和潜在突破口做出判断，提出建议，有力地推动行业的科技进步和学科的建设与发展。学会还组织科技工作者围绕学科发展中的经费规模、资源配置和条件保障等重大政策问题开展专题研究，为学科调整、学科规划和人才培养提供决策参考。

（三）综合优势

1. 学术活动

学会建立健全了可再生能源产业发展年度报告制度；为促进行业共性技术进步和为相关单位提供咨询服务，向国家主管部门提供发展建议；召开学术交流会议促进学术交流，以上品牌学术会议每年定期召开，在国内乃至国际可再生能源领域具有极高影响力，吸引众多科研机构、高校以及产业界人士专家学者参加。会议以学术交流为主要方式，以推动可再生能源学科发展、促进技术提升进步和产业化应用为目标。

2. 加强学会能力建设

学会积极推动可再生能源产业化基地建设，组织专家对项目建设的相关内容，提供技术咨询服务，并进行现场考察、开展座谈、进行可行性研究等，指导其健康发展。学会已设立 11 个产业化基地，有力地推动了地方可再生能源科技成果的转化，为能源示范区建设提供技术咨询。学会坚持以弘扬科学精神、加强学术建设、维护科学尊严为己任，以形成尊重科学、诚实守信的良好科学风尚为目标，执行和宣传《学会科学道德规范（试行）》，加强学会自律，推进科学道德规范制度建设，履行对科学道德规范的管理责任，加强决策咨询，积极建言献策，学会会员拥有丰富的专业知识，在推动决策科学化民主化方面具有突出的优势。

3. 国际合作与交流

学会建立了国际合作中心并成立国别（区域）可再生能源促进中心，开展包括产业政策研究、技术开发与交流、人才培养和示范项目等合作。学会相继建立了中国－西班牙可再生能源促进中心、中－美可再生能源促进中心、中－德可再生能源合作中心；学会还建立了中国太平洋经济合作全国委员会对外经济技术合作委员会可再生能源项目办公室，举办了"中国－阿拉伯－非洲可再生能源论坛"。

（四）桥梁与纽带作用

学会的重要职能就是发挥桥梁和纽带作用。学会坚持夯实基础、加强管理，提升学会自身素质和工作能力，树立提供学术和技术交流平台的理念，让广大会员和相关企事业人员以及理论研究爱好者在平等、自由的学术氛围中进行学术思想、学术观点的交流，集思广益，群策群力，更好地为推进学科建设建言献策。学会坚持以人为本，满腔热忱地为技术研发和理论研究工作者提供服务，搭建技术研讨会和学术交流平台，征集会员单位的想法和要求，提高学会的凝聚力。

学会是推动可再生能源学科建设的组织协调者，是广大可再生能源"科技工作者之家"，为广大可再生能源科技工作者服务是学会工作的出发点和落脚点。在新的历史条件下，团结、动员、组织和带领广大可再生能源科技工作者，发挥政府和科技工作者的桥梁和纽带的作用，是学会主要作用之一。

三、学会作用

（一）组织运行管理

学科建设是一项极为复杂的社会实践活动，并不是只有高等学校才有学科建设的任务，所有大专院校、企事业及研究单位主体都担负着学科建设的使命。在学科建设过程中，涉及方方面面和多种功能，如人才培养、科学研究、成果推广、社会服务等。不同的学科建设主体由于在社会发展中所扮演的角色不同，社会分工也不相同，所以进行学科建设的目的和所承担的职责也不一样。如科研院所的主要任务是发展科学，进行科技研发，提高国家的科技竞争力；因此，科研院所进行学科建设的主要目的是进行科学研究。大专院校是人才培养的专门机构，人才培养仍是其主要职责；因此，大学进行学科建设的目的虽然也包括发展科学、服务社会，但其主要目的是培养人才。可再生能源学会主要任务是开展学术交流，推动科学普及与技术成果转化，发挥科学共同体和国家级智力库的作用；因此，在学科建设中，学会应充分发挥其自身优势，联合各个学科建设主体，协助政府有效推动国家层面的学科建设，应当成为代表政府的国家学科建设的实际领导者。

（二）指导与评估

可再生能源学会主要由大专院校、科研机构和科技型企业组成，在学科建设中具有日常研究工作与学科建设内容相吻合、专业统一，而且所涉及的行业广泛、专业人才聚集、覆盖全面等得天独厚的优势。如果在现实学科建设中，仅拘泥于每个大学、科研院所等个体单位的学科建设，就容易忽略在国家层面上学科的整体建设。而中国可再生能源学会在国家学科建设中的特殊地位，很好地利用学会在国家学科建设中已有的优势，充分发挥学会在国家学科建设中的组织、推动、指导和评估作用。鉴于学会的独特地位和优势，要充分发挥学会的潜能、重视学会在学科建设中的作用；学会也要进一步加强学会的自身建设，使学会能够胜任学科建设工作的要求，同时还应深入挖掘学会在学科建设中更多的功能，确立学科整体发展方向、评估学科发展水平、扩大学科交流、鼓励学科融合与创新等，努力使学会在学科建设中发挥更大的作用，做出更大的贡献。

（三）组织实施

学科建设的组织实施是学科建设过程中的重中之重，也是做好学科建设、提高科研和教学整体水平的关键，也是学会不断发展、进步的关键。因此，学科建设是学会重点工作之一。

1. 建立学科建设组织机构

构建学科创新体系，完善学科整体布局，在学会的统一协调、部署下，实现可再生能源学科稳步实施。

2. 完善、优化学科带头人

切实落实学科带头人负责制，使之能真正带领学科承担起教学、科研和社会服务三大任务。在此过程中不断总结经验、逐步完善学科研究方向，并集中在这些研究方向上进行建设，对这些研究方向进行人、财、物的支持。同时也鼓励在其他方向进行研究，通过评估同样给予支持。积极引进高级人才和优秀博士，培养和鼓励青年人才出国和攻读博士学位，建设一支学术活力强、知识结构合理的学科队伍。构建创新人才培养体系，推进教育与教学改革进程，提高高层次人才培养质量；突出科技创新与学术发展，推出一批具有显示度的重要成果。

3. 扩大国内外学术交流

组织专业研讨班，加强与其他专业院校和科研单位的交流活动。促进学者间的相互交流，鼓励相关专家参加国内外学术会议，活跃学术气氛，提高学科意识。

第二节　学科技术研究

一、技术研究

（一）生物质能转换利用技术研究

中国可再生能源学会生物质能专业委员会在中国可再生能源学会领导下负责开展生物质能领域的活动并行使相关职能。生物质能专业委员会的依托单位为中国科学院广州能源研究所，分别在广州和河南设有联系办公室。

生物质能专业委员会现有单位会员 73 家，个人会员 373 人，设有生物质能资源技术、生物转化技术、热化学转化技术、生物化工利用技术等专家组，其会员来自本领域的高校、科研院所和企业等。专委会团结了全国从事生物质能相关研究和产业化的专家学者、企业家，是促进我国生物质能源发展的重要力量。

生物质能专业委员会的宗旨是作为我国生物质能领域对外学术交流和技术合作的窗口、政府和企事业单位之间的桥梁和纽带，形成国内产学研联盟，为促进我国生物质能技术的进步，推动生物质能产业的发展做出贡献。

其主要职能包括：

1）推动生物质能的开发利用、技术转化和科技成果的推广等工作。

2）开展调查研究、信息收集，组织有关专家进行技术经济政策的研讨和交流，为有关政府部门制定本行业发展规划、法规、政策提出建议。

3）组织举办本行业国际性的会议、展览和技术交流，开展技术咨询和服务。

4）加强与国外相关组织的联系，开展经济技术等方面的合作与考察交流活动，为本行业企业、事业单位技术、产品出口；利用外资、引进技术等提供信息和服务。

5）协助政府有关部门，组织制定行规行约，并监督遵守。

6）承担政府部门和其他社会团体等单位委托的事项。

（二）风能转换技术研究

中国可再生能源学会风能专业委员会成立于1981年，宗旨是作为我国风能领域对外学术交流和技术合作的窗口、政府和企事业单位之间的桥梁和纽带，与国内外同行建立良好的关系，与相关兄弟专业委员会团结协作，与广大科技工作者密切联系，为促进我国风能技术的进步，推动风能产业的发展，增加全社会新能源意识做出贡献。专业委员会下设秘书处和若干个专业组。秘书处作为常设的办事机构负责日常工作。现在已设置的专业组有风资源专业组、叶片专业组、齿轮箱专业组、电控专业组、风力提水专业组、风电场专业组和教育工作组，各专业组在专业委员会的领导下独立开展工作。

主要研究方向和技术领域：

1）组织国内外学术交流活动、学术研讨会。

2）协助政府，组织委员单位参加国际风能技术合作。

3）组织风能领域的科普教育和技术培训。协助摄制风能科教片，撰写风能科普文章，举办风能专题培训班。除在国内组织人员培训外，还组织技术人员到国外进行培训与考察。

4）结合国家风能项目组织委员单位参加国内技术咨询活动。召开了齿轮箱、叶片等专题研讨会，以及兆瓦级风力发电机组技术发展及本地化生产研讨会等，对提高风电机组产品质量和促进风电产业发展起到促进作用。

5）协助政府和企业开展风能发展战略研究和项目可行性研究。

6）出版《中国风能》刊物。刊物秉承繁荣学术、倡导交流的办刊思想，遵循权威、创新、准确原则，对行业中的热点、最新政策法规、产业规划、相关资讯进行剖析和解读；及时传递国内外风能技术和产业的最新动态，介绍成果与经验。

（三）光电转换技术研究

中国可再生能源学会光伏专业委员会成立于1979年，专委会致力于积极推动我国光伏产业的进步和发展，在光伏产业具有重要影响力。光伏专业委员会中的理事来自研究单位和企业界。

1. 工作宗旨

光伏专业委员会会员团体的工作宗旨是：团结和动员国内的太阳能光伏产业从事人、企业、组织、研究机构，依托光伏专业委员会的平台，使光伏专业委员会成为指引国内光伏产业发展的主导核心。同时，贯彻《可再生能源法》促进太阳能光伏科学技术的普及和推广，促进人才的成长和提高，促进传媒市场、信息市场、资本市场与光伏产业的结合；推动太阳能光伏产业经济及国内应用市场在我国的发展，走出一条产业与政策、企业与市场紧密结合、共同创新、共同发展、共获效益的成功之路。

2. 工作职能

光伏专业委员会会员团体的工作职能是：协调联络国家部门、省市地区与产业间的协作关系，提供并发布翔实的产业数据；审议和参与制订产业政策、行规的起草；规范光伏产业自律发展；评定和审核产业内技术、设备等资源资格的认定；组织及指导产业会议、会展等相关活动。开展学术交流，活跃学术思想，促进太阳能光伏学科发展，推动科学技术的自主创新。

同国际光伏的发展相比，我国的光伏企业还是一支弱小的队伍，由于市场的局限，发展较为缓慢。但光伏专业委员会将把我国光伏产业的发展放到国际光伏发展的环境中考虑，借鉴国际先进光伏产业的成功经验，利用世界光伏市场的迅速发展，引导我国光伏产业健康快速发展。与此同时，光伏专业委员会也在积极工作，促使政府制定强有力的法规和政策支持，以驱动我国光伏产业的商业化发展。

（四）发电并网技术研究

2014年3月4日，为构建行业发展研讨平台，促进可再生能源发电并网更好发展，中国可再生能源学会可再生能源发电并网专业委员会在北京成立。专委会的主要研究方向和技术领域是：为可再生能源发电并网相关企业及从业人员提供交流和研讨平台，组织开展可再生能源发电并网重大问题的学术研讨和经验交流，推动相关标准的完善，开展可再生能源发电并网知识科普及行业发展成果展示，开展符合中国可再生能源学会宗旨的非营利性和经营活动。

（五）地热能综合开发技术研究

中国可再生能源学会地热能专业委员会于2019年3月26日正式成立，专委会的工作任务是积极参与国际交流合作，加强地热能综合开发技术培训，充分发挥可再生能源学会优势，联合清华大学、国家行政学院、中央党校等机构开展培训，为地方干部和企事业人员讲解有关地热能等可再生能源技术开发与产业发展相关内容，推动"地热+"、多能互补在供暖等领域的规模化应用。

作为政府与企业的纽带与桥梁，中国可再生能源学会地热能专业委员会旨在推动地热领域各相关机构的交流与合作，服务和协调地热行业，加速国内地热技术的国产化、产业化进程，加强宣传、扩大地热技术的社会影响及知名度，促进整个地热事业规范、健康、蓬勃发展。

地热能专业委员会主要从事行业发展政策研究、地热技术学术研究、地热区域应用项目研究；开展系列技术培训；举办各种交流活动，组织国际交流及考察活动；提供技术咨询、技术服务；组织专家评审及项目申报工作；组织召开专项研讨会和座谈会；为会员企业开展多种形式、多种媒体的宣传活动。

（六）太阳能和建筑一体化技术研究

中国可再生能源学会太阳能建筑专业委员会，是国家住宅与居住环境工程技术研究中心，作为我国住宅领域唯一的行业技术研发中心，具备了雄厚的技术实力和经济实力，可以在可持续发展框架下，为太阳能在建筑中的应用，构架学术和技术交流平台，促进太阳能和建筑两个行业的技术进步。

1. 主要研究方向和技术领域

1）组织国内外太阳能建筑应用的学术交流活动（不定期会讯、研讨会、参观活动等）；组织会员（单位）承担有关太阳能建筑应用领域的科研课题（部委课题、委托课题）；沟通信息，开展技术咨询服务；组织会员参与太阳能建筑应用的示范工程建设。

2）主持建设部太阳能建筑专家委员会的日常工作。为政府决策、法规制定、学科建设、城市规划、工程应用、产品开发、技术推广及理念传播等提供交流平台。

3）加强国际合作，引入国际先进技术经验，同时向国外介绍国内优秀产品及技术，扩大国内外太阳能和建筑行业的合作与交流。

4）加大对建筑设计研发领域发展会员的力度，强化建筑设计单位、科研机构在建筑开发商（下游）与太阳能设备和系统供应商（上游）之间的桥梁作用；优化产品结构、提高产品性能、改进工程应用技术，引导我国太阳能建筑健康、有序地发展。

5）在《太阳能》杂志及中国太阳能学会和国家住宅与居住环境工程技术研究中心网站上开辟太阳能建筑专栏，作为信息发布、技术交流的载体。

6）推进太阳能建筑技术研究所及各地太阳能建筑联合研发中心的研究与咨询服务工作，传播太阳能建筑的理念和成果，促进建筑可持续发展，并在全国建立太阳能建筑示范工程。

7）组织企业探索成立太阳能建筑投资公司等模式，推动我国太阳能建筑产业的发展进程。

2. 工作职能

太阳能建筑专委会将发挥其他专业委员会的专家优势和会员优势，开展跨学科、跨领域联合，将建筑业与光热、光伏、风能、生物质能、光化学等学科结合起来，从建筑热水利用入手，同时在建筑光伏发电、小城镇风能利用与生物质能应用等领域进行交流、研究和推广。通过这些工作，推动太阳能建筑的普及与推广，促进建筑和太阳能两个行业的发展，使我国建筑节能工作走上开源节流之路，实现可持续发展。

二、学会重点学科研究方向

根据我国《中国能源中长期（2030、2050）发展战略研究：可再生能源卷》（科学出版社2011年2月出版发行）提出的技术发展目标定位，结合国内资源状况和未来可再生能源技术发展趋势，今后发展较快的可再生能源除水能外，主要是生物质能、风能和太阳能。可再生能源技术优先发展的领域是风能、太阳能和生物质能，优先解决大型风力发电和生物质发电的关键装备技术问题，重点突破太阳能发电和生物质液体燃料生产的关键技术。同时，进一步加强技术服务体系建设，为以后较长远地大规模应用和发展可再生能源奠定技术基础。

（一）太阳能

根据太阳能利用现状和工作原理，重点发展晶体硅技术、薄膜电池技术、并网发电系统技术和建筑一体化太阳能利用技术等。尽快掌握高纯度多晶硅材料的生产技术和工艺，实现规模化生产。在发展晶体硅技术的同时，重点研究薄膜电池技术，主要包括硅薄膜电池和非硅薄膜电池，非硅薄膜电池以碲化镉和硒铟铜为主。推进并网发电系统技术，包括屋顶系统和沙漠电站；进一步开发建筑一体化太阳能利用技术。提升高温太阳能集热及太阳能热发电技术，结合太阳能集热产生高温蒸汽发电系统与常规能源蒸汽发电系统，增强分布式冷/热电联产系统的经济性。

利用废弃煤矿沉陷区建设光伏电站，是矿区特别是资源型城市废弃矿井沉陷土地利用的新模式，对煤矿企业转型提供了一种新的思路。对于我国绝大多数的废弃矿区，采取相应技术措施后，在采煤沉陷区上建设光伏电站是可行的。据预测，我国废弃矿井中煤炭资源量约 420 亿吨，煤炭开采后形成了大面积地表塌陷区，因地制宜发展太阳能等，可以解决我国采煤沉陷区土地资源大量闲置的问题，而且对于矿区生态环境的治理具有积极意义。同时可以将废弃矿井周边闲置的变电站、输电管网等公用工程和电力设备设施有效利用，提高资源的利用效率。

（二）生物质能

我国现代生物质技术的发展应结合资源和地域特点，突出因地制宜性和系统的集成与优化性，重点发展生物质发电技术和生物质制取液体燃料技术。首先，在生物质发电方面，应针对提高气化效率和热解气的品质等进行技术与工艺创新，组织农作物秸秆、林业加工剩余物等农林生物质发电及垃圾发电的装备技术研发；其次，积极推进燃料乙醇和生物柴油生产技术攻关，重点开发非粮食作物生产燃料乙醇、燃料油植物和废食用油原料生产生物柴油及木质纤维素原料液体燃料生产技术；最后，在沼气技术领域，改进大中型沼气工程的生产工艺和装备技术，抓好秸秆生物质气化、沼气发电技术和生物质固体成型燃料技术的研发与示范。通过技术创新，形成以生物质能为核心的资源利用新模式。

我国可再生能源技术和产业发展虽取得了一定的成绩，但一些可再生能源开发利用技术尚在起步阶段，技术开发和创新能力的不断提升仍然是一个永恒的主题，提高可再生能源技术支撑能力已到了非常重要的发展阶段。当前，始终要把加大技术创新，强调自主创新作为推动可再生能源发展的关键，通过技术手段提高效率、降低成本，克服可再生能源的弱点，逐步提高可再生能源在能源供应中的比例。

（三）地（源）热供热技术

重点研究中深层地热能无干扰清洁供热，对地下 2000～3000 m、温度 70～120℃的中深层地热能"取热不取水"的无干扰换热技术。

（四）风能技术发展方向和重点领域

风能是开发利用成本相对较低，具有规模化、商业化开发条件和广阔发展前景的绿色能源。主要包括陆地风能资源和海洋风能资源两大类，具有易获取、分布广泛、经济性较好等特点。

针对目前国内风能发电产业的需求，着重开发大型风力发电装备制造技术、风电厂开发技术，建立风力发电产业标准体系，完善海上风力资源的测试和评估技术。风力发电装备制造技术，包括兆瓦级风电机组的整体设计、整机组装关键技术研究及关键部件的设计制造技术，提高自主开发和制造能力，开发兆瓦级变桨距变转速风电机组技术。风电场开发技术应实施规模效应降低风电成本，重点开发风电场微观选址和优化设计技术。发展海上风电场开发技术，完善海上风力资源的测试和评估技术，开展海上风电机组、海上风电场微观选址及风电场设计和建设示范研究。加强标准与规范建设，重点研究发展风电机组关键测试技术，建立认证制度，提高风电机组性能。

未来风力发电的发展趋势如下：

（1）风力发电机大型化

这可以减少占地，降低并网成本和单位功率造价，有利于提高风能利用效率。现单机容量已达 5 MW，可以预见兆瓦机将在风力发电市场特别是海上风力发电场中占主导地位。

（2）采用变桨距和变速恒频技术

变桨距和变速恒频技术为大型风力发电机的控制提供了技术保障，其应用可减小风力发电机的体积重量和成本，增加发电量，提高效率和电能质量。

（3）风力发电机直接驱动

直接驱动可省去齿轮箱，减少能量损失、发电成本和噪声，提高了效率和可靠性。

第四章　学科研究体制建设

第一节　学科建设目的

一、学科建设目的与方法

（一）目的

可再生能源学科建设是围绕提高科研和学科水平所做的一系列基础性工作，它是一个专业的系统的工程，是学科发展的保证。学科建设包括学科方向、学术队伍、科学研究、人才培养、学术交流等于一体的综合性建设，是教学、科研和人才培养的结合点。

（二）方法

1. 明确方向

可再生能源学科建设中，学科方向的设立、凝聚无疑是学科建设的首要任务，无论是宏观的学科框架和结构布局的调整和优化，还是从某一具体学科或学科群的建设，特别是学科内涵的丰富、更新等，都极为重要。为促进可再生能源产业持续健康发展，我国于2016年制定了《可再生能源发展"十三五"规划》，明确提出"把加快技术进步和提高产业创新能力作为引导可再生能源发展的主要方向"。

可再生能源品种繁多，属于多学科、多层次、技术工艺复杂的科技创新产业。

中国可再生能源学会工作按照章程和既定的安排，取得了扎实而富有成效的进展。学会积极搭建学术研究与交流的平台，开展了各项活动，增强了学会的凝聚力，在社会上进一步扩大了影响，为今后学会开展工作打下了良好的基础。个人会员和团体会员单位从各自研究角度出发，做了大量工作。各专委会与学会联手举办了各种层次的学术讨论会。许多常务理事发挥积极主动精神，利用各种平台开展活动。总之，无论是个人会员还是团体会员，都积极投身到可再生能源技术和产业的研究事业中，通过学会搭建的学科学术研究平台，做出了各自不同的业绩和贡献。

2. 队伍建设

学科队伍建设是学科建设的关键，在一定意义上，学科方向的正确确立和推进完全有赖于能够审时度势的优秀学科带头人及其相称的学术梯队或团队；资金的投入和基础设施的建设是学科建设的重要物质基础，有时直接影响到学科的整体实力和竞争力的提高。

2018 年，中国可再生能源学会学术年会是以"绿色能源·创新引领"为主题。这个主题选得很好，符合 21 世纪我国能源结构的调整政策。创新工程的一个重要内容就是学科体系的创新。搞好学科综述，是进行学科布局调整、创新学科体系的基础和依据。理顺学科发展脉络，明确学科所处位置，查找学科发展之不足，规划学科未来，是我们搞好学科建设的基本功和切入点。2011 年教育部发布了新的学科目录，教育系统的学科设置与科研系统的学科设置既有相同之处，也有不同之处。作为可再生能源学会，有义务为我国新能源及可再生能源学科建设做出新的、更大的贡献。

3. 专业培养符合社会需求

专业培养以社会经济发展及产业结构调整的需要为导向，以人才培养和技术创新建设为核心，以提高本、专科教学质量为目标。

专业建设涉及多方面的内容，包括制定专业培养目标和规格、确定专业设置、制定专业教学计划、教材建设及教学改革等。这些内容都是学科建设所代替不了的，因为它们不属于学科建设的范畴。因此，学科建设代替不了专业建设。学科建设与专业建设的相通之处在于两者包含的要素大致相同：师资、设备、实验与实习基地、科研、经费等。两者可以相互促进，共同提高。学科建设是专业建设的基础，专业建设必须以学科建设为依托。没有高水平的学科，就不会有高水平的专业和高质量的教学，学校的专业建设也就无从谈起，学科建设的水平越高，专业发展的后劲就越大。但是，专业建设毕竟不同于学科建设，一个专业需要若干学科的支撑，专业建设需要面向市场，根据社会经济建设发展，适时调整专业结构，改革专业内涵。专业建设将会对学科建设提出新的要求，促进学科纵向和横向发展。

二、学科建设、发展机制

（一）学科规划

要对学科建设进行科学规划，确立学科建设目标。学科建设规划应根据自身的基础条件、国家和地方建设、社会发展、科技进步的需求来制定，并要与学校的总体规划和办学目标相一致，还要与社会发展的需求相适应。且具有科学性、前进性、前瞻性，同时具有层次性，既有学校的学科建设目标，也有系（院、部）的学科建设目标；以优势形成特色，以特色保证优势学科的发展与建设，一般来说，需遵循两大规律：一是社会的需要，这是构成学科发展、改造、再建设的动力；二是学科本身内部的矛盾运动所构成的学科新陈代谢。如果学科形不成优势和特色，就没有生命力，就不会持续。

可再生能源学科建设应从支撑国家可持续发展的高度出发，紧密结合我国能源结构调整特点和需求，关注全球气候变化，立足能源科学与技术学科基础，丰富和发展能源科学与技术学科内涵，加强基础研究与创新人才培养，构筑面向未来的能源科学与技术学科体系，形成布局合理的技术研发和产业布局，为我国社会、经济、环境的和谐发展提供能源科学与技术的支撑。可再生能源学科技术发展预期目标见表 4-1。

表 4-1 可再生能源学科技术发展预期目标

年度		2020 年	2035 年	2050 年
总体目标	学科技术	学科整体水平达到世界前列。在可再生能源高效低成本规模转化及多能源互补与储能等技术方面达到世界前列	引领可再生能源科学与技术学科发展，配合国家建成与国情相适应的完善的可再生能源技术自主创新体系	全面研发可再生能源科学与技术，在代表世界能源科学与技术发展方向的可再生能源学科规模化转化利用技术
	装备制造	装备制造以及规模化利用等方面达到世界一流。助力我国能源结构调整，自主创新能力大幅提升，初步形成能源技术创新体系	支撑我国能源产业与生态环境协调可持续发展，进入世界能源技术强国行列	提高能源效率等领域源源不断地产生大量原创性科研成果

（二）学科发展保障措施

制订学科发展的合理模式要确定正确的指导思想，并贯穿于整个工作的全过程。学科发展规划要与教育的整体目标和方向一致，并具有现实性、逻辑性和创造性。各要素要系统整合合理、科学、符合实际，并经得起实践检验，必须与社会进步、科技、经济发展相联系。提高现代信息的利用水平，以做好全局性工作，稳步发展。不但利用过去的成果、经验，而且又重视、利用其对今后工作的指导作用，这样就可能处理好过去与现在、当前与长远的关系，既能保证相对的稳定性、现实性，又具有一定的灵活性、适应性，力争获得最优的教学效益和发展空间。

为确保可再生能源学科建设目标的实现，我们采取的保障措施有：

1. 加强培育人才队伍

借助可再生能源技术研究的企事业单位和大专院校各类人才计划，加快培养和引进一批活跃在国际学术前沿、满足国家重大战略需求的领军人才和教学、科研一线的创新拔尖人才，使可再生能源学科的人才总量和水平不断提升。

2. 大力培养学科创新人才

坚持立德树人，建立从学校、研究单位和生产企业等全方位选拔创新人才培养体系。依托学科发展方向，利用大项目、大团队和国际化的优势，夯实基础，以大项目为背景培养创新素养，以前沿热点项目研究为背景培养创新能力。

3. 重点提升科学研究水平

依托我国能源结构调整科技创新建设能源科学与技术学科"大平台"，切实提高研究能力；通过承担国家高新技术项目，实施抢占世界可再生能源科学与技术领域的制高点，实现可再生能源学科的目标实现；通过多学科交叉融合，提升科学研究水平，引领国际可再生能源科学与技术学科的发展，增强相关学科方向在行业领域中的影响力。

4. 加强可再生能源高新技术转化应用

深化与企业和科研机构的全方位合作，深化成果转化机制改革；实施高新技术创新引导专项计划，引导科研单位积极致力于面向国民经济主战场的高新技术前瞻性研发，引导企业共同关注产业关键共性技术攻关，推动技术集成创新，加快推进成果技术转化，增强行业影响力。

5. 积极推进国际交流

依托可再生能源利用新技术示范型国际科技合作基地、可再生能源科学相关国际合作联合实验室、国际可再生能源研究中心等国际化平台，不断推进可再生能源学科的国际交流与合作。瞄准学科发展的国际前沿，坚持自身特色，充分利用多方资源，全面推进学科发展的国际化人才培养。

（三）制度保证

学科建设工作是一项复杂的系统工程。既要打破部门壁垒，又要各部门协同推进。如果管理部门各自为政，相互掣肘，就很难形成合力，并且浪费有限的人力、物力和财力。学会在学科建设工作中，要制定切实可行的管理制度，使重点学科建设工作有章可循。在学会总体规划指导下，各部门要负责制定本领域学科建设规划并组织实施。办公室综合管理部门要充分发挥协调、管理和检查评估职能，上下一心，齐抓共管，保证学科建设工作的可持续发展。

第二节　学科平台建设

一、学科平台建设原则

（一）指导思想

学科建设要充分利用科研院所、大专院校、科研平台研究优势，推进学科学术共同体建设，提升学科建设实力；要与科研院所、大专院校、科研平台共同研究确定学科建设任务，同时学科平台建设要配合各大专院校完成学科建设任务，支撑学科研究方向，积极参加学科建设活动，研究成果要为学科建设所用。

学会学科建设是为了更好地发挥科研院所、大专院校、科研平台的重要作用，促进学科建设、科学研究、人才培养和社会服务协调发展。科研院所、大专院校、科研平台是学科建设的重要组成部分，平台建设应紧紧围绕学科建设、技术创新、行业发展的战略目标，通过科技创新能力不断提升，逐步完善学科建设和科技引领的重大科学研究，为我国地方行业经济发展和培养高层次创新人才服务。

（二）宏观定位

1. 战略定位

按照"优化结构、强化优势、扶持重点、突出特色、创建品牌"的学科建设思路，推动可再生能源技术创新，坚持青年人才培养服务、以点带面服务社会。通过学术创新、技术创新、制度创新，不断强化学科团队和平台建设，凝练学术研究方向，不断提升学科核心竞争力。

明确学科方向、发展层次；加强学科队伍（学科带头人、学科梯队）、科学研究、人才培养、学科研究平台以及实验基地建设（实验室、重点学科、设备等）；加强学科体系的运行与管理等。

2. 战略方向

（1）学科体系战略规划

学会学科建设内容包括太阳能、风能、水能、生物质能、海洋能、地热能等，随着技术进步和探索的不断深入，可能还会有新的可再生能源品种出现。所以要与时俱进，不断优化结构，发挥优势，突出太阳能、风能、水能资源优势，重点扶持生物质关键转化技术研究，发展环境工程、资源监测工程应用型学科，支持交叉学科与边缘学科发展，从人才培养、科学研究和社会服务三个方面形成布局合理、特色与优势明显的学科体系。

（2）服务发展战略

紧紧围绕当地区域发展的需求，配合社会经济建设，大力发展应用型学科，加强应用技术研究与开发、技术创新体系建设，促进大专院校与科研单位科技成果转化率、科技贡献率的提高，提升学院科技创新能力和社会影响力。

（3）学科品牌战略

学科品牌来自学科特色，特色建设是学科建设的核心，也是学科建设的关键。在保持传统学科优势的基础上完善学科方向，发展具有引领特色的研究领域和应用性特色研究领域，以学科特色带动学科品牌建设。

（三）学科平台建设，促进学科发展

1. 充分利用社会资源

学科平台建设是建立在坚实的学科建设基础上，它是多学科的交叉与融合，包括重点实验室、工程技术中心和人文社会科学基地等建设，是学科建设的重要内容。学科平台是人才培养、科技经济服务和教育文化服务的主要场所，是学科建设的依托。

可再生能源学科平台建设离不开企事业研究机构和大专院校的共同参与，一流的学科要求有一流的研究和科教、工作条件和一流的研究平台。一流的科研和科教条件是指与学科专业教学相适应的最先进的教学设备和手段；一流的工作条件是指为科学研究骨干和科教管理创造适合学科专业要求的工作条件和设备；一流的研究平台是指最先进的实验设备、研究手段和获取学术信息以及进行学术交流的渠道。而这一切都与学科平台息息相关。

我国为加速学科平台建设，设立了国家重点实验室、国家专业实验室、国家工程中心、文科研究基地、教学实验基地、产业化基地等，各省各高校也相继建立了类似的实验基地和研究中心。这些基地的建立和建设，也为可再生能源学科发展提供了良好的实验、研究环境和条件。

2. 多渠道融合资源

可再生能源学科平台建设按照"统建、专管、共用"的原则，在建设上，坚持高

起点、高标准、高水平，确保能为从事前沿性、基础性、应用性较强的高、大、精、深、新的课题研究提供有效的支撑；在管理上，由专门机构和人员负责管理；在使用上，确保平台的通用性、共享性、开放性。

学科平台建设应加大投资力度，相对集中地建设高水平、有特色的各种实验室，可以结合我国经济社会发展的需要，确立研究项目，以研究项目为驱动力，带动实验室水平的不断提高。在科研实习基地、产业基地建设方面，结合可再生能源的特性、应用性特征，密切与地方经济社会的支柱产业、特色产业、高新技术产业联系，在企业建立产学研相结合的学科基地，为学科建设提供强有力的支撑。

大专院校要推进学科建设，重要的是要营造良好的学科环境、氛围。学科环境包括两个部分：一是"硬"环境，二是"软"环境。"硬"环境包括两个方面：一是要拥有国内一流的教学科研信息服务体系，二是要和一些国内知名研究机构、大专院校及国外大学建立广泛的学术交流关系。"软"环境则主要体现在组织管理形式。学会在营造学科建设的"硬"环境方面作用有限，但在营造"软"环境方面却大有可为。

参与学会学科平台建设单位、部门的人员首先要充分认识学科建设的意义，高度重视学科建设。学会要把学科建设作为自己的首要任务，要为学科建设的顺利进行创造良好环境，提供一流的服务。

可再生能源学科相互交叉渗透，形成一种不同学科相互渗透的学术氛围。创造和谐、民主、团结、有凝聚力的环境；处理好学科带头人与成员之间的关系，各成员间的关系；既要尊重每个人的学术见解，发挥每个成员的作用，同时也要使成员相互之间形成一种补充关系，相互尊重，充分发挥群体力量。

学科平台建设不仅仅是一项成体系的工作，我们也把它看成是一种工作理念。学科平台建设是将现在所有工作连接起来，连点成线，把每一项工作任务都放到学科平台建设的工作体系中去思考，提高认识、寻找联系，提高效率。

3. 队伍建设

在学科平台建设中，学科方向的设立无疑是学科建设的首要任务，无论是宏观的学科结构、布局的调整和优化，还是从某一具体学科或学科群的建设都是如此。学科队伍的建设是学科平台建设的关键，在一定意义上，学科方向的正确确立和推进完全有赖于能够审时度势的优秀学科带头人及其相称的学术梯队或团队。

（1）培育学科带头人

加大引进学科带头人力度，通过面向国内外引进和遴选中青年优秀拔尖人才，为其创造良好的科研、工作条件，并使其最大限度地发挥作用，带动学科的发展。对符合条件，并引进回来的高科技人才，为了让其尽快开展科研工作，无论是在生活、实验用房，还是在仪器设备、通信手段的配备及科研启动经费的落实上，引进的人才要以最快的速度并尽最大的努力，让他们适应新的工作，以尽快发挥作用。当然，在学科带头人引进的机制上要采取灵活的政策，对于一些力量薄弱的学科，可以采取智力引进办法，聘请国内外著名学者来校担任兼职教授，每年在校工作一定的时间。这种智力引进可带来国内外科技新动态、新进展、新方法，有利于了解和掌握国内外科技前沿动态，有利于相关学科的发展、高层次人才培养和青年教授的成长。

（2）做好传帮带

充分发挥老专家、老科技人员培养新一代学科带头人的传、帮、带作用。

（3）建立人才竞争机制

努力营造富有活力、竞争力的学科带头人选拔任用和培养机制，建立培养、造就学科带头人的竞争和淘汰机制，通过严格把关、公平竞争、择优明确、重点培养、专项资助、动态管理和滚动发展等措施，把有强烈事业心和献身拼搏精神，在实践中已做出成绩，取得重大成果，有较强科研教学组织协调能力的优秀教学、科研骨干教师选拔出来，并给予重点扶持和支持，是学科带头人队伍充满生机和活力的关键所在。

学科队伍建设是学科建设的核心，创建高水平的学科，首要的是要有一支高水平的学术队伍，没有一支高水平的学科队伍，就不可能建设高水平的学科，因此，学术队伍直接关系到学科建设的成败。要将学术队伍建设与学科建设规划联系起来，并与教育机构的师资队伍建设结合起来，把组建一支结构合理、学风端正、团结合作、有活力和开拓精神的学科队伍作为学科建设的重要目标之一。可通过引进与培养并举，逐步建设一支不仅具有一定数量，而且在年龄、职称、学历、学术结构上合理，具有强烈的创新精神，充满活力、团结合作的高素质、高水平的学科队伍，形成结构合理、有较好发展潜力和前景和学术梯队。

二、可再生能源学科平台构建

科研院所、大专院校、科研平台的研究和发展要根据学科建设需要融入学科平台建设，与各学科形成有机整体，发挥多学科交叉、融合的优势，联合相关学科开展科学研究、科技创新，研究成果共享。明确学科建设的工作内容和研究方向，在体现学科建设的前沿性、时效性、可行性和自身特色同时，兼顾为学科发展提供新的增长点，促进学科交叉与融合。在学科建设中起到支撑作用，学科建设工作和活动形成的研究成果纳入学科建设支撑体系。

（一）技术研究平台

可再生能源科学是研究能量转化、存储和利用中的基本规律及其应用的科学，其研究对象包括自然界广泛存在的可再生能源和新能源等，以及由此转化而来的电能和氢能等各种能量形式，能、质相互转换和有效利用的各个方面。可再生能源技术研究平台将继续保持我国的优势领域，扶持相对薄弱的分支领域，鼓励和促进学科交叉与融合研究；深入研究能源高效洁净转化、新能源和可再生能源利用、维护国家能源安全及环境保护的能源相关基础理论与关键技术，推动我国能源学科整体发展达到国际先进水平，为我国经济社会可持续发展提供理论和技术支撑。可再生能源技术研究平台见图4-1。

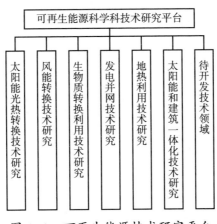

图 4-1 可再生能源技术研究平台

（二）可再生能源技术研究团队

可再生学科建设从支撑国家可持续发展的高度出发，紧密结合我国能源资源特点和需求，立足可再生能源科学与技术学科，加强基础研究与科研队伍的建设，形成布局合理的技术研发队伍，为我国可再生能源学科发展提供技术支撑。可再生能源技术研究团队结构见图4-2。

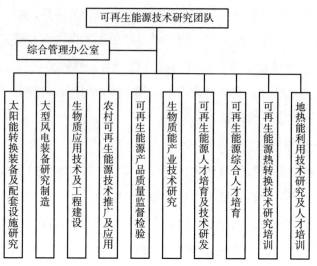

图 4-2　可再生能源技术研究团队结构

第五章　学科技术发展路线研究

当前，可再生能源在我国社会经济可持续发展中具有重要作用，是我国能源发展的重要内容和组成部分。推动可再生能源学科发展主要包括两个方面，一是通过科学研究，包括基础研究和应用研究，获得新的基础科学和技术科学知识的过程。学科技术知识创新的目的是追求新发现、探索新规律、创立新学说、创造新方法、积累新知识。知识创新是技术创新的基础，是学科发展的源泉，是促进科技进步和经济增长的革命性力量。学科技术创新发展为人类认识世界、改造世界提供新理论和新方法，为人类文明进步和社会发展提供不竭动力。二是在教育领域中学科的建立与发展，是可再生能源学科发展的根基。可再生能源学科在教育界还没有形成统一的定义。可再生能源学科教育，其基本目的在于：使受教育者能够积极关心能源及环境问题，提高能源意识；理解可再生能源的基本含义；认识能源的有限性和节能的必要性，树立节能观念；认识能源在社会发展中的重要地位，正确理解和把握能源及环境问题与人类生产生活之间的密切关系；养成科学地处理能源及环境问题的实践态度以及对能源问题的自我价值判断能力和意志决定能力，树立与环境相协调的合理的生活方式，并采取积极行动。通过学科专业技术的学习，掌握坚实的基础和系统知识，熟悉所从事的研究领域中科学技术的方向，具有创新意识和独立从事科学研究的能力，协同共建社会的可持续发展。

可再生能源学科的发展需要学科交叉和技术集成，要进行战略和发展路线研究，方向和目标定位，阶段定位、时间定位和空间定位。

第一节　可再生能源学科发展趋势及战略

一、发展可再生能源重要性

当前，可再生能源发展已成为世界各国保障能源安全、加强环境保护、应对气候变化的重要措施。长期以来我国能源消费以煤为主，这是引起雾霾的重要原因。我国太阳能、风能和地热能等可再生能源资源丰富，充分利用这些可再生能源替代燃煤、燃油、天然气等化石能源，对于推动能源转型，有效治理温室气体排放、大气雾霾，加速协同发展和一体化进程具有重要作用，同时也是我国调整能源结构、推动能源生产和消费革命、促进经济社会可持续发展的重要手段。

进入 21 世纪以来，随着资源环境问题的不断加剧，加快能源转型，构建可持续能源系统已成为人类社会发展的重大挑战。作为当今世界上最大的能源生产国和消费国，对于调整能源战略、保护生态环境、应对气候变化，可再生能源是最有效和切实可行的方案之一。

（一）可再生能源发展对建设低碳社会的重要意义

人类社会发展离不开能源，能源资源是国民经济发展的重要基础之一。随着我国经济的高速发展，能源的需求不断增大，能源安全及能源在国民经济中的地位越显突出。因此，在注重能源资源节约和合理利用的同时大力提倡和扶持发展新能源和可再生能源，加快建设节约型低碳社会。

低碳社会是继农业社会、工业社会、信息社会以后人类经济发展模式的巨大创新，它要求用尽量少的能源资源消耗和二氧化碳排放，来保证经济社会的持续发展。传统的化石能源在利用的过程中会排放出大量的二氧化碳，而在未来，二氧化碳的排放空间很可能将被视为一种有限的自然资源，并成为最紧缺的生产要素，成为经济发展的约束性因素。可再生能源具有二氧化碳零排放的特性，发展可再生能源可以有效地调整能源结构，在不用改变能源供应的基础上，实现二氧化碳的减排，是未来最有发展前景的能源形式之一。

我国的国情和发展阶段的特征，决定了在应对气候变化领域比发达国家面临更为严峻的挑战。全球减缓气候变化的核心是减少温室气体排放，其中主要是与能源相关的二氧化碳排放。我国当前正处于工业化、城市化快速发展阶段，随着经济快速增长，能源消费和相应二氧化碳排放必然有合理增长。我国人口多，经济总量大，当前二氧化碳排放总量已与美国相当，占全世界排放量的 20% 左右，成为世界上最大的排放国之一。我国二氧化碳排放的增长趋势越来越受到国际社会的关注。保持国民经济又好又快发展对能源需求和相应二氧化碳排放增长的趋势与全球应对气候变化、减缓碳排放的目标之间形成尖锐矛盾，根本出路即在于加强技术创新，转变经济发展方式，走低碳发展的道路，以实现经济发展与应对气候变化的双赢。

低碳经济是以能源高效利用和清洁开发为基础，以低能耗、低污染、低排放为基本特征的经济发展模式。发展低碳经济与我国坚持节约资源、保护环境的基本国策，建设资源节约型、环境友好型社会，走新型工业化道路是一致的。

当前，我国经济和社会发展也受到国内能源资源保障和区域环境容量的制约，节约能源、优化能源结构，走低碳发展道路，既是应对气候变化、减缓二氧化碳排放的核心对策，也是我国突破资源环境的瓶颈性制约，实现可持续发展的内在需求，两者具有协同效应。全球发展低碳经济的潮流正在改变世界经济、贸易格局，加大对新能源和环保产业的投入，也成为当今世界各主要国家应对经济危机、实现绿色复苏的关键着力点。我们要顺应世界经济、技术变革的潮流，抓住机遇，促进先进能源技术创新，促进产业结构的调整和升级，从而促进发展方式的根本性转变。因此，大幅度降低国内生产总值的二氧化碳排放强度，是我国发展低碳经济的核心任务和关键对策。

（二）可再生能源对缓解能源危机和能源安全的作用

自 20 世纪第一次石油危机发生以来，世界各国高度重视能源安全问题，全球逐步形成了以化石能源资源争夺为主要特征的地缘政治格局，进而主导了国际社会范围内许多重大事件的发生。进入 21 世纪以来，气候变化问题日益突出，以《京都议定书》为代表，国际社会也逐步达成了共同应对气候变化的较为一致的政治承诺，而哥本哈根气候大会上的唇枪舌剑、德班气候大会上的谈判僵局，则是一次次以未来发展空间为焦点的大国博弈。无论是面对能源安全的挑战，还是应对气候变化可能带来的灾难，通过基础设施更新换代，构建以可再生能源资源为依托，高安全性、无污染、可持续的低碳型能源供应系统，走以"低排放、高能效、高效率"为特征的低碳转型之路，建设低碳社会成为世界主要国家寻求可持续发展的共同选择。

世界观察研究所发布的《能源革命：2030 低碳能源》认为，通过发展可再生能源和挖掘能源效率的潜力两项措施，可以转换全球能源系统，从而避免气候变化带来的灾难。化石能源的开发利用是温室气体排放的主要来源，当前，能源行业需对全球三分之二的温室气体排放负责，且其排放量的增长比其他任何部门都快。以欧盟为代表，世界主要国家都将开发利用可再生能源作为低碳转型中的关键措施，并制定了发展战略、目标和相关激励政策，引导和鼓励可再生能源的发展。

（三）可再生能源学科建设有利于行业的健康有序发展

近年来，随着我国国民经济的快速发展，能源与环境的矛盾凸现在人们的面前，我国传统能源供应模式日益面临危机，要实现能源供应的可持续发展，必须选择低碳、环保、绿色的能源发展战略，可再生能源利用是实现能源结构多元化的重要因素。

可再生能源学科主要涉及太阳能、风能、生物质能、地热能、海洋能等技术领域，其转化利用技术门类多，具有涉及领域广、研究对象复杂多变、交叉学科门类多、学科集成度高等特点。在可再生能源技术研究领域中，其中最重要的是研究可再生能源利用过程中能量和物质转化、传递原理及规律等相关能源转化工艺技术问题。可再生能源利用形式多样，涉及工艺、技术、工程以及装备制造等各个分支学科和技术领域，具有多学科交叉与耦合的特点。可再生能源学科相关分支学科的发展将为可再生能源利用技术的研究和发展提供理论基础和技术保障，而可再生能源利用的研究又不断为各分学科提出新的研究方向和发展目标，同时反过来促进可再生能源学科的发展。2006年，《可再生能源法》开始实施，从法律层面定义和明确了可再生能源的范围、战略目标以及发展可再生能源的重要社会意义。

发展可再生能源可降低对化石能源的依赖，保障国家社会与经济安全。随着我国工业化进程的不断深入，能源需求不断增加，常规能源资源严重不足。在未来较长时间内，我国都将面临严重的能源安全问题。在这种形势下，大力开发和利用可再生能源，可以减少对石化能源的依赖，而且将在保障我国能源安全方面发挥十分重要的作用。

发展可再生能源还可以开拓新的经济增长领域，促进经济转型，扩大就业。可再生能源属于新兴产业，加快发展可再生能源可以成为我国新的经济增长点，可以有效推动装备制造业等相关产业的发展，是调整能源结构、产业结构，促进经济发展方式转变的有效途径。

发展可再生能源可以促进农村经济发展，增加农民收入。因地制宜地开发风能、太阳能、生物质能以及水能等可再生能源，可逐步实现农村用能的优质化和清洁化。在农村开发利用可再生能源，可以为农村开拓新的产业，拓宽增收渠道，增加农民收入，提高农业的经济效益，是促进农村脱贫致富、发展经济的有效途径。

二、可再生能源发展趋势

（一）可再生能源占比不断提高

根据 EIA 发布的《2017 全球可再生能源热点》，全球可再生能源产能增长的 40%

以上是中国贡献的，这很大程度上是由对空气污染的担忧和 2020 年中国第十三个五年计划中提出的产能目标的驱动结果。

我国企业太阳能电池年生产能力占全球的 60% 左右，而太阳能光伏需求量约占全球的一半，因此，我国的市场和产业发展政策对太阳能光伏的需求、供应和价格等的变化会带来全球性的影响。

为了应对诸多挑战，我国正在对可再生能源政策进行重大调整，逐步从补贴转向以绿色证书为基础的配额制度。随着电力市场的改革，新的输电线路和分布式发电的扩大，这些新政策有望加速太阳能等可再生能源的部署。

（二）发展可再生能源促进能源结构调整

2018 年 6 月 13 日，国务院常务会议部署实施蓝天保卫战三年行动计划，持续改善空气质量；要按照党中央、国务院部署，顺应群众期盼和高质量发展要求，通过三年努力进一步明显降低细颗粒物浓度，明显减少重污染天数。

打赢蓝天保卫战是满足人民日益增长的美好生活的需要，是推动产业转型升级、实现高质量发展的战略任务，是建设美丽中国的根本要求。散煤燃烧是造成空气污染的元凶之一，散煤治理首先是严控散煤市场，从源头控制，防止劣质散煤流入市场；其次是大力推行优质煤替代、清洁能源替代；再次是通过淘汰落后，提高准入标准，应用先进高效节能技术等多重手段、多措并举实现煤炭的减量化。

我国能源结构以煤为主，清洁化利用水平仍偏低，结构性污染问题突出。我国煤炭消费量大、集中使用率低，重点区域煤炭消费强度高。全国 20% 左右煤炭用于无任何环保治理措施的农村取暖和不能稳定达标的中小型燃煤设施。

（三）技术创新拓展应用途径

通过科技攻关和技术创新，我国可再生能源技术不断进步，应用成本逐步降低。近年来，可再生能源的价格迅速下降，在生产相同电量的情况下，利用太阳能发电的价格仅仅是 10 年前的六分之一。相比传统的化石燃料，太阳能和风能正在变得更加便宜。利用可再生能源替代高碳能源成为可能。

可再生能源种类繁多，技术多样，可再生能源代煤供热优势明显。适宜供热的可再生能源主要包括地热能供热、生物质能供热、太阳能热利用、风电供热等多种类型。可再生能源供热技术类型多，既可集中亦可分散利用，在取代散煤供热方面可发挥重要作用。

三、发展战略

据统计，2018 年我国能源消费总量 46.5 亿吨标准煤，其中煤炭消费占能源消费总量首次低于 60%。我国的煤炭消费量约占全球一半，再加上此前利用方式粗放，大量煤炭分散燃烧带来了高排放。煤炭减量化以及清洁能源替代正稳步推进，两年来我国煤炭去产能超过 5 亿吨，非化石能源占全国能源生产总量的 17.6%。

从全方位的数据上来看，煤炭依然是我国能源消费的主体，可再生能源只占很小的一部分。尽管 10 年来我国可再生能源实现了巨大的增长，但当前我国的能源体系距离清洁、高效、安全、可持续的发展目标仍有较大距离。

（一）战略目标

碳、氢、氧是煤炭有机质的主体，占 95% 以上；煤化程度越深，碳的含量越高，氢和氧的含量越低。碳和氢是煤炭燃烧过程中产生热量的元素，氧是助燃元素。煤炭燃烧时，氮不产生热量，在高温下转变成氮氧化合物和氨，以游离状态析出。硫、磷、氟、氯和砷等是煤炭中的有害成分，其中以硫最为重要。煤燃烧时绝大部分的硫被氧化成二氧化硫（SO_2），随烟气排放，污染大气，危害动植物生长及人类健康，腐蚀金属设备；当含硫多的煤用于冶金炼焦时，还影响焦炭和钢铁的质量。

煤中的无机物质含量很少，主要有水分和矿物质，它们的存在降低了煤的质量和利用价值。矿物质是煤炭的主要杂质，如硫化物、硫酸盐、碳酸盐等，其中大部分属于有害成分。燃烧化石燃料给环境造成的危害是当今世界性的严重问题，其结果是使生态环境遭到破坏，人畜生活受到危害。特别是直接燃烧煤炭所造成的环境危害更是触目惊心。化石燃料在燃烧过程中都要放出二氧化硫、一氧化碳、烟尘、放射性飘尘、氮氧化物、二氧化碳等。这些物质会直接危害人畜，导致机体癌变，使生物受辐射损伤，产生酸雨，形成温室效应。发达国家在工业化初期，由于大量燃烧煤炭而付出了沉痛的代价。酿成灾难的典型例子是：20 世纪五六十年代，英国伦敦由于大量燃用煤炭等化石燃料，有雾都之称。

在我国的一次能源消费中，化石能源尤其是煤炭占据了主导地位。长期以来，人们对煤炭的利用大体上是一个粗放的过程。据了解，完全燃烧 1 吨标煤的商品煤，大约生成 2.64 吨二氧化碳，产生约 200～300 千克灰渣、12～15 千克二氧化硫、50～70 千克粉尘以及 16～20 千克氮氧化物等。

随着经济快速发展，我国工业化、城镇化进程加快，大量的燃煤消耗，造成大气污染严重。近年来，我国空气质量改善缓慢，大气污染物的排放总量长年居高。按污染物分类来看，四类主要污染物年均浓度基本呈现逐年下降趋势，达标城市比例有所提高，但是目前的大气污染程度仍然与理想的空气环境有一定距离，尤其是 $PM_{2.5}$、PM_{10} 等颗粒物浓度超标严重。

当前世界经济处在变革时期，能源供应格局、消费结构、地缘政治经济结构以及能源市场运行态势都发生了令人瞩目的重大变化。资源和环境问题已经成为世界经济和社会发展的瓶颈。未来世界能源结构的发展趋势将是从高碳走向低碳，最终发展到无碳；利用是从低效到高效、从不清洁到清洁、从不可持续到可持续的发展过程。

根据党中央、国务院推进清洁能源取暖的战略部署，深入推进供给侧结构性改革，以替代城镇直接燃煤供热和城乡民用散煤取暖为重点领域，通过在城乡全面推广可再生能源供热技术，减少或避免在人口密集地区的煤炭直接燃烧，减少大气污染，有效支撑能源转型和产业结构调整，促进生态文明建设顺利推进。

（二）学科技术配合国家发展战略

为适应中国未来的能源转型形势，应将实现高比例可再生能源发展作为国家能源战略的重要组成部分，为此在制定国家能源战略的过程中，应将高比例可再生能源作为国家能源战略的核心目标；在今后出台的所有与能源相关的发展规划中，实现高比例可再生能源发展目标都应切实得到具体体现。应进一步制定实现高比例可再生能源发展路线图，按照国家能源战略确定的方向、重点、目标和任务，将总目标分解成不同发展阶段的具体目标，明确在不同发展阶段实现高比例可再生能源的基本条件、主要障碍、重点领域和工作重点。

18 世纪煤炭驱动的蒸汽机代替了人力和畜力，为工业革命大机器生产时代提供了强大动力。19 世纪末及 20 世纪，煤炭、石油、天然气、核能共同驱动了发电机和内燃机，为人类社会创造了便捷、自由的电气化和汽车时代。在这两次能源转型的推动下，发达国家在先后完成了工业化和现代化的同时也形成了化石能源资源高消耗模式。当前包括中国在内的一些发展中国家正在快速步入工业化阶段，能源消费也呈持续增加态势。

但是以传统化石能源为主的能源消费模式导致全球能源资源约束和生态环境不断恶化，化石能源燃烧导致的二氧化碳排放正引起全球气候变化，应对资源环境挑战已成为全球共同面临的重大课题。人类社会至今已经历了三个能源时期，完成了两次能源变革，能源消费结构逐步向多元化发展。为了应对全球气候变化的挑战，可再生能源发展战略目标就是研究逐步替代煤炭等化石能源的技术路径，为我国探索一条通往未来以可再生能源供应及消费为核心的能源创新之路。所以大专院校可再生能源学科设置应符合国家战略目标的实施。

（三）技术是学科发展的动能

未来能源系统的核心是电力系统，在工业、建筑、交通等终端能源消费部门以及电力、热力生产等能源转换部门的各个领域环节，大力推动电力和可再生能源利用，全面普及清洁电力、太阳能、生物质能（燃气）、地热能等现代化可再生能源利用技术，提高电力在终端能源消费中所占比重。可再生能源技术的进步，如技术成本和性能改善，对高比例可再生能源发电情景的增量成本产生影响。因此，降低可再生技术成本，提高可再生能源技术的转化效率，是降低该增量成本最有效的途径。学科设置要最大限度地满足可再生能源发展的需求。

可再生能源可以不断再生、永续利用、取之不尽、用之不竭，它对环境无害或危害极小，资源丰富，分布广泛，适宜就地开发利用，是有利于人与自然和谐发展的能源资源。通过可再生能源技术不断进步和完善，可以在较小成本或无增量成本的前提下，实现可再生能源的快速发展。

开发利用可再生能源已成为世界各国保障能源安全、加强环境保护、应对气候变化的重要措施。随着经济社会的发展，我国能源需求持续增长，随着能源资源和环境问题日益突出，加快开发利用可再生能源已成为我国应对日益严峻的能源环境问题的必由之路。当前，可再生能源发展面临的主要问题仍然是成本较高、市场竞争力弱。降低可再生能源产品成本、改善其经济性的根本途径就是通过可再生能源科技创新，降低利用成本，大力推进可再生能源的产业化应用规模。

第二节　产业技术发展情况

一、光伏学科技术发展预测

（一）我国光伏学科发展现状

1. 光电技术发展历史

自 1954 年第一块实用电池问世以来，光伏电池便取得了长足的发展。大概经历了以下几个阶段。

第一阶段（1954—1973）。1954年，恰宾和皮尔松在美国贝尔实验室首次制成了实用的单晶硅太阳电池，效率为6%。同年，威克尔首次发现了砷化镓有光伏效应，并在玻璃上沉积硫化镉薄膜，制成了太阳电池。太阳电池开始了缓慢的发展。

第二阶段（1973—1980）。1973年爆发了中东战争，引起了第一次石油危机，从而使许多国家，特别是工业发达国家，加强了对太阳能及其他可再生能源技术发展的支持，在世界上再次兴起了开发利用太阳能热潮。1973年，美国制定了政府级阳光发电计划，太阳能研究经费大幅度增长，而且成立了太阳能开发银行，促进太阳能产品的商业化。1978年，美国建成了100 kWp太阳能光伏电站。1974年，日本公布了政府制定的"阳光计划"。

第三阶段（1980—1992）。进入20世纪80年代，世界石油价格大幅回落，而太阳能产品价格居高不下，缺乏竞争力，太阳能技术没有重大突破，提高效率和降低成本的目标未能实现，以致动摇了一些人开发利用太阳能的信心。这个时期，太阳能利用进入了低谷，世界上很多国家相继大幅消减太阳能研究经费，其中美国最为突出。

第四阶段（1992—2000）。大量燃烧矿物能源造成了全球性的环境污染和生态破坏，对人类的生存和发展构成威胁。在这样的背景下，1992年，联合国在巴西召开"世界环境和发展大会"，会议通过了《里约热内卢环境与发展宣言》《21世纪议程》和《联合国气候变化框架条约》等一系列重要文件，把环境与发展纳入统一的框架，确立了可持续发展的模式。这次会议之后，世界各国加强了清洁能源技术的开发，将利用太阳能和环境保护结合在一起，国际太阳能领域的合作更加活跃，规模扩大，使世界太阳能技术进入了一个新的发展时期。这个阶段的标志性事件有：1993年，日本重新制定"阳光计划"；1997年，美国提出"克林顿总统百万太阳能屋顶计划"。在1998年，澳大利亚新南威尔士大学创造了单晶硅太阳电池效率25%的世界纪录。

第五阶段（2000年至今）。进入21世纪，原油进入了疯狂上涨的阶段，加强了人们发展新能源及可再生能源的欲望。此阶段，太阳能产业也得到了轰轰烈烈的发展，许多发达国家加强了对新能源及可再生能源发展的支持补贴力度，太阳能发电装机容量得到了迅猛的增长。受益于太阳能发电需要的猛烈增长，中国在2007年一跃成为世界第一太阳电池生产大国。

2. 光伏产业发展现状

太阳能光伏产业链是由硅提纯、硅锭/硅片生产、光伏电池制作、光伏电池组件制作、应用系统五个部分组成。在整个产业链中，从硅提纯到应用系统，技术门槛越来越低，相应地，企业数量分布也越来越多，且整个光伏产业链的利润主要集中在上游的晶体硅生产环节，上游企业的盈利能力明显优于下游，太阳能光伏产业链分析见图 5-1。

图 5-1　太阳能光伏产业链分析图

目前，中国已形成了完整的太阳能光伏产业链。从产业布局上来看，国内的长三角、环渤海、珠三角及中西部地区业已形成各具特色的区域产业集群，并涌现出了英利集团、常州天合、保定天威等一批知名企业。光伏产业是我国为数不多的、同步参与国际竞争，与世界先进水平在同一水平线上，产业化占有竞争优势（优质低价）的产业。2018 年，中国新增装机超过 43 GW，累积装机约 170 GW。我国连续 10 年光伏组件全球产量第一，光伏发电新增装机连续 5 年全球第一，累计装机规模连续 3 年位居全球第一。"十二五"期间年均装机增长率超过 50%；进入"十三五"时期，光伏发电建设速度进一步加快，年平均装机增长率为 75%。

3. 光伏领域人才培养现状

目前，国内许多高校、研究所及企业都从事光伏领域的基础及应用研究，主要包括清华大学、北京大学、浙江大学、华北电力大学、中山大学、西安交通大学、四川大学、南开大学、华南理工大学、中国科学院半导体所、中国科学院合肥物质科学研究院、中科院物理所等上百家单位。

在人才培养方面，目前基本上形成了本、硕、博一体化的办学机制。目前光伏并没有列入国家学科目录中，因此硕士和博士生的培养基本上依托其他学科，包括材料科学与工程、环境科学与工程、化学工程、化学科学、光学工程、物理、电子科学与技术、电气工程。其中华北电力大学在动力工程及工程热物理以及电气工程两个一级学科下自主设立了可再生能源与清洁能源专业，进行包括光伏发电的可再生能源领域的硕士生和博士生的培养。中山大学设立了光伏技术与应用硕士研究生专业。南昌大学设立了光伏研究院进行有关研究生的培养。关于本科生培养，目前设立了有关光伏专业的高校有 60 多所，其中大部分为三类本科学院，主要培养光伏产业专门技术人才。另外也有一些原"211"大学设立了相关专业，包括华北电力大学的新能源科学与工程专业，该专业 2010 年开始招生，为国家级特色专业，主要培养太阳电池设计与制造，光伏系统设计与搭建，光伏电站规划、设计、施工、运行与维护以及太阳能发电新技术开发等方面的技术人才。南开大学开设有光电子技术科学专业，于2003年创办，该专业以光学工程国家重点学科、教育部光电信息技术科学重点实验室为学科依托。南昌大学太阳能光伏学院是中国第一所在大学设立的太阳能光伏学院，具有国家批准的材料科学与工程学科博士学位授予资格和博士后流动站，是材料物理与化学国家重点学科所在单位。合肥工业大学电力电子与电力传动国家重点学科的其中四个研究方向，包括光伏系统技术、复合能源系统、特种电源技术和电力传动技术，挂靠合肥工业大学电气与自动化工程学院进行本科生培养。此外还有浙江大学的新能源科学与工程专业、材料科学与工程专业，中南大学的新能源科学与工程专业等，每年培养本科毕业生约为1000人。

4. 光伏领域研究平台现状

研究平台方面，目前涉及光伏领域研究的实验室除少数分布在高校和研究所外，大多为企业国家重点实验室，这两类国家重点实验室均为国家科技创新体系的重要组成部分。通过多年的发展，实验室在太阳能光伏的高效转换、高性能设备以及产业化推广方面的部分研究处于国际领先水平，在解决国家经济社会发展面临的重大科技问题中提出了创新思想与方法，实现了重要基础原理的创新、关键技术突破或集成，取得大量具有国际影响的系统性原创成果，已成为国际上具有较大影响力的科学研究与人才培养的重要基地。

目前，光伏科学与技术国家重点实验室，依托常州天合光能有限公司；光伏材料与技术国家重点实验室，依托英利集团有限公司。现有的两个企业国家重点实验室主要覆盖在光伏发电核心的晶体硅材料、晶硅太阳电池、光伏组件、光伏发电系统、储能系统等领域的共性技术和关键技术问题。另外，浙江大学的硅材料国家重点实验室，主要从事硅单晶材料及半导体材料的基础科学与应用基础研究。针对太阳电池以及光伏系统基础理论研究的学科，国家重点实验室尚未布局。新能源电力的消纳以及存储方面，有可再生能源电力系统学科国家重点实验室以及新能源与储能运行控制企业国家重点实验室。前者研究方向主要覆盖了新能源电力系统特性及多尺度模拟、规模化新能源电力变换与传输以及新能源电力系统控制与优化；后者主要开展新能源并网安全运行与有效消纳等核心技术攻关。目前，有关光伏发电的国家级科研基地与科技基础条件保障综合实力建设相对薄弱，缺乏顶层设计和统筹，为科研创新提供手段和支撑的能力不足是较为突出的问题之一。

在光伏领域中，国家重点实验室是研究的中坚力量，目前的国家重点实验室正朝着高水平科学研究的平台、聚集优秀科学家的平台、人才培养的平台以及学术交流的平台大步发展。许多领域内的国际合作与交流项目均是以国家重点实验室为依托的。目前，光伏能源领域的国家重点实验室正围绕全球热点问题开展国际合作，扩大国家科技计划的对外开放。作为我国一支重要的创新队伍，国家重点实验室站在国际科研的最前沿，将国家重大、重点项目与国际合作相结合，积极投入到广泛的国际合作与交流中。

目前，光伏领域的国家重点实验室以企业国家重点实验室为主，着重于提升企业自主创新能力和核心竞争力，缺少开展基础研究、提升学科原始创新能力的学科国家重点实验室。此外，这些已有企业国家重点实验室的研究方向全部集中在产业化关键技术方面，研究方向相对比较单一。光伏发电涉及化学、物理、材料、电气、控制、机械、工程、地质以及政策理论等多学科范畴。这就迫切需要从基础性、前瞻性、交叉性、综合性等多个角度出发，深入分析经济社会发展对可再生能源的重大技术需求、重点凝练需要解决的重大科学技术问题，通过多学科交叉、融合，加快创新力量和资源的重组，在光伏领域布局学科国家重点实验室，促进政产学研紧密结合，从而有效支撑可再生能源产业革命的发展。

5. 光伏领域研究团队现状

光伏领域现已初步形成了一支年龄分布及学科结构较为合理，实力强、具备巨大发展潜力的研究团队，拥有一批理论基础深厚、实践经验丰富、创新能力强、国内外有影响的学术带头人，形成了以院士、"千人计划"、"973"项目首席科学家为学术带头人，以中青年科研工作者为骨干，具有较高教学科研水平的研究团队。我国已有一大批在国际光伏领域具有极为重要影响力的教授、工程师和中青年骨干人才，分布在上述高校、研究所及光伏企业。

（二）光伏领域技术发展现状

1. 晶体硅材料现状

硅材料是半导体工业中最重要且应用最广泛的半导体材料，是微电子工业和光伏产业的基础材料，具有含量丰富、化学稳定性好、无污染等优点。

硅材料有多种晶体形式，包括单晶硅、多晶硅和非晶硅，应用于光伏领域的主要包括直拉单晶硅、薄膜非晶硅、铸造多晶硅、带状多晶硅等硅材料。其中，直拉单晶硅和铸造多晶硅最为广泛，占太阳电池材料的 90% 以上市场份额。铸造多晶硅的高产率、低能耗、低成本，其市场份额又高于直拉单晶硅。

单晶硅和多晶硅的原料均来自高纯多晶硅生料。其初始原料为石英砂（SiO_2），通过与焦炭在高温电炉里进行炭热还原反应，形成纯度在 98% 左右的金属硅，然后再经过三氯氢硅氢还原法（西门子法）、硅烷热分解法等技术提纯为高纯的多晶硅原料。单晶硅制备技术主要有区熔单晶硅和直拉单晶硅两种。区熔单晶硅是利用感应线圈加热多晶硅棒料，形成区域熔化，达到提纯和生长单晶的目的。这种单晶硅纯度很高，电学性能均匀，由于硅棒直径小，机械加工性能差，生产成本高，一般不应用于太阳电池的规模生产上。直拉单晶硅是太阳电池用单晶硅的主要生产方式，它通过在单晶炉中加热熔化高纯多晶硅原料，同时添加一定量的高纯掺杂剂（如硼、磷等），再经过引晶、缩颈、放肩、等径和收尾等晶体生长阶段，生长成直拉单晶硅。近年来，为了提高直拉单晶硅的质量和产量，连续加料、重加料等多根直拉单晶硅生长技术被开发和应用。在单晶硅棒生长完成后，需要进行切断、切方、切片和清洗等工艺，以制备成太阳电池用单晶硅片。铸造多晶硅是最主要的太阳电池用晶体硅材料，它是利用定向凝固的铸造技术，在方形石英坩埚内制备晶体硅材料。其生长简便，可以大尺寸，并且很容易直接切成方形硅片，材料损耗小，单位硅片能耗也较单晶硅低；另外，铸造工艺生产的多晶硅对纯度容忍度比直拉工艺的单晶硅高。但是，该技术的缺点是晶体硅中具有晶界、高密度位错、微缺陷和相对较高的杂质浓度，导致铸造多晶硅太阳电池较单晶太阳电池转换效率稍低。近年来，人们在定向凝固的铸造多晶硅生长技术基础上，发展了底部诱导成核的高效多晶硅生长技术和底部引晶的铸造类单晶技术，前者已成为目前最主要的铸造多晶硅制备技术。

单晶硅棒或多晶硅锭制备完成后，还需要通过多线切割技术将晶硅锭切成 180 ~ 200 μm 厚度的硅片。传统的多线切割技术是砂浆切割技术，主要是通过合金钢线带动碳化硅磨料来回切割硅块体，通过控制钢线之间槽距来控制硅片厚度。整个线切割过程还需要聚乙二醇作为冷却液。通过回收碳化硅粉和聚乙二醇溶液，可以降低硅片切割成本，并降低废液排放造成的环境污染。2013 年开始，金刚线替代合金钢线进行多线切割的技术迅速发展起来，因金刚线机械强度高，不需要碳化硅粉作为切割辅料，也不需要聚乙二醇溶液，极大降低了耗材成本，同时切割速度可提高一倍以上，切割硅料损耗也显著降低，使硅片切割的出片率明显增加。2016 年，金刚线切割在单晶硅片切割环节已全面替代砂浆钢线切割，但多晶硅片还没有完成全部金刚线切割设备改造或换新，主要原因是设备投资成本，预期会在近几年全面进入多晶硅片的金刚线切割。

硅片的尺寸主要有 125 mm×125 mm、156.75 mm×156.75 mm 和 210 mm×210 mm 几种。硅片制备完成后，通过清洗、绒面制备、掺杂剂扩散工艺等一系列工艺过程，制备成硅太阳电池。最后，通过硅太阳电池串并连接，正反面 EVA 薄膜以及背板、玻璃铺设，制备成硅太阳电池组件，从而形成了晶体硅及太阳电池的完整产业链。我国是国际太阳能晶体硅及电池主要生产国家，从 2008 年开始，晶体硅、硅太阳电池及其组件的产量都稳居国际第一。2018 年，我国多晶硅、晶体硅、太阳电池和组件产量均约占国际总量的 70% 以上，对光电产业具有举足轻重的影响。

2. 晶体硅太阳电池现状

太阳电池技术发展经历了百年历史，至今为止，各种太阳电池技术层出不穷，电池的效率也在不断提升，产业化电池的成本也在市场竞争中逐年下降。高效晶体硅太阳电池是全世界科研机构和光伏产业关注的焦点。传统太阳电池的结构从上到下为：呈条状和指状图案的正面欧姆接触；覆盖于正面的减反射薄膜；形成于硅片上表面的浅 PN 结以及覆盖整个背面的背面欧姆接触。太阳光谱中能量小于禁带宽度（Eg）的光子对电池输出无贡献；能量大于 Eg 的光子对电池输出贡献能量为 Eg，而大于 Eg 的能量会以热的形式消耗掉。产生于耗尽层的电子－空穴对会被太阳电池中的内建电场分开，而内建电场的大小由 P 型和 N 型材料的费米能级差决定。高效晶体硅太阳电池通过优化电池结构与完善制备工艺，使得电池效率稳步上升。

研究涉及的高效晶体硅电池包括 PERC 电池、N 型双面电池、N 型 PERL 电池、HJT（双面）电池、IBC 电池、IBC-SHJ 电池和多结电池。产业化晶体硅太阳电池所用的硅片尺寸大多是 156 mm×156 mm，多数的组件产品都是由 60 片电池串联构成的。目前得到发展的高效晶体硅太阳电池类型达到近 10 种之多。

就目前来看，不管是从效率提升还是成本降低方面，晶体硅太阳电池还是有一定的进步空间。此外，晶体硅电池在异质结结构方面的研究还有待进一步发展。

我国晶体硅太阳电池的实验室研究总体处于"领跑"和"跟跑"并存，多晶硅太阳电池的实验室研究处于"领跑"状态。光伏科学与技术国家重点实验室创造了电池效率 21.25% 的多晶硅太阳电池的世界纪录。在单晶硅电池方面，光伏科学与技术国家重点实验室与澳大利亚国立大学联合开发的小面积（2 cm²）单晶硅 IBC 电池，实验室电池效率达到了 24.4%，独立研发的大面积 156 mm×156 mm 单晶硅 IBC 电池，转换效率达到了 23.5%，是大面积 IBC 电池的最高效率；中科院微系统所研发的大面积

HJT 电池的最高效率达到了 23.3%（156 mm × 156 mm）。总的来说，在实验室小面积电池的最高效率方面与世界最高效率还有一些差距。

近几年，太阳电池与组件规模迅速扩大的同时，产业化太阳电池与组件效率也大幅提升。光伏电池每年绝对效率提升 0.3% ~ 0.4%，我国高效多晶硅电池产业化平均效率达 18.5% 以上，单晶硅效率达 20% 以上；60 片 156 mm 电池的标准组件功率每年提升了 5 Wp 以上，多晶硅组件平均功率达 270 Wp，单晶硅组件平均功率达 280 ~ 300 Wp。主要光伏组件厂家也均推出高效组件产品，如 PERC 技术单晶硅电池组件，基于 20.5% 以上转化效率的电池，60 片 156 mm 电池组件功率达 290 W 以上；PERC 多晶硅电池组件平均功率达 280 W 以上。

为满足光伏电池不同应用市场与不同气候地区的需求，近年光伏电池产业也不断开发与完善新光伏组件产品，主要产品如下。

（1）双面玻璃封装组件

双面玻璃封装组件取消了传统聚合物材料的背板，采用正反面厚度为 2.5 mm 的薄玻璃封装结构，解决了现有边框组件中背板因是有机材料而易在户外降解的问题，同时可防控制器（Proportional Integral Derivative，PID）和电池片黑线。取消铝边框，可使组件非晶硅成本降低 0.01 美元 /W 以上，还为高温高湿地区提供了完美解决方案；也可作为光伏与建筑一体化组件，以满足建筑、农业大棚等的采光、美观等要求。

（2）智能组件

智能组件是带有控制集成电路芯片并具备功率优化、智能监控等功能的新型组件。近年，智能光伏组件的研究主要集中在智能控制电路的研究上。智能组件接线盒内集成 MPPT 跟踪电路，并可以集成无线收发模块，可以实时监测组件电压、电流、电功率等性能数据，具有功率优化、在线监控、安全防护等功能，这个通信监控功能也可以选择是否需要。

（3）耐 1500 V 高压组件

1500 V 系统电压会降低电气的安全性和可靠性，同时增大 PID 等风险。

（4）多晶硅高效太阳电池与组件

2014 年年底，晶科能源宣布公司 Eagle+ 组件在德国 TÜV 莱茵上海测试中心的测试结果中，创造 60 片多晶硅组件功率新高，在标准测试条件下的组件功率达到 306.9 W。2015 年 4 月，在第三方权威机构 TÜV 莱茵测试中，晶科能源的 60 片多晶硅组件功率高达 334.5 W，创造新的多晶硅组件功率纪录。

2015 年 5 月，经弗劳恩霍夫太阳能系统研究所（Fraunhofer ISE）证实，天合光能研发团队创造了 19.2% 多晶硅 PERC 电池组件窗口效率的世界纪录。该纪录打破了 Q-Cells 保持了 4 年之久的多晶硅 18.5% 的效率纪录。

2016 年，天合光能又创造了 19.6% 多晶硅 PERC 电池组件窗口效率的新的世界纪录。2016 年 8 月，晶科能源发布了经过第三方权威机构 TÜV 莱茵的功率测试，60 片单晶硅组件功率高达 343.95 W，创造了 PERC 单晶硅组件输出功率的纪录。

3. 薄膜太阳电池现状

自 2011 年以来，各种薄膜太阳电池的转换效率不断提高，新的世界纪录频频出现。相应地，组件的转换效率也不断提高。许多公司不仅具有小面积电池研制的实验室，还具有大面积组件研发线。

国内从事薄膜太阳电池的研究机构和企业较多，研究工作不仅涉及所有主要的薄膜太阳电池，相关产业化技术的研发也得到了高度重视。

（1）硅基薄膜太阳电池研究进展

基于"蜂巢"（honeycomb）周期性衬底的单结微晶硅单结电池效率达到了 11.8%，而且三结叠层电池的稳定效率也高达 13.6%。加州大学洛杉矶分校苏拉夫·曼达尔（Sourav Mandal）等人在 n-µc-Si:H 与本征 a-Si:H 层之间加入 1.0 nm 的 n-a-Si:H，可以明显减弱两者之间的界面失配，这种 n-µc-Si:H/n-a-Si:H 双层结构使得非晶硅电池在 500 nm 之后波段的品质（QE）响应显著提升。没有采用背反射的非晶硅电池效率达到 9.46%，比单纯采用 n-a-Si:H 的电池效率提升 14.3%。

目前在硅基薄膜太阳电池领域应用广泛的衬底包括两种：溅射后腐蚀的 ZnO:Al 和低压力化学气相沉积法（low pressure chemical vapor deposition，LPCVD）制备的 ZnO:B。

南开大学设计并实现了一种多孔氧化铝形成的空心六角对称蜂巢状绒面结构，光吸收性能得到大幅提升，基于这种新型背反射衬底的非晶硅电池效率达到 8.3%，而普通衬底（AZO）的电池效率只有 6.7%。设计了用于 a-Si:H/µc-Si:H 叠层电池的新型隧穿复合结，由于没有高吸收的 n-µc-Si:H 层，新型隧穿复合结具有更低的光学吸收。另外，当 n-nc-SiO$_x$:H 中间反射层厚度达到 70 nm 时，促进了后续生长的微晶硅电池 P 型窗口层的晶化率，从而使得两者形成了良好的欧姆接触，有利于使电池保持较低的串联电阻。新型隧穿复合结使得电池获得良好的电学性能的前提下提高了底电池的外量子效率（External Quantum Efficiency，EQE）响应，有利于获得高效的叠层电池。

通过优化，基于外延层构造（Metal Organic Chemical Vapor Deposition，MOCVD）技术生长的 ZnO:B 衬底，获得了效率 13.65% 的 a-Si:H/μc-Si:H 叠层太阳电池。

（2）铜铟镓硒薄膜太阳电池研究进展

2013 年，瑞士联邦材料试验和科研研究所（EMPA）在聚酰亚胺上研制出效率为 20.4% 的铜铟镓硒（CIGS）太阳电池。从 2014 年以来，世界铜铟镓硒太阳电池效率纪录 6 次被打破，德国太阳能与氢能研究中心（Baden-Wrttemberg，ZSW）20.8%，日本光子公司（Solar Frontier）20.9%，德国汉能集团 Solibro 21%，ZSW 21.7%，日本光子公司 22.3%，ZSW 22.6%，从 20.4% 提高至 22.6%。在电池效率的世界纪录已经较高的水平上，能在 2 年多时间内获得如此进步，在铜铟镓硒太阳电池的发展历史上是比较少见的。而电池效率纪录能够不断被刷新的很大原因在于人们对碱金属元素的重新认识与审视。此外，基于黄铜矿类化合物 [Cu(In, Ga)Se$_2$]，薄膜太阳电池的性能得到显著改进。

2015 年，德国汉能 Solibro 在 30 cm × 30 cm 组件上的电池开口效率达到 18.4%，换算为全面积组件效率为 17.1%；小组件效率达到 18.7%。

2011 年，中国科学院深圳先进技术研究院与香港中文大学合作，成功研发出了光电转换效率达 17% 的铜铟镓硒薄膜太阳电池，组件效率也达到了 12.6%，拉近了国内铜铟镓硒太阳电池研究水平与世界顶级水平间的距离。2015 年，深圳先进技术研究院研发的小面积电池效率也已达到 20%。中国汉能集团各子公司在膜层制备、电池互联、封装性能测试、产品户外性能等方面进行了深入的研究工作。

铜铟镓硒太阳电池在基础研究和产业化方面取得了较大的突破。在实验室研究方面，小面积电池效率 22.6% 的纪录由德国 ZSW 实验室取得（2016 年 6 月 16 日，太阳能光伏网报道）。此款新型电池面积为 0.5 cm^2，使用共蒸镀法制备，获得弗劳恩霍夫太阳能系统研究所认证。这是 ZSW 第 5 次重新揽回世界纪录。德国汉能 Solibro 于 2016 年完成第三代柔性产品的开发和认证，3001 cm^2 的柔性铜铟镓硒组件转换效率达到 17.96%。

在产业化研究方面，商业化生产组件效率获得进一步突破，德国铜铟镓硒太阳电池开发商 Avancis 在 30 cm × 30 cm 的基底上开发出效率为 17.9% 的电池组件，刷新了之前 16.6% 的纪录。

2016 年 8 月，山东邹城工业园区 3 MW 薄膜太阳能项目完成并网发电，总面积超过 3 万 m^2。该项目中应用了铜铟镓硒薄膜电池组件，由德国 Solibro GmbH 使用汉能

Solibro 技术制造。预计全年可发电 400 万度以上，创造收益 400 多万元。该项目也是目前全国单体规模最大的铜铟镓硒薄膜太阳能电站。除此之外，在国内，汉能集团的薄膜太阳能组件广泛应用于如安徽首府别墅、四川科技馆、河南王举包装有限公司厂房等户用和工商业屋顶；在国外，德国哈勒 ERDGAS 体育场屋顶项目、德国阿摩尔兰德地面电站、沙肯特哈尔工商业屋顶项目、法国贝恩布列塔尼户用项目等也受到客户好评。其优势是转化率高、高温及弱光条件下表现优异、外形美观、安装便捷、易于维护等。

（3）碲化镉薄膜太阳电池研究进展

最近几年美国第一太阳能（FS）以每年研发费用规模达到 1.3 亿~ 1.4 亿美元的巨大投入，大大促进了碲化镉（CdTe）薄膜太阳电池技术的发展。实验室电池效率自 2011 年打破美国国家能源部可再生能源实验室（National Renewable Energy Laboratory，NREL）保持长达 10 年之久的纪录 16.7% 后，在短短 5 年中陆续取得了 9 次突破；并于 2015 年 11 月创造了 22.1% 的电池效率。这些突破主要得益于短路电流密度（J_{sc}）的改进。

与之相比，近几年显现出的技术瓶颈，即开路电压的改进甚为缓慢的问题，已受到了高度重视。在美国政府的支持下，以 NREL 为首的一个联合研究组在 2015 年制备出开路电压 1 V 以上的单晶 CdTe 电池。在 n–CdTe 吸收层的两面均采用了 MgCdTe 钝化层，将 CdTe 吸收层的载流子寿命提高到了 3.6 μs，超过了现有单晶砷化镓薄膜的水平。

在产业化方面，美国第一太阳能在 2015 年已制备出开口面积（7038.8 cm^2）效率为 18.6% 的 CdTe 组件。随着生产线的技术进步，特别是组件效率大幅度提高，使 CdTe 组件更具市场竞争力。

国内有近 10 所大学、研究所和企业从事 CdTe 薄膜太阳电池的研究；目前已发表制备较高效率电池的实验室有：四川大学、中国科技大学、中科院电工所、龙焱能源科技。近年，国内的大学和研究机构正在加紧 CdTe 薄膜太阳电池的研究，尤其是在电池内部的缺陷、薄膜沉积的生长动力学、蒸汽输运法沉积薄膜的机理、晶界钝化及提高薄膜的少子寿命等基础研究方面，获得了一些新知识，取得了一些新进展。

企业方面，龙焱能源科技一方面努力提高小面积电池效率，另一方面则更多致力于大面积组件的研制；中国建筑材料集团有限公司已收购了德国的 CTF 公司进行小面积碲化镉薄膜太阳电池研制和产业化技术开发，并将该公司的技术转移到国内，正在成都进行碲化镉薄膜太阳电池生产线的建设。

四川大学在 2016 年 6 月研制出效率为 16.73% 的碲化镉薄膜太阳电池。具体的参数为：开路电压 V_{oc}=829 mV，短路电流密度 J_{sc}=26.87 mA/cm^2，填充因子 FF=75.14%，面积 =1 cm^2。龙焱能源科技在 2016 年 11 月研制出了面积为 0.554 cm^2，效率达 17.33% 的碲化镉薄膜太阳电池，具体的参数为：V_{oc}=853.7 mV，J_{sc}=26.8 mA/cm^2，FF=75.5%。

成都中国建材光电材料有限公司的碲化镉技术团队在德国德累斯顿的实验室所研制的碲化镉薄膜太阳电池，于 2016 年 5 月上旬在自己的实验室经 75℃光老化 48 小时后进行测试，获得了 17.81% 的转换效率；具体的性能参数为：J_{sc}=27 mA/cm^2，V_{oc}=850 mV，FF=77.7%，面积 =1 cm^2。

龙焱能源科技自主开发的碲化镉薄膜太阳电池组件生产线，通过 2016 年对设备、工艺和管理的继续优化，已实现连续生产 9 天 9 夜稳定量产的目标，生产线实际生产能力已超过 20 MW/ 年（其中 90% 的生产设备已具备实际生产能力超过了 30 MW/ 年）；经自己生产线检测，0.72 m^2 组件平均效率达到 13%，最高组件效率超过 13.5%。

（4）砷化镓薄膜太阳电池研究进展

砷化镓（GaAs）是晶硅之后应用最为广泛的半导体材料之一，20 世纪 70 年代就开始了光伏应用领域的开发。以 GaAs 为代表的Ⅲ~Ⅴ族化合物太阳电池，具有效率高、抗辐照性能好、耐高温和可靠性好的特点，正符合空间环境对太阳电池的要求。目前，GaAs 基系太阳电池在空间科学技术领域正逐渐取代晶体硅太阳电池，成为空间能源的主力。计算表明，多结叠层电池的极限效率，在一个太阳光强下可达 65.4%，在最大聚光（约 46200 倍）下可达 85.0%。近几年来，高效多结叠层聚光Ⅲ~Ⅴ族化合物太阳电池有了长足的发展，最高效率已达到 46.5%。

21 世纪初，一些公司开始进行砷化镓薄膜电池的产业化进程，包括美国的 Alta Devices 和 Microlink Devices 等。在研发方面，最早登上美国国家可再生能源实验室效率图表的是 2005 年由荷兰拉德堡德大学（Radboud University）创造的 25% 单结薄膜 GaAs 电池效率纪录，到 2008 年，其将效率提升至 25.9%。2011 年，单结的薄膜砷化镓电池效率由 Alta Devices 研发，获得突破，达到 27.6%。在此之后，效率不断被该公司刷新。而在三结薄膜电池方面，目前最高效率是夏普研发的倒装多结型（inverted metamorphic multijunction，IMM）电池，效率达 37.9%。

高效叠层电池需要最佳带隙匹配，以满足各子电池电流相等的条件。同时需要最佳晶格匹配，以获得晶格完美的外延层。但这样的机会是很小的，往往需要容忍一定程度的晶格失配，并抑制应变位错缺陷的产生。为此，发展了反向应变（inverted metamorphic，IMM）生长加衬底剥离技术。

2011年，美国 Emcore 公司应用这一技术，在 GaAs 衬底上，依次生长了 GaInP/GaAs/GaInAs/GaInAs（1.9 eV/1.4 eV/1.0 eV/0.7 eV）四结叠层电池。前两结是晶格匹配的，晶格失配应变生长只影响后两结。在 GaInAs 底电池上键合支撑衬底片后，剥离 GaAs 衬底，完成上栅电极制作。这种电池的 AM0 效率达到 34.24%（2 cm×2 cm）。

2012年该公司进一步开展了六结叠层电池的研究，其中前三结为宽带隙子电池 AlGaInP（2.1 eV）/AlGaAs（1.7 eV）/GaAs（1.4 eV），与 GaAs 衬底是晶格匹配的；而后三结为窄带隙子电池 InGaAs（1.1 eV）/InGaAs（0.9 eV）/InGaAs（0.7 eV），为晶格失配应变结构，子电池间有应变梯度层（组分缓变层）过渡。这样生长的六结叠层电池预计 AM0 效率为 37.8%，但实测值为 33.7%（4 cm^2），其中开路电压和填充因子与预计参数相近，只是短路电流密度各子电池分布不均，最小限制值 10.07 mA/cm^2 明显低于预计值（11.3 mA/cm^2）。

2012年，日本夏普公司通过改进 IMM 外延工艺和器件栅极设计研制的 GaInP/GaAs/GaInAs 三结叠层聚光电池，在 306 倍 AM1.5D 光强下，转换效率达到 43.5%（0.167 cm^2）。

2011年，美国 Alta Devices 公司报道，他们采用反向外延生长和衬底剥离技术研制的 GaAs 单结薄膜电池，AM1.5G 效率达到 27.6%，继后又提高到 28.8%。GaAs 单结薄膜电池的制造工艺与上面介绍的 IMM 超薄型高效叠层电池相似，只是单结电池的外延工艺简单得多。采用柔性衬底上直接沉积的技术还有美国休斯敦大学。该技术在廉价衬底上开发出高织构外延锗薄膜，进行卷对卷连续加工。该技术的主要特点是采用动态离子束混合技术（ion-beam assisted deposition，IBAD）在柔性晶格失配衬底上生长近单晶薄膜，随后是一系列具有分级结构的外延薄膜直至与锗薄膜具有很好晶格匹配的保护层，最后在锗层上外延生长 GaAs 或其他的 Ⅲ~Ⅴ化合物，研究显示锗和下面氧化物层的结构匹配是外延生长的关键。该技术在 2014 年获得美国能源部 Sun Shot 项目 150 万美元拨款赞助支持，在金属箔上生长高效 GaAs 薄膜。

国内苏州矩阵光电公司报道，他们采用反向生长加衬底剥离技术成功研发了柔性薄膜 GaAs 单结电池，效率达到 28%，柔性薄膜两结和三结叠层电池效率达到 31% 和 35%，而且 GaAs 衬底可多次重复使用。

Alta Devices 在 2014 年加入汉能后，重启研发项目。在 2016 年 1 月经 NREL 认证，双结电池刷新世界纪录，效率达 31.55%，相应的参数为 V_{oc}=2.5381 V，J_{sc}=14.164 mA/cm^2，FF=87.7%；在 2016 年年底，单结 GaAs 薄膜组件经 NREL 认证的效率为 24.8%，刷新之前的纪录 24.1%。

2005 年，上海空间电源研究所和电子部天津 18 所等，研制了晶格匹配 GaInP/GaAs/Ge 三结叠层电池，其批产效率达到 28%（AM0，2 cm×4 cm），并广泛应用于我国空间能源系统。2016 年，他们采用反向应变外延生长加衬底剥离技术，研制了 GaInP/GaAs/GaInAs/GaInAs 四结叠层电池，将 AM0 效率提高到 34.3%。

2014 年，苏州矩阵光电公司采用反向生长加衬底剥离技术，成功研制了柔性薄膜 GaAs 单结电池，其 AM1.5 效率达到 28%；柔性薄膜两结和三结叠层电池 AM1.5 效率达到 31% 和 35%。

2014 年，天津三安光电公司报道，他们成功研发了三结叠层 GaInP/GaInAs/Ge 高倍聚光电池，并进行了规模生产，聚光电池效率达到 40%～41%。在青海神光格尔木建立了 50 MW 高倍聚光光伏电站，在青海日芯建立了 60 MW 高倍聚光光伏电站。

同年，厦门乾照光电公司报道，他们利用反向应变生长加衬底剥离技术，制备了 GaInP/GaAs/GaInAs 三结叠层电池，其 AM1.5 效率为 34.5%，在 517 倍 AM1.5D 太阳光强下，聚光电池效率达到 43.0%。

天津恒电空间电源有限公司在 2015 年在北京举行的第十五届中国光伏学术年会（CPVC15）上提交关于空间用三结砷化镓太阳电池的报告，展示了关于电池结构改进的研究进展，包括引入布拉格反射器、电极栅线结构采用梳状密栅、减反射膜采用 TiO_x/AlO_x 结构，通过以上手段可以制备出实验室最高效率为 30.6%，批产平均效率 29.61%，最大转换效率 30.15%，带电粒子辐照衰减小于 18% 的空间用三结砷化镓太阳电池。

GaAs 光伏电池具有较高的光电效率，目前无论在国际或国内，主要应用于空间上，包括军事、民用卫星和航天器等方面。由于产品特性及成本限制，针对特定应用市场，生产还未形成规模。首先进入该领域，存在着技术、成本以及客户资源等方面的制约。要想使 GaAs 薄膜电池的成本在民用应用中具有竞争力，还需进一步突破薄膜电池在规模化生产中有待解决的设备及工艺控制等问题。汉能 Alta Devices 掌握着 GaAs 电池生产的核心技术，更致力于开发适合砷化镓薄膜太阳能电池的大产能设备。通过自主研发设计的新型的金属有机化学气相沉积（metal organic chemical vapor deposition，MOCVD），具有快速温控和高速外延生长能力，拥有全球最高的转换效率，是目前批量生产的主力机台。正在开发中的下一代 MOCVD 设备，将使砷化镓外延生长的产能提升至少 4 倍。这使得汉能 GaAs 薄膜发电可以涉足民用领域应用的产业化进程。

汉能薄膜发电计划在黄陂临空产业园投资建设 10 MW GaAs 薄膜太阳能电池研发制造基地，其中一期建设规模 3 MW。该项目将成为全世界产量最大的 GaAs 太阳能电池生产基地。汉能将柔性薄膜太阳电池的研发能力与产业化能力相结合，未来将实现 GaAs 薄膜太阳能组件生产成本的降低与产量的提升，为太阳能全动力汽车、太阳能无人机奠定坚实的产业化基础。

4. 新型太阳电池研究进展

目前的太阳电池市场，晶体硅太阳电池占据主导地位。但是，考虑到成本及环境问题，新型太阳电池技术的研究也在不断进行。其中，钙钛矿太阳电池，目前国际上最高认证效率由中国科学院半导体研究所的游经碧研究团队突破至 23.3%。杭州纤纳光电科技有限公司实现了 19.277 cm^2 的大面积钙钛矿太阳电池组件 17.9% 的认证光电转换效率，稳态功率输出效率达到 17.3%。除此之外，各类新型太阳电池在材料、器件、稳定性、机理等方面均取得了重要进展。

钙钛矿太阳电池（PSC）经过短短的几年时间，电池的效率就从最初的 3.8% 飞速发展到 23.3%。钙钛矿太阳电池制备工艺简单，原材料廉价，被认为是一种引领低成本、低嵌入式的光伏技术。钙钛矿太阳电池的研究方向主要集中在提高效率、稳定性、大面积制备和柔性器件、新材料的研发等方面。

聚合物太阳电池（OPV）具有质轻、成本低、制备过程简单、半透明、可大面积低成本印刷、环境友好、可制备成柔性器件等优点。有机太阳电池中的活性涂层材料由电子给体和电子受体组成。不过该类电池目前面临有机共轭分子有限的光吸收、二元活性层吸光范围较窄，不能充分覆盖太阳辐射光谱，以及富勒烯衍生物受体材料的诸多缺点，发展高性能的受体材料是该类电池的挑战性难题。由于新材料的不断出现，聚合物太阳电池的效率近几年出现了新的增长。

染料敏化太阳电池（DSC）具有低价、高效、弱光下转换效率高、颜色可调控等优势，是新型太阳电池家族的重要成员，最高效率达到 14%。染料敏化太阳电池的研究方向主要集中在进一步通过材料设计提高染料吸收效率、设计新型固态电解质提高器件稳定性等方面，目前主要的瓶颈在于进一步提升光电转换效率。

量子点太阳电池（QDSC）中量子点尺度介于宏观固体与微观原子、分子之间。与其他吸光材料相比，量子点具有独特尺寸效应，通过改变半导体量子点的大小，就可以使太阳电池吸收特定波长的光线。目前基于胶体量子点的太阳电池效率已超过13%，相对其他太阳电池如钙钛矿太阳电池来说，胶体量子点太阳电池开路电压较小，电池的电压值一般比禁带宽度的数值差 0.5 eV 以上，这是目前制约量子点太阳电池效率的一个重要因素。

表 5-1 是几类代表性的新型太阳电池与传统硅基太阳电池的综合性能对比。通过对比可以发现，目前主要限制硅基太阳电池的因素是过高的制备成本。而对于新型的 PSC、OPV、DSC 以及 QDSC 来说，成本较低，非常具有研究价值和应用潜力。目前新型太阳电池的效率相对来说仍然较低，稳定性较差，进一步提高电池效率以及稳定性是下一步需要解决的核心问题。

表 5-1　新型太阳电池与传统硅基太阳电池的综合性能对比

电池名称	最高效率（%）	制备成本	使用寿命	主要限制因素
单晶硅	27.6	高	25 年以上	生产成本过高
多晶硅	22.3	中	25 年以上	转化效率可进一步提升
OPV	17.3	低	短	转化效率较低 稳定性有提升空间
DSC	11.9	低	短	转化效率较低 稳定性有提升空间
QDSC	13.4	低	短	转化效率较低 稳定性有提升空间
PSC	23.3	低	短	稳定性较差 铅毒性

（1）钙钛矿太阳电池研究进展

钙钛矿材料是一类有着与钛酸钙（$CaTiO_3$）相同晶体结构的材料，是 Gustav Rose 在 1839 年发现，后来由俄罗斯矿物学家 L. A. Perovski 命名。钙钛矿材料结构式一般为 ABX_3，其中 A 和 B 是两种阳离子，X 是阴离子。这种奇特的晶体结构让它具备了很多独特的理化性质，比如吸光性、电催化性等，在化学、物理领域有广泛的应用。2009 年，日本 T. Miyasaka 教授等首次选用有机-无机杂化的钙钛矿材料取代传统染料敏化太阳电池中的染料作为新型光敏化剂，制备出首个真正意义的钙钛矿太阳电池，从此拉开了钙钛矿太阳电池研究的序幕。

国内在钙钛矿太阳电池研究领域处于领跑位置。在电池组件方面，杭州纤纳光电科技有限公司作为最早开始大面积钙钛矿组件研发的商业实体之一，在 2018 年继续在世界范围内保持着单体大面积钙钛矿太阳电池技术的领先优势。纤纳光电的钙钛矿小组件再次突破之前由自己保持的组件效率世界纪录，把新的最大功率点稳态纪录提升到 17.3%（17.8 cm²）。同时，在传统的 *J-V* 曲线测试条件下，转化效率达到 17.9%，上述结果再次由《太阳电池效率表》（*Solar Cell Efficiency Tables*，version52）收录。此前钙钛矿光伏组件的世界纪录分别是 15.2%、16% 和 17.4%，也是由纤纳光电在 2017 年 2 月、5 月和 12 月所创造，证明了我国科学家在钙钛矿领域的领先优势。

上海交通大学韩礼元和杨旭东等报道了一种无溶剂、非真空的新型沉积方法，可用于制备大面积高品质卤化铅钙钛矿薄膜。这种方法依靠胺络合物前驱体转化成钙钛矿薄膜，然后经过压力处理。这种方法沉积的钙钛矿薄膜没有针孔，均匀性好。基于该方法，制备的基于 TiO_2 钙钛矿太阳电池，开孔面积为 36.1 cm²，认证效率为 12.1%。这种新型的沉积方法可在空气中，在较低温度下进行，为大面积钙钛矿装置的制造提供了便利。中科院化学所研究团队开发出一种气刀刮涂钙钛矿前体，在没有任何反溶剂的情况下，在钙钛矿中间体薄膜中诱导成核，从而得到高度均匀的薄膜。对于 0.09 cm² 活性面积，全电池效率高达 20%，1.0 cm² 大面积器件的最佳效率超过 19%，具有高重现性。

高性能柔性钙钛矿太阳电池的关键部分是低温界面层和高质量钙钛矿吸光层。陕西师范大学研究团队前期利用室温磁控溅射法沉积氧化钛界面层，制备的柔性钙钛矿电池效率达到 15.07%。2016 年，他们将离子液体作为界面层，应用到柔性钙钛矿电池中，将器件效率进一步提升到 16.09%。用二甲硫醚作为添加剂通过控制钙钛矿吸光层的结晶过程，得到晶粒尺寸较大、结晶性较好以及缺陷态密度较低的钙钛矿薄膜，将柔性器件的效率提高到 18.40%，同时将大面积（1.2 cm²）柔性钙钛矿太阳电池的效率提升到 13.35%。另外，利用添加剂制备的钙钛矿吸光层稳定性得到显著增加，在 35% 的湿度下放置 60 天，电池的效率仍能保持 86% 的原有效率，而无添加剂制备的钙钛矿太阳电池效率相同条件下仅可保持原有效率的 50%。他们进一步探究了钙钛矿溶液在大面积印刷制备中的结晶动力学过程，提出规避中间相印刷制备高质量钙钛矿薄膜的新方法，基于印刷钙钛矿电池效率达到 18.7%。

武汉理工大学程一兵课题组研制开发了 5 cm×5 cm 塑料基板柔性钙钛矿太阳电

池组件，通过国家光伏质量监督检验中心通过第三方权威机构认证，获得组件光电转换效率 11.4% 的结果。同时他们在 10 cm × 10 cm 玻璃基板钙钛矿太阳电池组件制备技术也取得突破，经国家光伏质量监督检验中心验证，其相关组件光电转换效率为 13.98%，效率在国际上经过验证的同类产品中位居首位。采用钾离子界面钝化方法可以普遍抑制氧化锡层引起的固有滞后现象。他们采用了多种方法合成制备 SnO_2 薄膜，并采用不同含钾化合物钝化，结果表明，钾离子促进钙钛矿颗粒的生长，钝化界面，从而提高器件效率和稳定性。更重要的是，钾离子的存在可以有效消除各类氧化锡基钙钛矿太阳电池器件迟滞问题，成为一个具有普适性的钝化策略。通过该方法制备小尺寸的刚性 PSC 效率高达 20.5%，柔性 PSC 效率高达 17.2%，大尺寸（5 cm × 6 cm）柔性 PSC 组件的效率超过了 15%。

由于传统钙钛矿 A 位为有机阳离子，存在有机离子易挥发易分解等问题，严重影响器件的稳定性，制约着其进一步发展。无机钙钛矿因其优异的热稳定性成为近两年研究者们的关注热点，其中 $CsPbI_3$ 具有 1.73 eV 的带隙，非常适合与窄带隙钙钛矿或硅制备高效串联太阳电池。研究表明，在潮湿环境下 $CsPbI_3$ 的 α 相（黑相）会转变为非光敏 δ 相（黄相），使器件性能严重恶化。生长出稳定的黑相 $CsPbI_3$，制备高效率太阳电池的工作已有大量报道，如 Br 部分取代 I 制备 $CsPbI_2Br$ 或 $CsPbIBr_2$ 钙钛矿，B 位元素掺杂的方式等，使得无机钙钛矿的光电转换效率已经超过 13%。

中国科学院半导体研究所游经碧课题组使用溶剂控制生长的方法制备了高质量的黑相 $CsPbI_3$ 薄膜，得到的器件光电转换效率达 15.7%，美国 Newport 权威机构认证效率为 14.67%，此外，器件持续光照 500 小时，效率无衰减。

上海交通大学赵一新课题组采用 PTABr 小分子修饰 $CsPbI_3$ 钙钛矿膜表面，其中梯度 Br 掺杂诱导钙钛矿晶粒长大并提高相稳定性，同时疏水有机 PTA 阳离子显著提高湿度稳定性，进而制备得到高质量稳定的黑相 $CsPbI_3$ 薄膜，最终得到的器件光电转换效率高达 17.06%，稳态输出效率为 16.3%，为无机钙钛矿电池的最高效率。

华北电力大学戴松元课题组通过引入三阳离子的二乙烯三胺三碘（$DETAI_3$）来使 $CsPbI_3$ 变得稳定。通过多种手段确定 $CsPbI_3$ 相稳定性显著提升的原因归纳为三个方面：① $CsPbI_3$ 晶粒的减小；② NH^{3+} 或 RNH^{2+} 与 $CsPbI_3$ 晶格中的 I 形成的离子键来避免自发的八面体扭曲，钝化了 $CsPbI_3$；③油性的碳链在 $CsPbI_3$ 表面堆积造成的疏水性。基于 $CsPbI_3$ 引入 $DETAI_3$ 的钙钛矿太阳电池在经过 1008 小时以后能够保持原始效率的 92%。

　　高效钙钛矿太阳电池的吸光材料均为具有毒性的铅基钙钛矿。从文献报道的效率发展趋势来看，锡基钙钛矿最有希望取代之。然而，锡基钙钛矿中的 Sn^{2+} 易氧化，在合成或保存过程中均易生成 Sn^{4+}，导致锡基钙钛矿表现出重度 P 型掺杂的性质，不利于器件性能的提升。北京大学化学院光电功能材料及应用课题组以 99% 纯度的 SnI_2 为原料，在 $FASnI_3$（$FA=NH_2CH=NH_2^+$）前驱溶液中加入 Sn 粉末，用于还原原料中以及制备过程中产生的四价锡。随着还原过程中 Sn^{4+} 含量的减少，$FASnI_3$ 薄膜中缺陷态浓度降低，非辐射复合过程得到有效抑制，同时表现出更强的光致发光和更长的载流子寿命。最终，通过 Sn 粉末还原所制备的反式钙钛矿太阳电池的功率转换效率高达 6.75%，甚至高于以昂贵的高纯 SnI_2（99.999%）为原料所制备的器件。这种方法简单易操作，却可以有效提高器件的光复性能和制备的重复性，同时降低了合成锡基钙钛矿的原料成本。

　　华北电力大学戴松元课题组和中国科学院合肥研究院潘旭课题组联合研究了混合阳离子的引入对薄膜结晶的影响，发现 MA 和 Cs 阳离子引入（$FAPbI_3$）$_{0.9}$（$FAPbBr_3$）$_{0.1}$ 中对此类钙钛矿薄膜的结晶性有很大的提高，可以抑制橙红相的产生，有效促进 α 相钙钛矿的形成，制备得到高质量吸光层薄膜。不同混合阳离子的引入，器件效率有了明显的提升，其中 MA15-FA 和 Cs10-FA 薄膜展现出高的效率可达 18.58% 和 19.94%，而且展现出了优越的湿度和温度稳定性。同时，他们采用苯甲胺、二甲胺、丙二胺、丁二胺为加入材料，合成其碘化铵盐，再基于通式（A）$_2$（FA）$_{n-1}Pb_nI_{3n+1}$ 和（A）（FA）$_{n-1}Pb_nI_{3n+1}$（$n=9$）制备了四种不同的准二维钙钛矿薄膜。结果四种准二维钙钛矿电池的效率都较常规钙钛矿有所下降，但是其中苯甲胺基准二维（2D）钙钛矿由于致密均匀的膜、较好的晶体结构和高的吸收强度等优点，使得其性能最好，效率最高，达到 17.40%，较常规电池效率没有明显下降。相对于常规的三维钙钛矿电池，苯甲氨基钙钛矿电池展现了无明显的迟滞行为，高的效率重现性，平整致密的截面形貌，较快的载流子传输速度和较慢的空穴、电子复合速率。这些都表明苯甲胺基准二维钙钛矿电池具有优越的光伏性能，能与常规三维钙钛矿相媲美。放置在 80% 的湿度下，四种准二维钙钛矿表现出不同的湿度稳定性，其中二胺类的准二维钙钛矿材料的湿度稳定性较差，苯甲胺基准二维钙钛矿的最好，在 500 小时的湿度老化后，苯甲胺基准二维钙钛矿的效率能保持 80% 左右，而常规三维钙钛矿器件的效率仅剩 10%。准二维钙钛矿材料的湿度稳定性取决于加入的铵盐的疏水性，铵盐的疏水性越强，获得的准二维钙钛矿就具有越高的抗湿度能力。这里的四种铵盐中苯甲胺具有最高的疏水性，因此得到的准二维钙钛矿材料具有更高的湿度稳定性。

南方科技大学材料科学与工程系何祝兵课题组鉴于氧化镍作为空穴传输层有着众多其他材料无可比拟的优势，围绕其进行研究。初期制备了结晶度高、粒径均匀且致密的氧化镍薄膜，并将其分别应用在 MA 和 FAMA 混合阳离子钙钛矿器件结构中。其中，基于 $FA_{0.85}MA_{0.15}Pb（Br_{0.15}I_{0.85}）_3$ 的电池器件转换效率达到 19.45%，基于 $MAPbI_3$ 的电池器件转换效率达到 17.77%，这充分验证了氧化镍的优势所在。然而理论指出，FAMA 混合阳离子钙钛矿的带隙比 MA 钙钛矿的要低，但得到的电池器件结果中，FAMA 钙钛矿器件则具有更高的开压，通过一系列数据分析证实氧化镍作为空穴传输层不仅具有非常高的空穴抽取能力，还可以有效降低电子空穴在阳极附近的复合，从而有利于得到较高的工作效率。在此基础上，为了获得更高效率的器件，他们在氧化镍的掺杂方面做了大量的研究工作。离子掺杂是目前掺杂的主要手段。通过将铜离子掺入到氧化镍薄膜中，进一步提高氧化镍的空穴浓度和空穴迁移率，从而获得了高达 20.26% 的太阳电池转换效率。Spiro-OMeTAD 是目前应用最为广泛的有机空穴传输材料，但该分子具有高对称性，导致其在薄膜状态下易于聚集，形貌稳定性变差，特别是掺杂锂（Li）盐后会出现针孔现象，将会降低器件稳定性，而且该材料成本高昂，也不适合大面积器件加工。

中国科学院大连化学物理研究所郭鑫和李灿课题组发展了一种对钙钛矿活性层和空穴传输层同时进行掺杂以提高器件稳定性的新策略。使用有机分子苯醌对钙钛矿层进行掺杂，同时使用空穴注入材料（F4TCNQ）对 spiro-OMeTAD 层进行掺杂。前者可以提高钙钛矿薄膜的结晶性、抑制钙钛矿的分解，而后者可以增强空穴传输层的疏水性质。由于氧化石墨烯（GO）表面含氧官能团多、导电性差，导致目前基于 GO 空穴传输层的反式钙钛矿太阳电池的性能仍不理想。清华大学新型陶瓷与精细工艺国家重点实验室开发了一种采用逐层自组装技术（LbL）制备的厚度可控和覆盖完全的 GO 薄膜作为钙钛矿太阳电池的空穴传输层。基于上述方法制备的空穴传输层的器件达到了最优 12.26% 的效率，比基于旋涂法制备的 GO 薄膜（sGO）制备的器件的最优 8.35% 效率高出 47%，这主要得益于薄膜覆盖完全导致高的填充和短路电流密度。与此同时，他们采用一种高效环保的还原体系氯化亚锡 / 乙醇（$SnCl_2$/ethanol）原位制备电导率可调的还原氧化石墨烯薄膜（rGO）。在制备好的 rGO 薄膜上制备反式钙钛矿太阳电池，获得了最高 16.28% 的器件光电转换效率。揭示了基于 GO 或 rGO 空穴传输层的器件反常的电荷提取行为。

目前，高效钙钛矿太阳电池通常使用高温烧结的 TiO_2 作为电子传输层，尽管电子从钙钛矿层注入 TiO_2 的速度很快，但是 TiO_2 仍然有一些难以克服的缺点导致电子复合速率很高：① TiO_2 的低电子迁移率容易导致电子在界面处的累计和复合；②紫外线极其容易诱导 TiO_2 中大量氧空位的生成，这些氧空位会变成严重的缺陷，导致大量的电子捕获和复合；③ TiO_2 通常需要高温进行后退火处理以提高结晶度和载流子迁移率，高温过程使得 TiO_2 绝对不适用于柔性器件的制备。此外，基于 TiO_2 电子传输层的钙钛矿太阳电池的长期稳定性仍然不理想，因此迫切需要其他的低温电子传输材料来替代高温 TiO_2。

陕西师范大学材料科学与工程学院刘生忠课题组利用乙二胺四乙酸（EDTA）与氧化锡络合，成功制备了一种性能优异的 E-SnO_2 电子传输材料，基于此材料的平面型钙钛矿太阳电池的效率突破 21.60%（Newport 认证效率：21.52%）。E-SnO_2 电子传输材料较高的电子迁移率以及合适的能级位置有效抑制了钙钛矿太阳电池中离子迁移和正、负电荷传输失衡导致的界面处电荷积累，基本消除了平面型钙钛矿太阳电池中的滞后效应。此外，在 E-SnO_2 电子传输材料上生长的钙钛矿吸光层具有较大的晶体颗粒，大大降低了钙钛矿材料在晶界处的降解概率，提升了平面型钙钛矿太阳电池的环境稳定性。

（2）聚合物太阳电池研究进展

中国科学院化学研究所有机固体院重点实验室李永舫课题组，2018 年设计并合成了一个低成本高效的聚合物给体材料（PTQ10）。PTQ10 无论是合成步骤、产率和效率上都具有非常突出的优势。考虑到低成本、高效率和厚度不敏感等优点，PTQ10 极有希望成为聚合物太阳电池商业应用中的聚合物给体材料。

2018 年，华南理工大学材料学院曹镛院士团队与德国埃尔朗根 - 纽伦堡大学的 Christoph J. Brabec 等合作，从聚合物给体材料的化学结构微调控着手，开发了一系列新型宽带隙给体，并研究了其光谱特性、电学能级，以及聚集特性的差异与规律。通过筛选最佳的给 / 受体组合，在 1 cm^2 非聚光型器件中获得 12.25% 光电转换效率，该效率经过独立机构认证，是报道的 1 cm^2 单结有机光伏器件的最高效率。且该体系具有优异的长期稳定性，在 1 sun 连续光照近 1100 小时仍能维持 93% 的器件效率。通过形貌等相关分析，证实了该体系优异的大面积器件性能及良好的稳定性主要来源于较好的组分相容性和混合膜均一性。最后，通过能量损失分析，指出因降低带隙产生的 Shockley-Queisser 开路电压损失和因非辐射复合产生的开路电压损失对不同体系的开路电压实验值差异起决定性作用，且电荷转移态的存在及能量高低对开路电压损失具有较大影响。能量损耗的分析指出在材料设计过程中能级匹配的重要性，在降低带隙获得更好的光谱吸收的同时需要注意避免开路电压损失的增加。

北京大学工学院肖卫课题组长期致力于非富勒烯受体材料的研究。2007年，报道了世界上第一个稠环芳酰亚胺高分子受体，拉开了中国科学家进军非富勒烯受体这一挑战性领域的序幕。2015年，课题组提出了"稠环电子受体"新概念，创造了氰基茚酮类芳杂稠环电子受体新体系，发明了明星分子（ITIC），国内外130个研究机构使用ITIC等稠环电子受体。因稠环电子受体的诞生，非富勒烯有机太阳电池的效率由7%发展到超过17%，大大超越富勒烯。从此，有机太阳电池迈向新纪元，进入非富勒烯时代。2018年，提出了新的分子设计理念，开发了新的结构构筑单元，设计了新的强近红外吸收的稠环电子受体，刷新了半透明器件效率，发现了新的器件光物理过程。课题组提出了新的分子设计理念，开发了新的结构构筑单元。首次将二维共轭（又称侧链共轭）的分子设计理念引入到新型稠环电子受体的设计中，合成了二维共轭的稠环电子受体材料。引入二维共轭侧链，可以拓展分子内共轭，从而增强和拓宽吸收，有利于增加有机太阳电池的光电流；同时还可以增强分子间相互作用，从而提高载流子迁移率，有利于增加器件的光电流和填充因子。课题组设计合成了一对同分异构的二维共轭稠环电子受体FNIC1和FNIC2。同分异构效应显著影响材料的光学、电学、形貌和光伏性质。用这两个同分异构的稠环电子受体材料制备的单结两组分太阳电池器件，无须任何后处理，能量转换效率分别为10.3%和13.0%。13.0%是2018年文献报道的无后处理两组分有机太阳电池能量转换效率的最高值。

有机叠层太阳电池可以充分利用和发挥有机/高分子材料具有的结构多样性、太阳光吸收和能级可调节等优点，获得具有良好太阳光吸收互补的子电池材料，从而实现更高的光伏效率。南开大学纳米科学与工程中心陈永胜课题组与中国科学院国家纳米科学中心丁黎明课题组、华南理工大学材料科学与工程系曹镛和叶轩立课题组合作，制备了验证效率为17.3%的光电转化效率的有机叠层太阳电池，这是当时文献报道的有机/高分子太阳电池光电转化效率的世界最高纪录。首先，课题组在当时有机太阳研究基础上，提出了一个半经验模型，预测了有机叠层（双节器件）太阳电池实际可以达到的最高效率和理想活性层材料的参数要求。基于此模型对前后电池的要求，选用在可见和近红外区域具有良好互补吸收的聚合物（PBDB-T）。PTB7-Th和两个 A–D–A 结构的受体分子 F–M 和 O6T–4F 分别作为前电池和后电池的活性层材料，主要采用溶液加工方法制备得到了有机叠层太阳电池，这一研究结果缩小了有机太阳电池与其他光伏电池技术效率之间的差距。

中国科学院化学研究所院士李永舫研究团队和苏州大学材料与化工学部李耀文课题组采用无机钙钛矿／有机叠层太阳电池的策略，通过真空蒸镀的方法获得了宽带隙、低缺陷态的 $CsPbBr_3$ 无机钙钛矿薄膜，基于此薄膜制备的平面型钙钛矿太阳电池可以充分利用紫外光，获得了 1.44 V 的超高开路电压以及 7.78% 的光电转换效率，并表现出了优异的紫外光稳定性（紫外光照射 120 小时后性能无衰减）。以 $CsPbBr_3$ 薄膜为活性层制备的半透明钙钛矿太阳电池几乎可以完全过滤太阳光中的紫外光，并且在可见光区域（长于 530 nm）的平均透过率高达 60%。他们以该半透明钙钛矿太阳电池为顶电池、以有机太阳电池为底电池制备了四电极叠层太阳电池，这种器件不仅可以有效吸收和利用紫外光进行光电转换，而且还避免了紫外光对底部有机太阳电池的辐射，获得了符合工业应用标准的高紫外光稳定的叠层太阳电池。同时这种叠层太阳电池的最高光电转换效率达到了 14.03%，是无机钙钛矿／有机叠层太阳电池的最高效率。

（3）染料敏化太阳电池研究进展

目前染料敏化太阳电池的研究集中在高效、高稳定光敏染料开发和纯固态非铂电解质体系等方面。

浙江大学化学系王鹏课题组基于他们前期开发的模型染料 C218，将氰基丙烯酸电子受体用三元苯并噻二唑 – 乙炔 – 苯甲酸替代，合成出了具有更宽光谱响应的窄能隙有机染料 C268。通过超快发光动力学测量发现，基于 C268 染料的器件具有更大短路光电流的起因在于该染料长的激发态寿命。他们将窄能隙的 C268 染料与宽能隙的染料 SC4 在二氧化钛表面共接枝，获得致密且牢固的混合自组装单分子层，使用室温熔盐作为电解质，解决了因挥发性溶剂而带来的不稳定因素，首次实现了光电转换效率达 10% 的无挥发染料敏化太阳电池。该器件在 85℃ 老化 1000 小时后，光电转换效率的保有率仍在 90% 以上。

华东理工大学科学技术发展研究院朱为宏课题组基于其近年来开发的含额外辅助受体结构的 D–A–π–A 型稳定、高效的有机敏化染料，在固态染料敏化太阳电池研究方面取得进展。通过染料分子结构剪裁与能级定向调控，结合铜基固态电解质，系统降低染料敏化太阳电池的电压损失，使染料敏化电池在入射太阳光谱（AM）AM1.5、100 mW/cm^2 光强下的开路电压达到 1.1 V，固态器件效率达到 11.7%，为该类太阳电池当前最高值。

（4）量子点太阳电池研究进展

硫化铅量子点（PbSQDs）因其独特的光电性能可调性，被广泛应用于诸如近红外探测器、发光二极管、场效应晶体管和太阳电池等光电器件中。目前，基于硫化铅量子点的太阳电池认证效率已高达11.3%，器件效率增长如此之迅速，原因主要可以归结为以下两点：①器件结构的优化提高了器件效率和稳定性；②合成后表面处理减少了隙间缺陷态。但是，需要注意的是，光伏器件性能主要由三个步骤决定：①初始材料合成；②合成后表面处理；③器件制备过程。苏州大学材料与化工学部马万里课题组研究了PbS量子点前驱体对于器件性能的影响。他们使用氧化铅和三水合醋酸铅合成了两种PbS量子点，并基于这两种PbS量子点制备了光伏器件。基于PbAc-PbS量子点的器件获得了10.82%的器件效率，第三方认证效率为10.62%；而基于PbO-PbS量子点的器件效率仅为9.39%。为探究器件性能差异的原因，作者通过短路电流、开路电压对光强的依赖关系，瞬态光电压衰减，稳态及瞬态荧光等测试，证明器件性能差异主要由于PbAc-PbSQDs薄膜缺陷态较少。进一步，通过X射线光电子能谱（XPS）证明，在合成过程中，溶液中的油酸、醋酸和羟基是竞争的表面配体。若溶液中无醋酸，PbS量子点表面将被油酸和羟基覆盖，而羟基在此后的配体交换中无法被取代，并且会导致量子点表面形成缺陷态。而使用三水合醋酸铅作为铅源，引入的醋酸根可以在合成中起到表面配体的作用。由于醋酸根具有比油酸根更小的位阻和更高的结合能，醋酸根可以更好地覆盖PbS量子点表面，并且取代部分表面的羟基。而在后续的配体交换过程中，醋酸根可以被四丁基碘化铵（TBAI）或乙二硫醇（EDT）交换掉，获得更好的钝化。该工作揭示了初始材料合成对于量子点的重要影响，还提供了通过前驱体调控进一步提高光伏器件性能的新途径。

苏州大学功能纳米与软物质研究院马万里教授团队和苏州大学纳米科学技术学院张桥课题组开发了一种可进行低温溶液加工的、在大气环境中制备的全无机钙钛矿纳米晶体太阳电池。CsPbI$_3$钙钛矿量子点太阳电池拥有接近13%的效率，在无掺杂的聚合物空穴传输材料使用中，具有极低的能量损失。CsPbI$_3$量子点太阳电池利用聚合物空穴传输材料，制备了可溶液加工的FTO/TiO$_2$/CsPbI$_3$量子点/HTM/MoO$_3$/Ag太阳电池，在聚合物空穴传输材料和量子点界面可获得有效的电荷分离，以及有效地避免器件不稳定。

（5）其他新型太阳电池研究进展

硒硫化锑［$Sb_2(S,Se)_3$］可通过调节硫和硒的比例，其带隙在 1.1～1.8 eV 范围内变化，满足细致平衡理论所要求的最佳带隙。此类材料对水、氧稳定，组成元素地壳储量丰富且对环境友好，因此基于该材料的太阳电池具有实际应用前景。

中国科学技术大学材料科学与工程系陈涛课题组采用溶液法直接合成具有光伏特性的 $Sb_2(S,Se)_3$ 薄膜，并实现高性能太阳电池。他们采用 CS_2、正丁胺和二甲基甲酰胺（DMF）作为溶剂，其中 CS_2 和正丁胺反应可以形成一种含有巯基的有机酸，从而直接溶解 Sb_2O_3 固体粉末和硒粉，并提供硫源。将此混合溶液进行旋涂、加热、退火即可形成 $Sb_2(S,Se)_3$ 薄膜。基于该薄膜的器件光电转换效率可以达到 5.8%，是平面结构 $Sb_2(S,Se)_3$ 太阳电池报道的最高效率。他们进一步研究了金属离子掺杂对 Sb_2S_3 光伏性能的影响。课题组对碱金属离子（Li^+，Na^+，K^+，Rb^+，Cs^+）以及 Zn^{2+} 对 Sb_2S_3 薄膜的光吸收、载流子浓度、能级变化的影响进行了详细的研究，发现这些离子的掺杂可以增强 Sb_2S_3 薄膜的 n 型特性，提高载流子的浓度以及费米能级的位置，从而提高器件的光伏性能。在基于 FTO/TiO_2/Sb_2S_3/Spiro-OMeTAD/Au 的器件结构中，通过 Zn^{2+} 掺杂于 Sb_2S_3 光吸收薄膜中获得了 6.35% 的光电转换效率，这也是平面型 Sb_2S_3 太阳电池报道的最高光电转换效率。

暨南大学新能源技术研究院麦耀华研究团队采用近空间升华法制备纳米棒底衬结构和平板顶衬结构 Sb_2Se_3 太阳电池，通过调控 Sb_2Se_3 吸收层成分与微结构，优化异质结界面匹配，分别获得底衬结构 9.2% 和顶衬结构 6.3% 的光电转换效率。

华中科技大学武汉光电国家研究中心唐江研究团队采用气相转移沉积方法代替之前的快速热蒸发方法制备硒化锑薄膜。该方法所采用的设备为普通的石英管式炉，设备结构简单，成本低廉。采用气相横向传输的方式改变衬底与加热源之间的距离，实现衬底温度的单独调节，有效降低了薄膜沉积过程中蒸发源温度与衬底温度之间的耦合；增大了气相的传输距离，可促进气相粒子（如 Se、Sb 和 Sb_xSe_y）之间的均匀混合，实现彼此之间相互自洽。在一定程度上降低了薄膜的沉积速率，有利于增强薄膜的有序性，降低薄膜缺陷的形成概率。经过对硒化锑薄膜制备工艺的系统优化，课题组获得了认证光电转换效率为 7.6% 的硒化锑薄膜太阳电池，这也是硒化锑太阳电池效率的世界纪录。

5. 光伏与应用技术进展

有多项光伏关键技术取得突破性进展，出现了多种光伏技术的创新应用模式。大型并网光伏电站方面，针对大型光伏电站电力汇集和接入问题，提出了一种光伏电站分散式直流串联升压汇集接入系统结构；在国际上首推 1100 V 系统解决方案，并在全球范围内推广应用；突破了基于逆变器的光伏电站无功电压快速响应和协调控制技术，提出了涵盖光伏电站、就地控制器、光伏逆变器的大型光伏电站无功电压分层控制解决方案；推进虚拟同步机技术实用化，攻克了虚拟励磁调压、惯性控制和协调控制等关键技术；建成了我国第一个寒温（高原）气候的国家级光伏系统及平衡部件实证性研究基地和我国第一个兆瓦（MW）级光伏系统和平衡部件野外公共测试平台。分布式光伏并网系统方面，开展了反孤岛保护技术研究，提出了一种适合低压配电网的新型的孤岛检测方法；研发了现场分布式光伏发电测控系统。多能互补系统方面，提出一种基于低通滤波与短时功率预测技术相结合的储能控制方法，既可以减小甚至消除低通滤波造成的延时，又降低功率预测准确度对最终控制效果的影响；针对大容量光伏 / 储能电站与孤立运行的小水电系统并联运行，提出了一种基于分层控制的光 / 储系统与孤立运行的小水电系统并联控制策略。光伏系统关键部件方面，设计完成 ±10 kV/200 kW 光伏直流并网发电技术测试平台用于变换器的直流并网测试，提出了一种基于谐振软开关的新型金刚石基 GaN HEMT 动态电阻效应检测电路。光伏创新应用模式方面，出现了光伏储能全直流电动汽车充电桩、薄膜光伏水上发电、柔性薄膜光伏路面发电等多种创新应用模式。

并网光伏电站正在向大型化、集群化方向发展，国内外一批百万千瓦级光伏发电基地相继涌现，然而边远电网比较薄弱，接入交流电网的无功支撑、谐波谐振、低频振荡等问题非常突出。光伏阵列直流汇集、直流升压和直流接入电网的成本更低、效率更高，大型光伏发电基地和高压直流技术的结合是必然发展趋势。光伏电站直流汇集、升压和接入技术研究才刚刚起步，当前开展不同技术路线的可行性和经济性分析论证，对我国加快该技术方向上的技术突破具有重要意义。国际上关于光伏直流接入系统的研究不断深入。英国就海上风电与光伏混合电站的直流接入进行了方案讨论，印度对于光伏接入直流系统的方案及经济性也进行了讨论。

中国科学院电工研究所针对大型光伏电站电力汇集和接入问题，提出了一种光伏电站分散式直流串联升压汇集接入系统结构，在光伏阵列单元就地配置串联型光伏直流升压变换器，通过多台变换器的高压侧串联再次升压，同时多台变换器互为冗余，减少变换环节、提高系统效率。

在百万千瓦及以上光伏发电基地电力汇集接入方面，采用直流替代交流，是破解交流汇集和交流接入技术瓶颈的根本方案，直流汇集接入是未来大势所趋。实现我国在该技术方向上的国际引领，影响国际相关技术走势，对我国光伏系统及并网装备制造业具有重要保障作用，具有广阔的应用前景。光伏"平价上网"倒逼系统成本下降，面对降成本的硬指标，需要提高系统效率且不增加或降低系统造价的方案出现。目前的新型技术，如高效组件、1500 V 系统方案等，尚未经过批量验证。2016 年，华为技术有限公司（以下简称"华为"）在国际上首推 1100 V 技术，在降低系统成本的同时提升了系统的发电量，成为降低系统成本的有效手段。截至 2016 年年底，国内已有上吉瓦（GW）的电站采用 1100 V 系统方案。

适用于高压大功率场合的变换器（DC/DC）拓扑多采用谐振式电路、模块化多电平、模块组合型电路等几种拓扑。谐振变换器拓扑结构省去了交流变压器，减小了体积和重量，但在高压大功率场合，控制系统复杂，硬件成本相对较高，谐振开关单元数量较多，谐振电感和谐振电容参数一致性难以保证，进而影响系统可靠性并增加了损耗。模块化多电平换流器（Modular Multilevel Converter，MMC）近年来获得了广泛的关注，并在以 HVDC 输电为代表的直流系统中获得了成功的商业化推广，MMC 不仅具有高度模块化的结构，可实现冗余控制，系统可靠性高，而且 MMC 具有公共直流母线，具备四象限运行能力，但该环流器实现交流直流变换，无法直接实现光伏高压直流升压变换。

随着 SiC 和 GaN 等宽禁带功率器件的商业化产品越来越多，其在光伏系统中的研究与应用也越来越广泛，SiC 器件主要应用于 1200 V 以上的最大功率点跟踪太阳能控制器（Maximum Power Point Tracking，MPPT）控制器和逆变器中，GaN 器件主要应用在 900 V 以下的高功率密度电源和微型逆变器中。美国的 Wolfspeed 公司已开发出 10 kV/50 A 的 SiC PiN 整流器件和 10 kV 的 SiC MOSFET，下一步将要缩小这些器件的尺寸，以得到相应的器件模块，并将其用于航母的电气升级管理中。在民用领域，SiC 和 GaN 功率器件更多地用于绿色能源变换中，美国、德国、法国及日本等国家均开展了深入的研究，基于 SiC MOSFET 的 10 kW 光伏逆变器效率高达 98.5%，而基于 GaN HEMT 的 2 kW 光伏逆变器功率密度高达 102 W/in^3。目前，SiC 器件因为成熟度和可靠性更佳，发展领先于 GaN。SiC 功率器件增长动力主要来自可再生能源领域，在太阳能市场占有率将达 32%。在轨道交通领域，SiC 和 GaN 的应用相当。

（三）光伏学科技术发展趋势展望

1. 晶体硅材料技术发展趋势展望

参考国际光伏技术路线图以及国内外最新技术进展情况，今后光伏用硅材料的发展趋势主要有以下几点：①西门子法仍占据最大市场份额，但流化床法所占比例越来越高；②光伏用单晶硅片金刚线切割技术 2016 年已占据主要市场份额，今后几年还将持续扩大；③多晶硅片随着制绒技术的不断进步，金刚线切割将会逐步推广，预计 2026 年超过 60%；④光伏用硅片厚度到 2026 年预计为 150 μm。必须重视科技创新，加大研发投入，不断降低生产成本，提高产品质量，以期在国际市场上继续保持领先的地位。

2. 晶体硅电池发展趋势展望

持续提高晶体硅太阳电池效率技术研究趋势主要集中在以下几个方面：①使用 N 型硅材料代替 P 型硅；②通过改进制绒技术和抗反射镀膜技术制备较好的光陷阱，降低表面光反射，有效改善晶体硅电池的短路电流；③通过新型的钝化膜改善表面钝化，使电池的开路电压有较大的提高；④通过掺杂技术改进 PN 结设计，有效改善开路电压和填充因子。目前围绕着这些技术，发展的电池结构主要有 N 型硅双面电池、PERC、PERL、PERT、HJT、IBC、HJBC、TOPCon 等高效率太阳电池。

在太阳电池关键配套材料方面，开展高效太阳电池用配套电极浆料关键技术研究：突破太阳电池用正银浆料制备技术，建成产业化中试示范线；研制无铅正面银电极、背面银电极与铝电极材料；开展低成本浆料银 / 铜粉体功能相复合电极材料的成分设计与性能研究；开发出适用于非接触印刷工艺的正面电极材料，满足细栅、多栅等高效电池应用要求（电极宽度小于 40 μm）；开发出适用于 N 型、MWT、HJT 技术电池的电极材料。

在组件封装材料及原材料制备技术研究方面，重点突破背板材料用氟塑料薄膜制备技术，实现产业化示范应用；开发新型抗 PID 封装 EVA 胶膜、聚烯烃（POE）胶膜、阻水性能优异的背板材料；研发适用于 N 型电池、HJT 电池和柔性电池的专门封装材料、透明背板封装材料；特殊气候条件下（耐候性＞30 年）组件封装材料的开发和应用研究；开发环保型胶光伏电池用黏合剂、光伏组件封装胶带制备技术研究。

在高透太阳电池用玻璃制备技术研究方面，开发增透超过 3% 的光伏玻璃制备技术，突破减反增透结构涂层的制备关键技术；开发 2 mm 以下超薄钢化光伏玻璃制备技术和关键设备，建成规模化生产示范线；开发新型聚光光伏玻璃和具有自洁功能的镀膜光伏玻璃。

3. 铜铟镓硒薄膜太阳电池发展趋势展望

近几年内铟镓硒薄膜电池的转换效率可能达到 25%。从长期发展来看，以 CIGS 作为底电池，与合适的宽带隙吸收层材料结合，形成叠层电池，可使太阳能电池效率超过 30%。

在产业化方面，随着有实力的大型企业加大投入，带动我国核心装备的自主研发和设计制造，可望逐步形成吉瓦级的产业规模。

从各企业及研究机构的数据来看，CIGS 电池的组件量产效率与研发效率之间有一定差距，缩短量产效率与研发效率的差距将是未来的一个重要发展方向。在产业化过程中，应解决量产中包括薄膜大面积均匀沉积、电池互联中效率损失、产品良率以及柔性衬底上划线和封装等技术难题。

成本持续下降的主要动因在于：组件效率由 14% 提升到 18%，规模效应带动的材料成本（BOM）下降，研发带动的成本下降（超薄吸收层，利用较低纯度的原材料），设备投资的下降；下一代设备带动的生产能力的改善（产能，良率及设备稼动率），生产能耗的降低。综合所有成本下降的因素，在吉瓦级规模，铜铟镓硒生产成本会实现 25% 至 40% 的降低。

4. 碲化镉薄膜太阳电池发展趋势展望

小面积太阳电池的研制一直引领着组件技术的发展。如何提高小面积碲化镉太阳电池的效率，是一个时时刻刻都需要思考的问题。目前已经取得的碲化镉薄膜太阳电池最佳参数如下：开路电压为 1.12 V，短路电流密度为 31.69 mA/cm^2，填充因子为 80%。如果一个电池能兼有这些参数，转换效率将超过 28%，这应该成为碲化镉薄膜太阳电池近几年追求的目标。

组件制造技术在如下几个方面也会取得进展。一是将单晶 CdTe 的高开路电压技术移植到多晶 CdTe 薄膜电池中，以提高转换效率和减少碲化镉的使用量。二是扩大组件面积，使组件的技术指标达到同面积单晶硅组件的平均水平。在大力开发组件制造技术的同时，生产线的数量、产能都将有成倍的增长。

5. 砷化镓薄膜太阳电池发展趋势展望

自 20 世纪 90 年代以来，以 GaAs 为代表的Ⅲ～Ⅴ族化合物半导体太阳电池，就成为光伏太阳电池领域中最为活跃、最富成果的电池种类。由于 MOCVD 技术的应用，对 GaInP 宽带隙和 GaInAs 窄带隙材料体系的深入研究，以及晶格失配外延和反向生长等技术的发展，使得Ⅲ～Ⅴ族化合物太阳电池的效率有了很大的提高。

1）多结聚光电池正通过多条途径向50%效率目标迈进。这些技术主要包括在Ge衬底上正向生长晶格匹配的五结叠层电池，反向应变生长加衬底剥离技术制备的六结叠层电池，采用半导体键合技术（SBT）制备的五结叠层高倍聚光电池等。

2）单结、多结非聚光电池效率继续提升。目前单结电池量产效率大于26%，通过采用低电阻接触层、高能隙钝化外延层、高透明钝化镀膜以及细栅电极等，在2017年底将单结电池量产效率提升到27%以上。预计量产双结组件的效率超过28%，三结电池的小面积效率大于35%。

3）超轻、超柔以及抗辐射的GaAs薄膜电池。GaAs薄膜电池技术兼具高效率、发电性能优异等特点，且产品轻质柔性，可完美地应用于移动电源系统，是无人驾驶系统、消费电子设备、汽车、可穿戴装备，以及其他对尺寸、重量和移动性有较高要求的应用领域的理想光伏产品。这些产品的应用决定了其必须具有超轻和超柔的封装结构。同时高空无人机方面，要求GaAs组件需要具有较强的抗辐射性能。因此超轻、超柔以及抗辐射的特殊技术，如调整膜层结构、掺杂浓度、增加抗辐照封装玻片等，将是重点研究的方向。

6. 新型太阳电池发展趋势展望

我国各种新型太阳电池研究取得了较大进展，特别是钙钛矿太阳电池、有机太阳电池研究均处于世界领先位置。钙钛矿太阳电池的发展现状距离商业化仍有一定距离，未来一段时间，钙钛矿领域的研究仍将集中在效率提高、大面积制备以及提高器件稳定性几个方面。目前钙钛矿电池的转换效率已经达到了一个非常高的水平，提升空间不大，但是在器件的稳定性、环境友好程度、大面积组件方面仍然有非常大的提升空间。目前国内外这方面的产业化研究也如火如荼，非常有潜力解决各种技术困难，预计在不久的将来能够实现真正产业化。对于聚合物太阳电池，目前效率已超过17%，仍有较大的提升空间，进一步开发叠层器件及新材料提升效率和稳定性是目前主要研究内容。目前在染料敏化太阳电池中，如果能将染料的吸收波长拓宽至940 nm，电池的理论效率将达到20.25%。为了减少高能光子的浪费，迫切需要深入开展多激子吸收、热载流子效应等新型光电转换机理的理论和实验研究。当然，这些新机理的实现也常常需要诸如多结叠层、量子点、超晶格等电池新结构的建立。另外，对现有电池电荷输运动力学机理的进一步研究也将更加加深对太阳电池物理的认识，为从器件结构上降低输运损失提供指导。

7. 光伏系统发展趋势展望

在我国能源结构不断优化升级的形势下，光伏发电作为可再生能源发电的重要形式之一，加快促进其技术进步和降低其成本仍是未来发展的主要目标。从光伏应用形式上来讲，分布式并网光伏系统将是我国未来光伏发电应用的主要应用，我国《可再生能源发展"十三五"规划》也将分布式并网光伏系统列为"十三五"期间发展的重点。

分布式并网光伏系统方面，随着我国分布式光伏电源在配电网渗透率上升，分布式光伏对配电网电能质量的影响日益增加。在充分利用可再生能源为用户供电的同时，电能质量必须得到保证。因此，分布式光伏系统运行控制技术将是未来研究的重点。大型并网光伏电站方面，我国大型光伏电站将向大型化、集群化方向发展，但大型电站建设的边远地区，电网都比较薄弱，电站接入交流电网的无功支撑、谐波谐振等问题非常突出。未来，大型光伏发电基地和高压直流技术的结合是必然发展趋势，大型光伏电站直流升压接入技术将是研究的重点。多能互补系统方面，我国区域多种能源综合利用刚刚起步，结合多能互补系统的设计集成技术、运行控制技术、能量管理技术都是未来研究的重点。

二、风电学科技术发展预测

（一）风电学科发展现状

1. 风电发展历史

我国风力发电始于 20 世纪 50 年代后期，用于解决海岛及偏远地区供电难问题，主要是非并网小型风电机组的建设。70 年代末期，我国开始研究并网风电，主要通过引入国外风电机组建设示范电场，1986 年 5 月，首个示范性风电场马兰风力发电场在山东荣成建成并网发电。从第一个风电场建成至今，我国风电产业发展大致可以分为以下 6 个阶段。

（1）早期示范阶段（1986—1993）

主要利用国外捐赠及丹麦、德国、西班牙政府贷款建设小型示范风电场，国家"七五""八五"投入扶持资金，设立了国产风电机组攻关项目，支持风电场建设及风电机组研制。这期间相继建成福建平潭岛、新疆达坂城、内蒙古朱日和等并网风电场，在风电场选址与设计、风电设备维护等方面积累了一些经验。

（2）产业化探索阶段（1994—2003）

通过引入、消化、吸收国外技术进行风电装备产业化研究。从1996年开始，启动了"乘风工程""双加工程""国债风电项目"科技支撑计划等一系列的支持项目，推动了风电的发展。其间首次探索建立了强制性收购、还本付息电价和成本分摊制度，保障了投资者权益，促使贷款建设风电场开始发展。该阶段国产风电设备实现了商业化销售，国内风电装机容量每年不断扩大，新的风发电场也不断涌现。

（3）快速成长阶段（2004—2007）

国家不断出台一系列的鼓励风电开发的政策和法律法规，如2005年颁布的《可再生能源法》和2007年实施的《电网企业全额收购可再生能源电量监管办法》，以解决风电产业发展中存在的障碍，迅速提升风电的开发规模和本土设备制造能力。同时，2005年出台的《国家发展改革委关于风电建设管理有关要求的通知》中有关"风电设备国产化率要达到70%以上"（2010年已被取消）等一系列政策的推动下，开启了装备国产化进程。2007年新增装机容量达3311 MW，同比增长157.1%，内资企业产品市场占有率达55.9%，新增市场份额首次超过外资企业。

（4）高速发展阶段（2008—2010）

我国风电相关的政策和法律法规进一步完善，风电整机制造能力大幅提升。该期间，我国提出建设8个千万千瓦级风电基地，启动建设海上风电示范项目，是前所未有的高速发展期。2010年，我国风电新增装机容量超过18.9 GW，以占全球新增装机48%的态势领跑全球风电市场，累计装机量超过美国，跃居世界第一。但快速发展的同时，也出现了电网建设滞后、国产风电机组质量难以保障、风电设备产能过剩等问题。

（5）调整阶段（2011—2013）

经过几年的高速发展，我国风电行业问题开始凸显。一是行业恶性竞争加剧，设备制造产能过剩，越来越多的企业出现亏损；二是我国"三北"地区风力资源丰富，装机容量大，但地区消纳能力有限，外送通道不足，使得弃风现象严重；三是风电机组质量无法有效保障。其间，不少企业退出风电行业，市场也逐渐意识到风电设备制造不能简单追求"低价优势"，更不能盲目上项目，应充分重视产品质量，并提高服务能力。

（6）稳步增长阶段（2014年至今）

经过前期的洗牌，风电产业过热的现象得到一定的遏制，发展模式从重规模、重速度到重效益、重质量。"十三五"期间，我国风电产业将逐步实行配额制与绿色证书政策，并发布了国家五年风电发展的方向和基本目标，明确了风电发展规模将进入持续稳定的发展模式。截至 2017 年，我国风电行业经历了两轮高速发展时期。第一阶段从 2005 年开始，到 2010 年结束，之后经历了两年的调整，从 2013 年年中开始，我国风电行业摆脱下滑趋势，在行业环境得到有效净化的形势下，开始了新一轮有质量的增长，并在 2015 年创新高，随后受前期抢装透支需求的影响，2016 年、2017 年连续两年装机下滑，但 2017 年降幅趋缓。在新的电价下调截止时间临近导致"小抢装"、"三北"地区弃风限电改善恢复投资、分散式风电崛起、海上风电发展等多因素驱动下，2018 年开始新增装机重回高增长。

2. 风电产业发展现状

经过多年发展，我国风电行业已经培育出了一条完整的产业链，包括上游叶片等零部件生产，中游发电机、齿轮箱等风电主机制造，下游风电场开发、运营。相应地，风电行业主要由风电场投资运营、风电设备整机总装和零部件制造三个子行业构成。其中，风电场开发商（包括但不限于电力公司）作为直接接收风电机组的主体，处于产业链下游；风电整机制造商位于产业链中游，为风电场建设提供符合要求的设备；零部件制造商和原材料供应商作为直接生产技术关联行业，处于产业链的上游。政府则作为产业链系统的外部主导者，通过规划设计、风电技术标准、检测认证体系、可再生能源配额制度、补贴政策等手段对产业链进行全方位指导和规范。2017 年，上游零部件制造为较为成熟的充分竞争行业，供应商众多；下游的投资主体数量不断增加；居于中游的风电机组总装厂家市场集中度不断提高，在产业链中的话语权不断提升。风电产业链分析图见图 5-2。

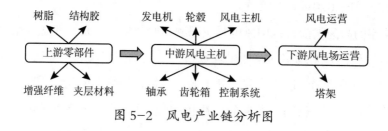

图 5-2　风电产业链分析图

多年来，风电全产业链基本实现国产化，产业集中度不断提高，多家企业跻身全球前 10 名。风电设备的技术水平和可靠性不断提高，基本达到世界先进水平，在满足国内市场的同时出口到 28 个国家和地区。根据中国风能协会数据，2017 年全国（除港、澳、台地区外）新增装机容量1966万kW，同比下降15.9%；累计装机容量达到1.88亿kW，同比增长11.7%。2018年1—11月，新增风电装机容量1720万kW，同比增加420万kW。近年来陆上风电新建项目速度缓慢，在国内北方出现限电问题和南方严格的环境要求下，陆上项目发展变得更慢，风电开发商正在关注海上风电市场以寻求更大的产能增长。截至2018年年底，我国海上风电装机总容量约为4.7 GW，与"十三五"规划中的2020年目标5 GW极为接近，未来几年中国海上风电装机容量将继续保持强劲增长。

3. 风电领域人才培养现状

我国风电人才的培养始于20世纪80年代，培养规模较小，目的在于满足少量风电研究机构的用人需求。随着对风电开发、研究的深入，尤其是近几年我国风电超常规式的发展，装机规模以及单个风机装机量不断扩大，企业面临巨大人才短缺，风电人才的培养逐渐成为人们关注的焦点。目前，我国风电人才的培养主要包括高校培养和职业培训。

（1）高校培养

1）研究生培养：我国风电领域研究生的培养始于20世纪80年代，早于本科及职业教育，就业单位以风电研究机构为主。开展研究生培养的高校包括沈阳工业大学、南京航空航天大学、华北电力大学、西北工业大学等工科院校，旨在培养具备创新能力的复合型人才。在具体培养方面，毕业论文选题通过借助风电领域的其他相关学科灵活选题，培养模式灵活多变。因此风电研究生培养存在规模小、选题灵活、目标单一等特点。

2）本科生培养：华北电力大学在教育部的支持下于2006年创办我国第一个风能与动力工程本科专业，专业代码080507S，学科性质为工科，学制为4年。该专业主要培养能够从事风资源测试与评估，风电场的规划、设计、施工、运行与维护，风电相关设备研发和制造等风能与动力工程专业的技术与管理工作的专业技术人才。自风能与动力工程本科专业设立以来，开设该专业高校数量不断增加，招生规模不断扩大，呈上升趋势。

3）高职培养：针对地方经济发展人才需求，培养风电技术专业方面的人才既是行业发展需求，也是职业院校重要职责。高职院校着重培养具备风力发电设备的安装、调试、检测、维护与维修等基本能力的技能型人才，培养的人才面向风电行业基层工作岗位。保定电力职业技术学校、烟台风能电力学校、酒泉职业技术学校等职校，积极与当地风电企业签订合作协议，促进技能型人才培养，已为当地风电企业提供了大批专业技术人才。

（2）职业培训

风电企业人才参与职业培训方式存在以下几种：第一，企业与高校联合培养，风电企业为了缓解风电人才短缺局面，在积极招聘风电人才的同时，大力与高校和培训机构合作共同培养风电人才。第二，企业自主培训，华锐、金风、东汽等风电设备制造企业借助自身完善的研发体系，积极地开展风电高级研发人才的培养。第三，风电企业与发达国家共同培训，金风科技、龙源电力集团与德国等风电发达国家合作，开展风电人才的培训，不仅为本企业的发展提供人才支持，也承接其他单位的风电人才培训业务。

4. 风电领域研究平台现状

研究平台方面，目前涉及风电领域研究的实验室除少数分布在高校和研究所外，大多为大中型企业内建设的国家重点实验室，这两类国家重点实验室是国家科技创新体系中的重要组成部分。国家重点实验室是研究的中坚力量，风电设备及控制国家重点实验室是由国家科技部批准的首批企业国家重点实验室。实验室依托国电联合动力技术有限公司，以风电设备及控制技术研发为中心，基础研究和应用技术研究并重，以研究解决我国风电行业重大共性关键技术难题为主攻方向。风力发电系统国家重点实验室依托浙江运达风电股份有限公司于 2010 年 12 月由科技部批准建立，实验室立足于风力发电机组能量转换与传递过程的应用基础与工程化技术研究，拓展风电机组总体设计与控制技术、电力电子技术、机械制造技术及新材料应用等多学科交叉的新方向和新技术，开发适应我国环境条件的新型高效低成本风力发电机组，着力解决风力发电系统中的关键共性技术问题。海上风力发电技术与检测国家重点实验室 2010年 12 月获国家科技部批准建设，实验室以海上风力发电技术与检测为主题，重点研究解决海上风力发电共性关键技术难题，主要任务是跟踪世界海上风电产业技术发展趋势，建设海上风力发电技术研发平台；着力解决海上风电技术关键及共性技术，培育领域自主知识产权，提升整体技术能力；建设海上风电设备测试平台，为国家海上风电设备提供公共检测分析服务。国家能源风电叶片研发（实验）中心于 2009 年 11月批准，其目标是建设兆瓦级以上大型及超大型风电叶片设计、制造及工艺技术为主的核心技术研发创新平台；以建设高水平的、可持续的科技创新能力为主线，为风电叶片产业的发展提供核心技术和装备；建设世界级的风电叶片研发中心及公共实验平台；成为国际知名的风电叶片检测中心；成为风电叶片研究与制造领域有影响的国际合作科研平台，并成为国际重要的风电技术研究基地和高层次人才培养基地。作为我国一支重要的技术创新和技术研发队伍，国家重点实验室站在科研的最前沿，积极促进国家重大、重点项目与国际合作相结合，投入到广泛的国际合作与交流中。

此外，高校里也分布有风力发电研究中心，包括仿真计算实验室以及风洞实验室。华北电力大学的风力发电研究中心是新能源电力系统国家重点实验室的重要组成部分。现已建成大型低速回流风洞实验室，风力发电特性模拟、仿真和测试实验室，风电机组与风电场仿真实验室等多个教学与科研平台，拥有价值 3000 多万元的实验设备。兰州理工大学风洞实验室由北京大学工学院分别于 2008 年、2018 年迁建而来，实验室依托于甘肃省风力机工程技术研究中心，建设面积 900 m²，是甘肃省最大的风能利用、风工程综合实验平台。国家风力发电工程技术研究中心北京检测站以北京交通大学新能源研究所和新疆金风科技股份有限公司为实施依托单位，其发展目标是成为国家的行业检测中心，为风力发电厂商提供整机及零部件检测，使风电更安全可靠。高校里的风电研究中心在风力发电的高效转换、设备设计制造方面的部分研究具有重要的工程意义，在国家经济社会发展面临的重大科技难题，探索创新思维与解决途径，实现了重要基础原理的创新、关键技术突破，取得大量具有实践性的系统性原创成果，已成为科学研究与人才培养的重要基地。风力发电涉及空气动力学、电气、机械、自动化以及气象、经济、管理等多学科范畴，而随着我国风电行业的不断深入发展，势必需要融合更多国外先进的科学技术与管理理念，因此需要结合国家能源产业和风电科技发展战略的总体部署，建立公共研发测试服务体系，根据我国环境条件和地形条件等开发出具有自主知识产权的风电设计工具软件系统，在整机设计集成与关键部件制造领域实现技术突破，实现产、学、研、用相互结合共同发展，为我国风电装备性能优化及自主设计提供条件和支持，保障我国风电产业的持续、快速和稳定增长。

5. 风电领域研究团队现状

目前，风电领域已初步形成了一支年龄分布及学科结构较为合理、自主创新能力较强、专业技术过硬的具备巨大发展潜力的研究团队，拥有一批风资源勘测分析、风电机组整机及零部件设计制造，风电场设计、建设及运行维护，风电并网等风电行业各领域的专业人才，形成以院士、"千人计划"、"973"项目首席科学家为学术带头人，以中青年科研工作者为技术骨干，有较高教学科研水平的研究团队。拥有一大批在国际风电领域具有极为重要影响力的教授、工程师和中青年骨干人才，分布在上述高校、研究中心及风电企业。

（二）风电领域技术发展现状

风力用于发电技术发展至今，逐渐趋于成熟化、稳定化，一系列先进技术不断涌出并为行业制定标准提供标杆。诸如风电场技术、风电机组关键零部件技术、风电机组整机技术等基本趋于成熟和完善。

1. 风电场技术研究现状

风电场技术包含风资源分析技术、风电机组尾流技术、风电场功率预测技术、风电场状态监测与故障诊断技术等。

（1）风资源分析技术研究进展

微尺度的风资源分析计算是风电场微观选址的主要依据，也是风电场预知投产后年发电量的主要技术手段，对于风电场的投资决策和盈利能力具有关键作用。风资源分析的核心技术内容，是根据地形、地表状况和大气边界层流动规律，推算不同风速和风向条件下，风电场区域空间内风速和湍流的分布。完全真实地描述风电场内空气的流动形态是无法实现的，一方面，风电场周边来流和风电场区域的地表形态、地表与空气的换热等信息无法详尽描述，另一方面，大范围的非定常湍流流动计算也难以实现。实际测量和工程经验表明，风电场区域内统计平均风速、湍流强度的空间相对关系，主要受到风电场及周边地形以及大气稳定度的影响，地表形态的影响可以用粗糙度长度参数体现。在风资源分析工程中，适合于采用定常的、统计平均的流体力学计算模型。目前工程上采用的计算模型主要采用数值计算的方法求解雷诺时均方程。根据对湍流雷诺应力简化处理方式的不同，分为线性化模型和计算流体力学模型。最早的以风能资源评估与风电场设计软件（WaSP）为代表的线性化模型在简单地形风电场设计中广泛应用，但对于坡度较大、山岭山谷纵横交错的复杂地形区域，则无法满足工程设计的需要。采用涡粘系数模型求解雷诺时均方程的计算流体力学方法是目前风电场工程和研究领域的主要方法，按对涡粘系数的处理分为单方程湍流模型和双方程湍流模型两种，其中双方程湍流模型总体优于单方程湍流模型，而且平均风速的计算也优于更为复杂耗时的大涡模拟模型。

采用半经验的双方程湍流模型求解雷诺时均方程的方法是计算流体力学领域一种较为成熟的技术，在很多工业领域都有较为成熟的应用经验。但复杂地形条件下的大气边界层流动和一般工业管流、障碍物绕流有很大不同，流场计算的准确性依赖于在计算模型中如何考虑影响大气边界层流动的因素，主要包括地形、大气稳定度、地表形态、科氏力、风电机组尾流等。较早开发的采用计算流体力学方法进行风资源分析的软件主要考虑地形和地表形态的影响，采用中性大气假设，风廓线则通常采用大气边界层表面层模型。

目前风资源分析计算方法是按照风电场设计的需要，根据风电场地形、地表形态和有限的测风数据，通过流体力学计算模型，推算在测风时段内风电场空间区域的风速、湍流等流动特性和风电机组出力，再进一步推算风电场运行全生命周期内逐年的发电量。国内在风电场设计领域仍然主要采用欧洲的风资源计算软件和技术，包括风能资源评估与风电场设计软件（WaSP）、风资源软件（Windsim）、应用开发（WT）等软件。随着我国风电事业的快速发展，复杂地形区域的风电场、尾流效应显著的大型风电场越来越多，国外计算软件不适合国内风电场设计的情况也越来越突出。

国内有很多研究机构和企业开展了风资源分析软件技术的开发和国际合作，华北电力大学和中国气象局风能太阳能评估中心参加了国际能源署 IEA Wind Task "风电场计算模型基准"的国际协作研究工作。华北电力大学较早开发了 WeFarm 复杂地形风电场风资源分析软件系统，针对中性大气边界层，在 2009 年丹麦举办的国际盲评对比中，计算结果进入前 10，达到国际先进水平。之后在此基础上，进一步考虑我国测风数据特性、非中性大气稳定度、科氏力、风电机组尾流等附加影响因素，于 2015 年开发了 WakeFarm 软件系统。该软件采用的计算流体力学求解器，是在开源计算流体力学类库 Open FOAM 的基础上，针对中性和非中性大气边界层流动的特性，自主开发的计算流体动力学（CFD）计算软件模块。其重点技术内容有中性和非中性大气边界层流动求解器，可求解任意稳定度的大气边界层流动，对于不稳定大气也具有较高的计算稳定性；增加位温梯度对湍动能生成与耗散的贡献，采用 k-ε 局部平衡模式；基于风电机组特性曲线的叶轮致动盘模型，包括叶轮区域内轴向和周向分布的体积力模型、叶轮影响区域内湍动能及其耗散率的附加生成与消散模型，其中致动盘模型主要用于在 CFD 流场计算中考虑远场尾流效应，致动盘的设置不依赖于网格形状，可以在风电场中任意位置、任意方位布置任意多台风电机组；此外还有复杂地形数据校验、计算域结构化网格自动生成与质量控制技术。相比于传统的风资源分析软件，WakeFarm 软件可以选择在流场计算环节考虑风电机组尾流流场，体现尾流干涉效应和尾流与复杂地形的相互作用，且对于复杂地形需要考虑尾流折减效应的情况，特别是在已建风电场中增加风电机组的情况，该计算方案具有明显的优势，但该计算方案对于多个机组布置方案择优的情况，需要进行多次流场计算。

（2）风电机组尾流以及尾流干涉研究进展

1）风电机组尾流研究进展：单台风电机组的自由发展尾流流场研究是尾流干涉研究的基础。在机组后不同位置处的流场结构有较大差别，将其可以大致划分为两个区域，即近场尾流区和远场尾流区，相关研究也通常以此为依据划分。然而两者并非完全独立，远场尾流通常以近场尾流计算结果为前提。

近场尾流是指邻近风电机组后面的区域，通常认为 1 倍风轮直径（D）范围以内，也有学者将其延伸至 2.5 D。在近场，叶片数目、叶片气动特性，诸如失速、三维效应、叶尖涡等会对尾流流场有显著影响，主要关注点在于风轮能量提取的效果和相关物理过程的研究。

远场尾流是在近场尾流的下游区域，风轮模型的重要性相对降低，主要影响侧重于风电机组间、风电机组群间和风电场间的相互作用。流场计算是微观选址、功率预测的重要依据。研究中关注尺度由小尺度（10 ~ 100 m）的风电机组跨越至中尺度（10 ~ 100 km）的风电场或风电场群，如何将两种尺度计算耦合成为关键问题。

大气模式和地形数据的尺度和分辨率通常很难满足 CFD 求解的需求，需要通过降尺度等方法获得，在满足 CFD 解析度要求后求解。由于计算的时间和空间尺度较大，计算机水平很难达到要求。另外，两种不同尺度对比，中尺度的大气边界层、地形地貌等为主导因素，机组尾流相对而言是次要因素。因此，目前通常不直接进行加装机组的大规模数值模拟，而是在流场求解的基础上叠加尾流的经验模型。

华北电力大学可再生能源学院刘永前课题组针对风电机组远场尾流进行数学建模和仿真分析，引入致动盘模型，解决近场尾流流场模拟问题，使用一方程湍流模型使方程组封闭，与传统模型相比发现此模型计算误差保持在 10% 以下，而且在远尾流区计算中具有明显优势。课题组研究了不同地表粗糙度下单台风电机组的尾流和演化规律，得到地表粗糙度会对风电机组尾流区的速度恢复和湍流水平产生重大影响，且地表越粗糙，尾流区湍流水平越高，尾流恢复越快；之后经过大量的研究分析，提出了一种基于高斯分布的风电机组尾流的解析建模方法，一种基于简化动量定理的风电机组远场尾流解析建模方法，一种基于尾流边界膨胀的 BP 模型的简化模型，一种基于简化动量定理的近场尾流预测模型，一种基于质量守恒的高精度远场尾流二维解析模型，进一步推动了风电机组尾流模型的发展和提高了尾流预测的精确度。

2）风电机组尾流干涉研究进展：尾流干涉效应研究以单台机组的自由发展尾流研究为基础，经过了多年研究，目前已经取得了显著的进展。实际求解大型风电场流场时存在的一个障碍，即风电机组尾流干涉效应。近十年来，国内外学者已逐渐将研究重点转向该领域，并取得一定的成果，但同时也面临诸多问题。

主流有两种方式可以获得风电场全场流动信息，一种是采用经验尾流模型与不含机组的流场 CFD 模拟结合。通过将单台机组经验尾流模型与不含风电机组的风场流场 CFD 数值模拟相结合即可获得整个风电场的流场，这是求解风电场流场的一种有效方式，工程中广泛应用的 WindSim、Meteodyn-WT 等商业平台均采用此类方式。

目前，对干涉区域风速的处理方法是假定相互干涉的两尾流为有势流动，重叠区域流动可以线性叠加。线性叠加模型会低估干涉区域风速值，某些位置甚至可能出现负速度的错误结果。为解决这一问题，又发展了能量平衡模型、几何求和模型、平方和模型等改进模型。其中，平方和模型应用较广泛，它认为尾流干涉区域的风速衰减值（即尾流区速度相较来流的降低值）的平方值等于所涉及的各自由尾流风速衰减值的平方和。

这些模型本质上是对线性叠加模型的数学修正，没有从根本上解决正确描述尾流干涉复杂流动现象这一问题。此外，为预测机组的疲劳载荷，工程中还需要尾流干涉区域的湍流强度分布，而现有的尾流干涉区模型仅针对风速计算，缺乏湍流强度计算模型。

另一种是建立风电场全场模型，直接开展 CFD 求解。机组和流场 CFD 模拟是直接对风电场中的关键因素，如风电机组、地形等建立 CFD 模型开展流场模拟。这种方式能够更加精确、全面地反映尾流效应产生的影响，同时能够充分考虑到尾流干涉现象。CFD 模型一定程度上解决了经验公式叠加模型面临的问题。可以提供更加精确和完整的全流场（含自由发展尾流区和尾流干涉区）的速度分布、湍流强度分布、尾涡结构等信息。

近些年，一些学者尝试利用大涡模拟法（LES）和雷诺时均方程法（RANS）研究此类问题。

机组与机组之间、机组群与机组群之间、风电场与风电场之间尾流干涉机理尚不明确；大气边界层与风电机组、机组群和风电场尾流的干涉机理尚不明确；此外工程应用方面，缺少尾流干涉区域范围界定的方法，缺少尾流干涉区域高效计算模型等。

2017 年，华北电力大学可再生能源学院刘永前课题组以两台美国国家可再生能源实验室 5 MW 大型海上风电机组为研究对象，建立了两种典型布机方式下的整机三维全尺度结构网格计算模型，在风切变来流下，开展了非定常数值试验，对全尾流干涉和部分尾流干涉进行了数值模拟研究，对比分析了两种典型尾流干涉效应对流场速度分布和机组性能的影响。得到全尾流干涉效应对下游机组的出力影响更大；部分机组尾流干涉效应对机组载荷影响更为明显，下游机组的推力系数随着方位角变化无法再呈现出"三叶草"形状，周期性被破坏；此外两种尾流干涉效应均对尾流的影响范围产生了扩张作用。此外，课题组还对风电场中多尾流串列干涉效应进行了数值模拟，以爱荷华州立大学风洞试验机组模型为研究对象，建立了 5 台机组串行排布的三维结构网格数值模型，在三种入流条件下开展了定常数值试验，通过与试验值对比验证了多台机组串列模型的可靠性，主要探讨了不同下游位置的机组性能变化。得到入流湍流度越高，风切变指数越大，下游机组功率损失越小，推力系数越大；入流湍流度越高，尾流区域流场速度衰减减小，同时具有更好的速度恢复能力；机组位置对流场速度分布和机组性能参数有重要影响，尾流叠加呈非线性，第二台机组受到影响最明显，从第三台机组开始，叠加效应趋于收敛。之后，课题组以美国国家可再生能源实验室 Phase Ⅵ 机组缩比模型为研究对象，基于分离涡模拟（DES）方法开展了单台和两台串列机组三维 CFD 数值模拟，得到上下游机组尾流相遇加剧干涉区流场的扰动，使得干涉区流场与周围流场能量交换加速；DES 方法研究尾流干涉有很好的适应性，相比于自由尾流，干涉区尾流速度恢复和范围膨胀得更快。

2017 年，电子科技大学梁浩研究团队针对风力机尾流效应影响风电机组功率输出的现象，从风力机的推力系数角度出发，在考虑尾流效应的影响因素下，提高风电场的总功率输出。主要研究了通过对比控制上游风力机的推力系数与无干扰控制两种情况下风电场模型中风电机组出力功率总和，提出了控制风电机组在不同距离和不同风速下最佳的推力系数；对尾流叠加效应进行分析，得出尾流叠加模型和叠加后任意一台风力机处的风速，通过对风能利用系数和推力系数的拟合，将风力发电机的电功率输出模型进一步细化，得到了最终的数学表达式；对串行风机的数量进行扩展，阐述了 N 台风电机组串行分布后，使输出电功率达到最大的计算方法，并提出了考虑风力机的尾流影响，可通过侧列排布减小其影响；此外将研究理论运用到了实际控制中，开发了风电场风机最优出力控制平台，为调节风力机推力系数提供原始数据和控制操作。

2018 年，华北水利水电大学和华北电力大学合作针对已建风电场，提出了一种考虑尾流效应的风电场优化控制方法来提高风电场的整体输出功率。通过研究机组状态参数变化与输出功率、尾流分布间的量化关系，揭示风电机组状态参数变化与输出功率、尾流分布间的耦合关系；提出尾流与风轮交汇面积的计算方法，建立多台风电机组的尾流叠加模型；以风电场整体输出功率最大为目标函数，轴向诱导因子为优化参数，粒子群算法为优化算法，建立考虑尾流效应的风电场优化控制模型。实践表明，此优化控制方法能够使风电场整体输出功率增加。

2. 风电场功率预测技术研究进展

风具有波动性、间歇性、低能量密度等特点，因此，风电功率也是波动的。当风电在电网中占比小时，风电功率波动不会对电网带来明显影响。但是随着风电容量的迅猛发展，风电在电网中的比例不断增加，一旦超过某个比例，接入电网的风电将会对电力系统的安全、稳定运行以及保证电能质量带来严峻挑战。因而，对风电场进行功率预测，可以优化电网调度，减少旋转备用容量，节约燃料，保证电网经济运行；同时可以满足电力市场交易需要，为风力发电竞价上网提供有利条件；此外还便于安排机组维护和检修，提高风电场容量系数。

基于数值天气预报的风电场功率短期预测模型可以分为两大类，一类是统计模型，一类是物理模型。统计模型是使用线性和非线性的方法在系统的输入和风电场的功率之间建立一种映射关系，预测可自发地适应风电场位置，自动减小系统误差，但需要长期测量数据和额外的训练，且在训练阶段很少出现的罕见天气状况，系统很难准确预测。物理模型方法试图用中尺度或微尺度模型在数值天气预报模型和当地风力之间建立一种联系，其包括两个重要的步骤，从天气预报点水平外推到风电机组坐标处，从天气预报提供的高度转换到轮毂高度，此模型的优点是不需要大量的、长期的测量数据，更适用于复杂地形，但是需要具有丰富的气象知识，需要了解物理特性，若模型建立得比较粗糙，则预测准确度较差。

中国对于风电场功率预测的研究开始于 2000 年之后，随着大规模风电场的不断开发及电网需求日益凸显，很多的研究机构及高校都在风电场功率预测领域做了理论研究及系统开发工作，并取得了一定的成果。

（1）风电场功率预测方法技术研究进展

对于风电场功率预测的理论研究，大多数都集中在统计方法，包括人工神经网络、卡尔曼滤波法、持续预测法、滑动自回归分析法、灰度预测法、支持向量机、小波、遗传算法等多种方法。近年来也出现了多种物理加统计的研究方法，在一定程度上提高了风功率预测的精度。

华北电力大学可再生能源学院刘永前课题组基于大型陆上风电基地 / 海上风电场

的多尺度短期功率预测方法，构建多对映射网络，获得了适应多种空间范围的功率预测模型。从时间和空间角度分别分析数值天气预报模型（NWP）误差的表现模式，依据得到的误差模式选取堆叠降噪自动编码机算法建立 NWP 误差修正模型，使风速修正结果得到提高；提出基于集成多对多映射网络的多风电功率预测方法，通过 NWP 的修正结果作为输入，建立多种初始化方案下的多对多功率预测模型，结果显示区域预测误差降低了 20.4% ~ 38%；此外高比例风电并网条件下对每个时刻点风功率的预测精度具有更严格的要求，该课题组提出了基于云模型的选取风速相似日数据作为训练样本的短期风电功率预测方法，结果表明通过对历史数据的定向筛选和精细化利用提升了预测精度。

兰州理工大学张晓敏针对处理频繁变化的风电接入大电网中消纳困难的问题，分析风电出力特点，建立以预测误差统计信息形式反映风电出力的随机变化性，并考虑具有用电自我调节能力的高载能负荷参与调度以应对风电出力变化的协调优化调度模型。首先从不同时间长度内风电出力变化特征着手，明确风电出力频繁波动且起伏程度较大的特征。以预测误差的形式反映这种变化特性，分别在功率层面、月份层面、时序层面上统计预测误差分布特征，然后分析误差分布在各层面上的差异性。在非参数拟合基础上进行误差区间估计，从而为将风电不确定性纳入后续调度模型中做好铺垫。分析高载能负荷的用电特性，确定以可离散调节的高载能负荷和可作为虚拟高载能负荷的自备电厂参与电网调度。建立以经济性和提升风电消纳量为目标的多目标优化模型。为在优化调度中计及风电不确定性，在经济性目标函数中以预测误差置信区间的形式纳入误差信息。最后采用基于分解的改进蝙蝠算法对所建模型进行求解，算例分析验证了所建调度模型的正确性及可行性。

沈阳工业大学韩奥琪同样针对预测时长不够或随着预测时长的增加而精度下降较快等问题，主要采用了变分模态分解算法对风速时间序列数据进行分解，得到了一系列具有不同特征信息且相对较平稳的固有模态分量，为后续的风速预测做好准备；之后提出了基于变分模态分解的超短期风速多步预测深度学习模型；最后通过分析风电场实际的发电功率特性，建立了基于支持向量回归机的风力发电功率预测模型，将风速超前多步预测的结果输入模型实现了风电场超短期发电功率的预测，并根据风电场的实际工况对预测结果进行修正，仿真结果表明，利用该模型得到的风电场超短期功率预测结果满足国家电网相关规定。

东北电力大学秦本双针对风速易受气象因素影响和维数较高问题，采用最大相关最小冗余算法对风速属性特征进行筛选，选择出与风速序列相关性最大而不同属性特征之间相关性小的属性集作为风速预测模型的输入变量集。然后根据不同的风速属性特征与风速的相关性程度不同，采用皮尔逊相关系数法对风速属性进行加权。为进一步提高风速预测结果的精度，分别采用优化模糊 C 均值聚类算法和 K-means 聚类算法以风速属性特征作为分群指标对训练样本进行聚类划分。根据聚类划分结果，采用优化极限学习机分别对每一组别的训练样本进行风速预测，进而得到风速组合预测模型。基于美国风能数据中心的实测数据进行实验仿真，验证新方法的有效性和准确性，之后构建实测风速 - 功率特性曲线。在此基础上，利用遗传模拟退火算法优化的 FCM 聚类算法将风电场机组进行聚类划分，构建风功率等值模型，最后，对该模型进行了验证。东北电力大学杨春霖以我国东北地区风电场实测数据为基础，分别从风电功率异常数据、风电功率的时序波动特性、风电功率超短期预测以及风电功率超短期概率区间预测等几个方面入手进行了相关研究，提出了一种基于粒计算的风电功率超短期预测模型，为实现高精度的风电功率超短期预测奠定了基础；最后提出了一种基于 Copula 理论的风电功率概率区间预测方法，从风电功率实际值和预测值的相关性出发，利用 Copula 函数的相关理论对风电功率预测值与实际值间的相依关系进行了分析，在某一预测值的条件下，计算风电功率实际值的条件概率分布，进而转移到误差的条件概率分析当中，后再将误差的分布估计转换为风电功率预测的不确定性估计。

内蒙古大学赵磊基于云计算引擎，研究了短期风功率预测的主要影响因素，采用时间序列、支持向量机、BP 神经网络进行建模，并选择协方差优选组合法建立组合预测模型，最后设计并实现一套短期风功率预测系统。西安理工大学李艺对影响风场向电网输送的有功功率的相关因素进行分析，着重考虑了风速、风向等因素对风功率预测的影响，基于单一核函数相关向量机模型，提出采用一种混合核函数的相关向量机风功率预测方法，结果表明该算法模型误差小，精度高，方法便于实现，最后设计成了风功率预测软件；刘雨莎采用一种基于小波变换和相关向量机方法的风功率预测模型对风电功率进行了短期预测，结果表明有效提高了预测精度，尤其对于风速突变点的精度，结果优于现有的一些预测方法。

国内还有很多高校都对风功率预测方法进行了研究，基本都是使用统计方法或统计加物理的组合模型方法对风电功率进行预测，目的都是为了提高功率预测精度，从而保证电网的良好适应性。随着风机容量的持续增加，未来很长一段时间内还需要探索新的预测方法提高风功率的预测精度，不仅是对于短期预测，对于长期预测也是如此，这是保证风电并网的安全性、稳定性、可靠性所要求的。

（2）风电场功率预测系统技术研究进展

基于数值天气预报的物理方法由于其难度较大而研究较少，一些高校或科研机构使用统计加物理的方法开发了风电场功率预测系统，研究成果已商业化的有中国电力科学研究院、华北电力大学等单位开发的系统。

中国电力科学研究院研制的 WPFSVer1.0 预测模型以物理模型、统计模型或物理统计混合模型为基础，针对不同风电场采用不同模型，对于新建的风电场可实现预测模型与风电场同步投运。该模型的预测精度达到了单个风电场预测均方根误差为 16%~19%，多个风电场总出力预测均方根误差为 11.67%，预测精度国内领先，达到国外同类产品水平。

华北电力大学研发的风电场发电功率预测系统 SWPFS，是继 WPFSVer1.0 后的又一风电预测系统。系统利用国内专业气象预报进行预测，系统主要技术指标达到或超过了国家电网公司颁布的《风电功率预测系统功能规范（试行）》中给出的性能要求，实现了 6 小时内超短期预测均方根误差在 10% 以内的精度。该系统已相继在国电龙源川井风电场和巴音风电投入运行，并作为高级应用集成于上海电气集团的风电场中央监控系统中。

3. 风电场状态监测与故障诊断技术研究进展

近年来，风电场通过提高风电机组低电压穿越能力、风电场无功补偿装置性能使其电网友好性显著提高，区域电网有功、无功功率控制技术，风功率预测技术和调度技术的进步，因送出问题导致的风电场弃风有所缓解。但风电场内设备故障或缺陷导致发电量降低的问题不容忽视。因此，如何通过先进维护技术避免风电场运行小时数和发电量损失，已逐步成为风电行业关注的热点。

总体来说，风电场由于运营商缺乏有效的维护技术和管理经验，而风电机组故障预测和诊断等先进维护技术尚在发展阶段，不具备形成技术标准的条件，风电场如何实现设备的高效维护面临巨大挑战。风电场的维护主要是定期维护和故障检修，定期维护内容主要是定性检查，缺乏准确反映设备准确状态的预防性和诊断性试验技术，在线监测技术匮乏，尚未形成数据采集与监视控制系统（SCADA）监控数据、在线监测数据、离线试验数据的综合故障预测技术体系，不利于故障早期发现，导致大部件损坏事故损失严重。

近年来，国内外风电机组的故障统计数据表明，发生故障次数较多的部件主要是变流器、齿轮箱、变桨系统、控制柜、偏航系统等，针对关键部件的故障预测，国内外分别采用状态监测、历史数据统计分析加建模仿真的方法，提取关键部件的早期故障特征，根据故障特征的变化对可能发生的故障进行预测。

华北电力大学可再生能源学院柳亦兵课题组针对风电机组实测数据中各项性能参数进行分析比较，选择可以反映出机组运行状况的性能参数，基于这几项性能评估参数，设计了合理高效的评估标准体系，并在 LabVIEW 平台下开发了一套基于风电机组实测数据界面友好的交互式综合性能评估系统。但风电机组标配的 SCADA 系统虽然能广泛监测各子系统及部件，但目前其监测方法仅局限于单一的参数值越限报警，无法预防设备故障的恶化，故障结果未考虑和子系统之间的相互影响，所以无法提供有效的故障诊断技术支持。针对此问题，该课题组深入挖掘 SCADA 数据可用性，对基于运行监测数据分析的风电机组状态监测方法进行研究，为今后风电机组基于运行数据的状态监测与故障诊断深入研究提供思路。之后，对基于无监督学习的风电机组传动链智能故障诊断方法、基于最小熵卷积的风电机组故障诊断方法、基于振动信号分析风电机组的故障诊断方法以及故障树及振动包络分析在风电机组中的应用进行了研究，为风电机组的故障分析诊断提供技术支持，为实施合理的风电机组运行维护管理提供参考数据。刘永前课题组针对风电机组传动系统退化过程受到多种因素影响，难以用明确的规则给出判定系统失效或故障状态的准则问题，提出了一种深度卷积神经网络结构结合短时傅立叶变化实现风电机组轴承故障诊断的方法，结果表明该方法提高了机组传动系统在复杂工况和恶劣环境下的故障诊断精度。宋磊针对 1.5 MW 华锐 SL1500 机组研发机组传动链振动数据采集装置，并设计合理的风电机组振动数据与 SCADA 数据计算分析、传输通信方案，运用 Delphi7.0 开发平台和 Oracle10.0g 数据库开发风电机组状态监测与故障诊断系统，推动该研究工作的技术转化和工程应用。

华南理工大学余达基于深度学习对风力发电系统故障在线诊断进行了研究，该方法不需要使用具体的风机模型知识，而是采用深度置信网络对所获取的所有风机数据进行深度挖掘，建立风机传感器输出数据与实际故障类型之间的映射关系，进而对风力发电机故障进行在线诊断。

电子科技大学陈柏帆基于风电机组运行数据对风电机组进行故障诊断与预测，通过分析风电场 SCADA 系统运行数据，提取有效状态特征量作为风电机组设备健康状态评价的性能指标，建立预测模型，结果表明该预测模型考虑因素更全面，预测结果更准确。

广西大学肖东裕针对分布式风电系统，对监控系统和故障诊断技术进行了深入研究，设计了基于 B/S 结构的风电监控系统，实现了风电监控系统的基本功能，此外通过智能网络对风电系统的电信号进行诊断，从而得到故障类型与位置，最后通过编程风电监控系统，实现利用风电现场监控信号对风电系统进行故障诊断的功能应用。

4. 风电机组关键零部件技术现状

（1）风电机组叶片研究现状

叶片是风电机组中关键的部件。在风力发电机组设计中，叶片的外形设计尤为重要，它涉及机组能否获得所希望的功率。叶片的疲劳特性也十分突出，由于它要承受较大的风载荷，而且是在地球引力场中运行，重力变化相当复杂。以 600 kW 风力发电机组为例，其额定转速大约为 27 r/min，在 20 年寿命期内，大约转动 2 亿次，叶片由于自重而产生相同次数的弯矩变化。

叶片的重量完全取决于其结构形式，生产的叶片多为轻型叶片，承载好而且很可靠。轻型叶片主要的优点是：减少了风力发电机组总重量；减小了风轮的机械制动力矩；周期振动弯矩由于自重减轻而变小了；在变桨距时由于驱动质量小，既加快了调节速度又降低了驱动功率；减少了材料和运输成本；便于安装。缺点是：要求叶片结构必须可靠，必须准确计算载荷及选择材料特性，避免超载；材料和制造成本高；由于风轮推力小，对阵风反应敏感，因此要求功率调节较快。

叶片是风轮旋转并产生空气动力的部件。各个翼型按设计要求沿着纵向展开排列组成叶片。叶片的气动性能直接影响着风电机组的出力，因而开发叶片的设计软件至关重要。随着海上风电的发展，叶片尺寸越来越大，重量急剧上升。叶片占整个系统成本的 10% ~ 15%，当重量减少 10% ~ 20% 时，可显著降低其他主要部件（如塔筒和传动系）的成本，因此叶片的可靠性和重量成为设计大型风电机组主要考虑因素之一。叶片维护困难、维修成本高，对叶片进行结构优化设计具有重要意义。

近年来，中船重工第 725 研究所洛阳双瑞风电叶片有限公司坚持科技创新，加大科研成果转化力度，自主研发的新型风电叶片远销东南亚、北美及欧洲等地。

华北电力大学新能源电力系统国家重点实验室以海上风电大型叶片为研究对象，开发了海上大型叶片的设计软件，2018 年，应用该软件完成了明阳 5.5 MW 海上风电叶片的开发，发电性能在 8 家国内外知名企业中领跑全场。对于叶片污损对叶片气动效率的影响，实验室做了深入研究。此外，采用粒子群优化算法，对 10 MW 叶片结构铺层进行了仿真优化。优化结果：叶片质量减少 9.66%，轴向刚度、挥舞刚度和扭转刚度均有所提升，Tsai-Wu 强度因子远小于 1，不会造成静态失效和疲劳损伤。

浙江佳力风能技术有限公司郭伟工程师通过分析大型风电设备本身的结构特征，在树脂砂铸造工艺条件下，对大型风电设备铸造所面临的各种问题进行分析和论证。研究了风电设备制造中的树脂砂铸造工艺。

（2）风电机组发电机研究现状

风力发电机组是风电场的主要生产设备。并网型风力发电机组主要有定桨距失速型、变桨距型、变桨变速型、直驱型、半直驱型等类型。定桨距失速型风力发电机组的叶片装上以后不能变动，额定风速较高。这种风电机组最主要的缺点就是风能转换率、机电转换率低。风电机组变桨距技术主要解决了风能转换效率低的问题。变速恒频技术解决机电转换效率低的问题。直驱型和半直驱型风力发电机组技术如今也已发展成熟。

从国家知识产权局公布的第二十届中国专利奖评审结果中获悉，中车株洲电机公司发明专利"一种永磁电机"荣获中国专利奖银奖，并斩获 2018 年度湖南省专利一等奖。目前，中车株洲电机多款永磁新型高效节能动力产品性能均达国际领先水平，在打破国外技术垄断和填补国内空白的同时，也加速了公司进军海外市场步伐，运用该技术的产品已销往欧洲、大洋洲、南美洲、东南亚、非洲等地，市场前景广阔。

沈阳工业大学电气工程学院、北京航空航天大学仪器科学与光电工程学院和诺丁汉大学电力电子电机和控制研究组等，针对现有风力发电机功率密度较小、运输成本高、容错性较差等问题，联合提出一种新型笼障转子耦合双定子无刷双馈风力发电机。该种电机内部谐波磁场丰富，损耗较大，导致其在运行时温升较高。然而温升对电机性能具有较大的影响，因此对其准确计算至关重要。采用有限元方法对温度场进行了仿真计算，得到了各部件温升的分布规律，并对比分析了不同的机壳材料、冷却介质以及流速等条件下双定子无刷双馈发电机温度分布情况，为后续该种发电机冷却系统的设计优化提供了依据。

邵阳学院信息工程学院、邵阳学院多电源地区电网运行与控制湖南省重点实验室、邵阳市电机厂有限公司、湖南耐为电控技术有限公司、湘潭电机集团有限公司等为设计海上风电场高性能直驱永磁同步发电机，研究了 360 kW/690 V 直驱永磁同步发电机的设计及仿真，分析了直驱永磁同步风力发电机的结构特点及设计方法。按电机相似性原理，参照同类 3 kW/400 V 发电机设计方案，设计了 360 kW/690 V 表贴式永磁同步发电机，同时在定子、转子结构上引入斜槽与斜极结构，以优化发电机性能，并在 Maxwell/Rmxprt 下进行了电机结构优化前后的参数计算与性能分析。通过 Maxwell2D 仿真，对比电机优化前后的空载性能，仿真结果表明了所提优化性能方案的有效性。

（3）风电机组塔架与基础现状

塔架是风力发电机中支撑机舱的结构部件，承受来自风电机组各部件的各种载荷（风轮的作用力和风作用在塔架上的力，包括弯矩、推力及对塔架的扭力）。塔架还必须具有足够的疲劳强度，能承受风轮引起的振动载荷，包括启动和停机的周期性影响、阵风变化、塔影效应等。另外还要求有一定的高度，使风电机组处于较为理想的位置上运转，并且还应具有足够的强度和刚度，以保证风电机组在极端风力下不会倾覆。风电机组的基础通常为钢筋混凝土结构，并且根据当地地质情况设计成不同的形式。其中心预置与塔架连接的基础件，以便将风力发电机组牢牢地固定在基础上。基础周围还要设置预防雷击的接地系统。作为风电设备的主要部件，风电塔架的制造工艺与质量控制相当重要。风电塔架质量的好坏直接决定着风电设备能否安全运行，也直接影响风电产业的顺利发展。

风电设备的主要焊接结构件有风电塔架、主机架等，这些是风电机组中的主要承载部件，承载着风电机舱和转子。风电塔架结构可以是管状，也可以是格子状，特点是结构跨度大、形式复杂，使用过程中承受较大幅度的疲劳荷载等。风电塔架均采用全焊结构，焊缝接头形式多样，长度长，焊接质量对风电塔架的质量影响很大。为此，钦州学院工程训练中心的石南辉对风电塔架的制造工艺与质量控制进行了研究，论述了风电塔架的生产工艺流程，分析了生产前的准备工作要点，并介绍了风电塔架的装配、焊接、焊后检验、返修与防腐。所做研究可以为风电塔架的制造及质量控制提供参考。

金风科技股份有限公司对海上风电机组塔架基础一体化设计进行了研究。海上塔架和基础的成本，显著影响着海上风电的度电成本（Levelized Cost of Energy，LCoE），直接决定着海上风电项目的竞争力。为了有效降低塔架基础的成本，提出了基于数字化云平台 iDO（integrated Design Off shore）的一体化设计方法，对极端极限状态工况下结构的静强度、疲劳极限状态工况下结构的疲劳损伤进行了数值计算分析。在实际海上风电工程项目应用中，基于 iDO 云平台的一体化设计方法可有效降低塔架基础结构成本，从而提高海上风电项目的竞争力，同时可对未来海上风电支撑结构优化设计提供借鉴。

华北电力大学新能源电力系统国家重点实验室对风电机组基础和结构轻量化设计进行了研究。当风电机组向深水区（＞50 m）移动时，从经济性角度考虑，漂浮式支撑平台更具优势。针对 10 MW TLP 型漂浮式风电机组（FHAWT）进行了动力学建模。综合考虑风轮上的气动载荷、TLP 上的水动力载荷、系泊系统的恢复效果以及风电机组和 TLP 的耦合效应等几个要素，研究了风浪不同情况下 FHAWT 的随机动态响应。结果表明，FHAWT 风轮叶片面临更严峻的极端载荷，波浪载荷对变桨叶片面内弯矩影响较小，波浪载荷会激发 TLP 的纵荡和纵摇共振响应，除了艏摇运动，TLP 其他自由度，即纵荡、横荡、纵摇、横摇和垂荡运动受风浪不同向的影响明显。海上风电机组在局部冲刷作用下会形成冲刷坑，从而降低基础埋深，导致基础水平承载力的下降。因而以 5 MW 近海单桩式风电机组为研究对象，分别建立考虑与未考虑局部冲刷作用的有限元模型，求解砂土地中两种模型下基础顶部载荷 – 响应曲线，应用耦合弹簧模型计算基础在泥面位置处的刚度矩阵，通过对不同工况模拟，获得机组在工作过程中的结构响应。

（4）风电机组齿轮箱研究现状

风力发电机组中的齿轮箱是一个重要的机械部件。在风力发电机组的传动系统中经常可以遇到各种齿轮传动装置，如主传动增速箱、偏航和变桨距减速器等。根据传动链总体布局设计和风轮主轴支撑形式要求，齿轮箱的结构可能有较大差异，但其主体一般是有箱体、传动机构、支撑构件（如轴承）、润滑系统和其他附件构成的。齿轮箱体需要承受来自风轮的作用力和齿轮传动时产生的反作用力；箱体也是传动链零部件的基础构件，需要根据传动链的总体布局设计要求，为风轮主轴、齿轮传动机构的回转体提供可靠的支撑和连接，同时将载荷平稳传递到主机架。传动机构是实现齿轮箱增速传动功能的核心机构，通常由多级齿轮副和支撑构件组成。

可靠的润滑系统是齿轮箱的重要配置，可以实现传动构件的良好润滑。同时，为确保极端环境温度条件的润滑油性能，一般需要考虑设置相应的加热和冷却装置。齿轮箱还包括对润滑油、高速端轴承等温度进行实时监测的温度传感器，防止外部杂质进入齿轮箱的空气过滤器，防止雷击的雷电保护装置等附件。

国外风电齿轮箱研发和制造能力主要在欧洲，特别是德国，有 Wenergy、Bosch Rexroth（Lohmann & Stolterfoth）、Renk、Eickhoff、Jahnel–Kestermann、Zollern 等著名的齿轮制造公司，能够批量供应各种类型的风电齿轮箱。此外比利时的 Hansen 公司和芬兰的 Moventas 公司也是著名的风电齿轮箱公司。意大利、西班牙和捷克也有类似的公司可以提供类似的产品。德国齿轮技术有着传统的优势，德国的大专院校和科研机构与这些企业的紧密合作如虎添翼，增加了企业的创新能力，如慕尼黑工业大学的齿轮传动研究中心给出的指导性文件和结论，为制定国家标准和企业改进产品都做出过重大贡献。Wenergy 的母公司 Flender 是工业传动装置的领军企业，所指定的企业标准高于德国国家标准，以至于有的厂商在向其他业主供货时为表明产品质量而特别显示符合 Flender 指定的标准。欧洲风电齿轮箱企业经历了 20 世纪 90 年代和 21 世纪初产品故障多发的艰难年代，对其风电产品反复改进，产品质量基本处于稳定状态。

（5）风电机组变流器研究现状

现代大容量风电机组大多引入电力电子变流器以改善机组的性能。应用于风力发电中的电力电子变流器主要是基于全控型电力电子器件的交 – 直 – 交（AC–DC–AC）电压源型变流器（Voltage Source Converter，VSC）。

当前国内外对变流器的研究主要集中在变流器的控制方法和具体的故障解决方法上，而研究变流器的结构、故障代码，以及输出波形反推变流器故障的研究方法则处在刚刚起步的阶段。沈阳工程学院研究生部和电力学院的周志朋、谢冬梅归纳了反推变流器故障的方法，总结了小波分析法和支持向量机（SVM）、粗糙集和基于电流信号平均值的算法的研究现状。提出了个别故障诊断方法所存在的问题，并对双馈变流器故障诊断研究的发展趋势进行了展望。

上海交通大学风力发电研究中心韩刚等提出了一种适用于 LCL 型并网变流器的滑模电流控制策略。建立了电流内环及电压外环的滑模控制方程，采用指数趋近率的设计方法改善滑模动态品质与系统抖振，根据扩展瞬时功率理论计算参考电流指令，在实现三相并网电流呈正弦波形变化的同时，消除了并网有功功率和扩展无功功率的 2 倍频波动。同时，搭建了基于 RT–LAB 软件的硬件在环实验控制平台，通过对比实验验证了所提滑模控制算法的正确性及其在动态响应速度和抗参数扰动方面的优越性。

湖南工程学院、湖南省风电装备与电能变换协同创新中心以及安庆师范大学等，针对永磁直驱风力发电机组低电压穿越问题，对传统的变流器控制策略进行改进。机侧变流器控制在传统策略的基础上加装功率控制器，在电压跌落期间，通过功率控制器减小发电机有功电流输出，从而限制发电机输出有功功率，减轻变流器直流侧压力。网侧变流器控制在传统控制策略的基础上增加了对电网无功补偿的控制，在电压波动期间，根据国家标准对电网注入动态无功电流。仿真结果表明，在不借助传统控制策略在低电压穿越过程使用硬件辅助电路的情况下，能够直接通过改进型变流器控制策略，实现风力发电机组低电压穿越。

5. 风电机组整机技术现状

（1）中小型风电机组技术现状

当前中小型风电机组普遍用于解决远离电网区域的供电问题，按风轮轴方向可将其分为水平轴风力发电机组和垂直轴风力发电机组。

水平轴风力发电机组是风轮轴基本上平行于风向的风力发电机组。工作时，风轮的旋转平面与风向基本上垂直。水平轴风力发电机组随风轮与塔架的相对位置不同而有上风向与下风向之分。风轮在塔架的前面迎风旋转，叫作上风向风力发电机组。风轮安装在塔架后面，风先经过塔架，再到风轮，则称为下风向风力发电机组。上风向风力发电机组必须有某种调向装置来保持风轮迎风。而下风向风力发电机组则能够自动对准风向，从而免去了调向装置。对于下风向风力发电机组，由于一部分空气通过塔架后再吹向风轮，这样塔架就干扰了流过叶片的气流而形成"塔影效应"，增加了风轮旋转过程中叶片载荷的复杂性，降低了风力发电机组的出力和其他性能。基于以上特点，在市场上应用的中小型风电机组以上风向水平轴风电机组为主。

一般功率为 100 ~ 5000 W 的水平轴风电机组都是离网型风电机组。此类风电机组是由 3 个定桨距叶片组成的风轮驱动永磁发电机发电，发出的电经控制器整流成直流电充入蓄电池储存，蓄电池里的直流电经逆变器转换成交流电后，输出 220 V 交流电带动用电器工作。这类风电机组多用于为发展中国家远离电网地区的农牧民家庭供电。

功率为 5 ~ 10 kW 的水平轴离网型风电机组一般是由 3 个机械变桨距叶片组成的风轮驱动永磁发电机发电。这类风电机组多用于为发展中国家和部分发达国家远离电网地区的农牧民家庭供电或社区供电。

功率为 10 ~ 200 kW 的水平轴并网风电机组一般是由 3 个电动变桨距叶片组成的风轮驱动永磁发电机发电，发出的电经控制器整流成直流电后输入并网逆变器，经逆变器转换成交流电后将电能输送到电网，或输出 220/380 V 交流电带动用电器工作。这类风电机组多用于发达国家农场主或中小企业的分布式生产用电。

垂直轴风力发电机组是风轮轴垂直的风力发电机组，其主要特点是可以接受来自任何方向的风能。当风向改变时，不需要对风的偏航装置，简化了风力发电机组的结构，同时减少了风轮对风时的陀螺力矩。从空气动力学角度来看，垂直轴风电机组主要分为阻力型和升力型。阻力型垂直轴风电机组主要是利用空气流过叶片产生的阻力作为驱动力，而升力型则是利用空气流过叶片产生的升力作为驱动力。由于叶片在旋转过程中，随着转速的增加，阻力急剧减小，升力反而会增大，所以，升力型垂直轴风电机组的效率要比阻力型的高很多。因此，市场上垂直轴风电机组多为升力型机组。

国内曾尝试研制过兆瓦级垂直轴并网型风电机组，但是至今未实现产业化。丹麦AWP公司已研制出750 kW的可变桨距的垂直轴并网型风电机组，并正在研制2 MW的同类型风电机组。

（2）大型并网型风电机组技术现状

大型并网型风电机组是当前风电机组的主要形式，目前主流机型特点是水平轴、上风向、三叶片、变桨距、变速恒频风力发电机组。近5年来新开发的机型可按发电机的不同形式将其划分为如下几类。

1）双馈异步式风电机组技术现状：双馈异步式风电机组是由变桨距风轮通过高速齿轮箱驱动双馈式发电机发电，发电机转子通过变流器向电网馈电，定子电流直接向电网馈电的风力发电系统。此类风电机组电机转子通过集电环与变频器（双向四象限变流器）连接，采用交流励磁方式；在风力机拖动下随风速变速运行时，其定子可以发出和电网频率一致的电能，并可以根据需要实现转速、有功功率、无功功率以及并网的复杂控制；在一定工况下，转子也向电网馈送电能；可以实现低于额定风速下的最大风能捕获及高于额定功率的恒定功率调节。

从目前来看，双馈异步发电机变速恒频风电机组是世界上技术最成熟的变速恒频风电机组。欧美多家领先的风电机组制造商，如丹麦维斯塔斯、西班牙歌美飒、美国GE风能、印度苏司兰、德国Nordex等都在批量生产此类风电机组。近10年来，1.5～4 MW的双馈异步发电机变速恒频风电机组在全球风电场的建设中发挥了主力军的作用。

我国多数风电机组制造企业，如远景能源、国电联合动力、广东明阳、上海电气、中国海装、东方电气、浙江运达和华锐风电等都在生产双馈异步式风电机组。目前，我国2 MW双馈异步发电机变速恒频风电机组的技术已经非常成熟，并已成为主流机型。华锐风电研发的3 MW的此类风电机组已在海上风电场批量应用。国电联合动力研发的6 MW此类风电机组也已安装试验。

2）直驱永磁式风电机组技术现状：直驱永磁式风电机组是由变桨距风轮直接驱动永磁发电机发电，通过全功率变流器向电网馈电的风力发电系统。无齿轮箱的直驱方式能有效减少由于齿轮箱问题而造成的机组故障,可有效提高系统运行的可靠性和寿命,减少风电场维护成本。

金风科技生产的 1.5 MW 直驱永磁式风电机组已有 1 万多台安装在风电场,并且该公司研制的 2 MW 和 2.5 MW 直驱永磁式风电机组也已批量投放至国内外市场。湘电公司的 2 MW 直驱永磁式风电机组已大批量进入市场,5 MW 的此类机组也已安装运行。其他公司,如华创风能、东方电气、北车集团、潍坊瑞其能等风电机组制造企业也在生产此类机组。

由于直驱永磁式风电机组技术的不断成熟和发展,其市场占有率逐年上升。欧美主要风电机组制造商也逐步转向研制大型直驱永磁式风电机组。如西门子公司已研制出 SWT-6.0-154 直驱永磁式新型海上风电机组,该机组的风轮直径为 154 m,风轮直接驱动永磁发电机,风轮轴后倾 6°,机组额定功率为 6 MW,塔架上部重量仅为 360 吨。位于英国东海岸的 Westermost Rough 海上风电场共安装有 35 台西门子 6 MW 直驱永磁式风电机组,装机容量为 210 MW,2015 年 5 月底已实现满功率运行,足以满足超过 15 万户英国家庭每年的电力需求。2017 年年底,西门子 8 MW 直驱永磁式风电机组也已通过 DNV-GL 形式认证,该机组将应用于法国的圣布里厄海上风电场。

此外,2015 年,美国 GE 风能公司收购了阿尔斯通公司的风电业务,拥有了该公司研发的 GE-Haliade150 型 6 MW 直驱永磁式海上风电机组技术。这款新一代海上风电机组采用无齿轮箱的直驱结构,并采用液压冷却的永磁发电机,所以设备内部的机械部件较少,故障率更低,机组运行更为可靠,也更有助于降低运行和维护成本。该机组的风轮直径为 150 m,叶片长度为 73.5 m,叶片表面由聚氨酯腹膜覆盖,且在其迎风侧做了抗腐蚀处理。这款机型是专门针对海上环境而设计的,美国第一个 30 MW 海上风电场就安装有 5 台此类风电机组。金风科技公司 2017 年推出了 6.45 MW 的直驱永磁式大型海上风电机组,并将在江苏大丰、辽宁大连等海上风电场安装投运。

3)直驱励磁式风电机组技术现状:直驱励磁式风电机组是由变桨距风轮直接驱动励磁发电机发电,通过全功率变流器向电网馈电的风电系统。双馈异步式风电机组有齿轮箱,维护成本高;直驱永磁式风电机组依赖稀土永磁体,原料价格高,同时还存在永磁体因温度和振动而导致的退磁问题。电励磁直驱式风力发电机技术是一项新型的风力发电技术,它基于凸极同步发电机的基本原理,采用直流电对发电机转子磁极进行励磁,建立励磁磁场。转子通过轮毂直接与叶片相连,当叶轮吸收风能并驱动转子转动时,发电机进入发电运行。发电机发出的电能通过整流被转换成直流,再通过大型高压逆变器转换成交流，然后再通过变压器，输送到电网。电励磁直驱式风力发电机以其运行速度慢、润滑系统简单、磨损小、结构简单、切入风速低、风能利用率高、维护成本低且电机不受电网变动的影响等优点，越来越受到电力公司的青睐。

德国 Enercon 公司在 21 世纪初开发了直驱励磁式全功率变流风电机组，功率涵盖 1.5 ~ 7.5 MW，在欧洲风电场得到了广泛应用。该公司近年来研制的新一代 E-126 大型直驱励磁式风电机组的风轮直径为 127 m，轮毂高度为 198 m；单机容量为 7 MW；采用 2 段式叶片，便于运输和现场组装；叶片采用"小翼"叶尖，可在风轮平面内抑制生成扰流和旋涡，从而降低噪声，提高发电量；叶片法兰直径大，采用双列螺栓连接；采用直驱励磁式发电机，全功率变流器；采用混合式塔筒 – 钢制顶段，其余由混凝土建造，塔底直径为 14.5 m。新一代 7 MW 及其前身 6 MW 直驱励磁式风电机组已在欧洲陆上风电场批量安装，并网发电。

4）半直驱永磁式风电机组技术现状：半直驱永磁式风电机组是由变桨距风轮驱动中速齿轮箱，再由齿轮箱驱动永磁发电机发电，通过全功率变流器向电网配电的风电系统。此类风电机组的功率传动路线为：风轮—单级齿轮箱—永磁发电机—全功率变流器。此系统采用折中方案，兼顾了双馈异步式风电机组和直驱永磁式风电机组的优点，并考虑了性价比。

广东明阳风电公司研制了 SCD 6.5 MW 超紧凑半直驱永磁式海上风电机组，该机组采用两叶片风轮、液压独立变桨、中速齿轮箱驱动永磁同步发电机的发电技术，发出的电通过全功率变流器馈入电网。该系统具有高发电量、高可靠性、低度电成本、防盐雾、抗雷击、抗台风等独特优势。与传统的风力发电技术相比，此类风电机组的关键技术和优势主要体现在超紧凑的传动链、轻量化结构、集成化液压系统、全密封设计四个方面。

（3）其他类型风电机组技术现状

鼠笼式感应发电机全功率变流风电机组是由变桨距风轮通过高速齿轮箱驱动鼠笼式感应发电机发电，通过全功率变流器向电网配送电的风电系统。

西门子公司的 2.3 MW 和 3.6 MW 海上风电机组就采用了由液压变桨风轮驱动高速齿轮箱，带动鼠笼式感应发电机发电，通过全功率变流器向电网馈电这种技术路线。这两种海上风电机组已经在海上风电场大批量应用，属于经受住考验的成熟机型，也是 2016 年以前海上风电场的主流机型。

上海电气引进西门子技术研制的 4 MW 海上风电机组也采用了这种技术路线，并且在我国近海风电场批量投入运行。

与鼠笼式感应发电机全功率变流风电机组类似的还有高速永磁式全功率变流风电机组。高速永磁式全功率变流风电机组是由变桨距风轮通过高速齿轮箱驱动高速永磁发电机发电，再通过全功率变流器向电网馈电的风电系统。重庆海装风电研制的H127-5MW风电机组就属于这种类型。

（4）低风速风电机组技术现状

针对我国大多数地区处于低风速区的实际情况，我国风电企业通过技术创新，研发出具有针对性的风电机组产品及解决方案，最为明显的特征是风轮叶片更长、塔架更高、捕获的风能资源更多。

以 1.5 MW 风电机组为例，在国内提供 1.5 MW 风电机组的 30 余家企业之中，已有 10 多家具备了直径 90 m 以上风轮直径机型的供应能力。在 2 MW 级机型中，远景能源、国电联合动力、明阳智慧、金风科技、中国海装等公司的 2 MW 低风速风电机组的风轮直径已达到 121 m 以上。金风科技公司的 3 MW 低风速风电机组的风轮直径已达到 140 m 以上。这些低风速风电机组在我国中、南部省份的风电场建设运行中发挥了较好的作用。

（5）浓缩风能型风电机组研究现状

浓缩风能型风电机组是一种利用浓缩风能装置将自然风加速、整流和均匀化后，驱动风轮进行旋转发电的风力发电系统；与传统的水平轴风电机组相比，它具有切入风速低、风轮直径小、风能利用率高、噪声小、稳定性高、安全性高等优点。

浓缩风能型风电机组结构主要包括浓缩风能装置、发电机、风轮、尾翼、回转体、塔架、逆变器、三相交流输出等部件。浓缩风能装置是浓缩风能型风电机组的核心部件之一，主要可分为增压板、收缩管、中央圆筒和扩散管四个部分。

田德等针对浓缩风能型风电机组早期结构模型的发电特性和流场特性进行了车载试验研究，验证了对扩散管边界层高压注入和低压抽吸的可行性，并对高压注入腔和低压抽吸腔的设置位置进行了优化，为后续的风洞试验模型提供了设计方案；随后他们结合风洞试验结果论证了对扩散管边界层喷射和抽吸能够有效提高浓缩风能型风电机组的浓缩效果，提高机组输出功率。另外，低风速风洞试验结果表明：浓缩风能型风电机组在 5.5 m/s 来流风速条件下的输出功率是相同直径普通型风电机组的 3～8 倍。

在运行特性方面，王永维等对 600 W 浓缩风能型风电机组的流体特性和发电输出特性进行了实验研究，结果表明：600 W 浓缩风能型风电机组的起动风速低至 2.44 m/s，且流至风轮处的流体流速是来流自然风速的 1.367 倍，能流密度在理论上可提高至来流风的 2.55 倍，相同叶轮总成条件下的输出功率是普通型风电机组的 1.33 倍。

在叶片设计方面，盖晓玲等为了研究叶片弦长对机组输出特性的影响规律，对不同弦长的六叶片风电机组对应的输出功率进行了车载实验对比研究，结果表明：适当增加叶片弦长可以提高风电机组的输出功率；保持风轮直径不变分别设计了三叶片螺旋桨式风轮、直叶片、等弦长叶片和修型叶片，将得到的四种叶片模型分别安装在三种轮毂上进行输出功率对比实验，验证了修型原则的可行性。张春莲等采用不同种类的叶轮分别为 600 W 浓缩风能型风电机组设计了三叶片和六叶片风轮模型，经过风洞试验研究得出：采用新型叶轮的浓缩风能型风电机组输出功率是相同风轮直径和风速下普通型风电机组的 2.7 倍。

在浓缩风能装置结构优化方面，田德等以 200 W 浓缩风能型风电机组的增压圆弧板为研究对象，采用数值模拟方法探究增压圆弧板及其迎风角对浓缩风能装置内部流场特性的影响。得到增压圆弧板可增大中央圆筒前后压差、加速自然风，提高浓缩效率的结论，当增压圆弧板迎风角为 30° 和 60° 时，浓缩风能装置模型的流场流速较高，且在 60° 时达到最大值，并且增压迎风角对浓缩风能装置内部流场的风切变影响较小。张文瑞等在 600 W 浓缩风能型风电机组流场特性理论分析的基础上，将浓缩风能装置的中央圆筒由八角形截面改进为以其为基础的内切圆截面，并通过皮托管测速实验研究改进前后装置内部流速和湍流度，自然来流风速为 10 m/s 时改进前后的风电机组输出功率分别为 654.3 W 和 748.3 W，验证了对中央圆筒的改进是有效的。韩巧丽等通过车载法在 10 m/s、12 m/s 和 14 m/s 三种风速条件下对浓缩风能装置中央圆筒内 48 个测试点进行气动参数测试，研究浓缩风能装置的气动特性，结果表明：装置内部风轮安装处的空气流速是来流风速的 1.31 倍，流体动能是相同面积上来流风能的 2.25 倍；并将 200 W 浓缩风能型风电机组等比例缩小，收缩管母线由直线改为圆弧线得到两种相似模型，通过对相似模型气动特性、发电输出特性的车载实验研究，并与风洞实验结果对比分析，得到收缩管母线为圆弧形的浓缩风能装置流场特性优于直线形，且初步建立了系列化浓缩风能型风电机组关键参数理论设计公式，给出了从 600 kW 到 5 MW 系列化不同容量的风电机组关键参数设计结果。至此国内对于浓缩风能型风电机组的研究基本都集中于通过理论分析和实验研究的层面，为了克服理论和实验研究的局限性，研究人员开始结合数值模拟研究方法进一步研究开发浓缩风能型风电机组，并验证了该方法研究结果的可靠性。马广兴等对三种不同结构的浓缩风能装置改善风电机组运行时受到风切变的影响进行了数值仿真研究，并结合车载实验和风洞实验结果验证了浓缩风能装置具有减轻风切变的作用，传统浓缩风能装置可将来流风速的风速梯度降低 20%，设计所得的两种改进模型可分别降低来流风速梯度 50% 和 68%，研究结果还表明在浓缩风能装置中央圆筒壁面附近会出现边界层效应。

在浓缩风能型风电机组控制方面，康丽霞等针对浓缩风能型风电机组的特殊结构和流场特点，设计了以编程控制器 IP1612 为主控单元的迎风限速控制系统，并通过实验证明了控制系统的运行有效性和稳定性；季田等则设计了适用于浓缩风能型风电机组的大传动比机械传动机构和基于 89C51 单片机的闭环控制系统，简化了繁琐的风电机组运行维护流程；钱家骥等通过研究分析风电机组数学模型建立了浓缩风能装置内环形分布的流场特性数学解析表达，并且利用 Bladed 软件对风电机组模型进行仿真研究，提出了适用于该种机组的变桨距控制方法。

在噪声方面，辛海升等对浓缩风能型风电机组在运行过程中噪声的产生来源和机理进行了分析，并通过测试研究提出了采用低额定转速的发电机以降低风电机组噪声的方法，并探索性研究了采用由铝塑板和聚氨酯泡沫塑料（海绵）构成的微孔穿板结构作为被动降噪措施的降噪效果。

在发电机设计与性能研究方面，孔令军、王利俊等为 1 kW 浓缩风能型风电机组设计制造了专用的低转速稀土永磁发电机，并通过发电性能测试与改进试验研究验证了发电机设计方法的可行性。

在浓缩风能装置材料方面，姬忠涛等运用流固耦合分析方法对不同材料的浓缩风能装置进行了流场分析，结果表明：聚碳酸酯、聚乙烯基本塑料材料和有机玻璃在强度上均能够满足浓缩风能型风电机组的运行要求，可以替代以往制造浓缩风能装置所用的冷轧钢材料；并对浓缩风能装置的 3D 打印模型进行风洞试验，验证了利用光固化树脂材料制作浓缩风能装置风洞试验的 3D 打印模型是安全可靠的。此外，浓缩风能型风电机组还可以应用于提水系统中，使提水系统和发电系统能搭建在两个不同的地理位置运行，宋海辉等为这样的提水系统设计了能够满足功率控制和最大风能捕获能力要求的控制系统，并通过风速阶跃变化条件下的仿真研究验证了控制策略的可行性。

在浓缩风能型风电机组的产业化开发上，由田德教授主持研制的 150 kW 浓缩风能型风电机组已于 2018 年 12 月底在张北国家能源大型风电并网系统研发中心安装运行。

（6）海上风电机组技术现状

随着陆地风电场不断建设，技术也不断趋于成熟，但是陆地上适合风电场开发的区域越来越少，风电场向近海甚至深远海域的发展成为必然趋势。深远海域的海上风能资源非常丰富，而且风湍流强度和海面粗糙度相对陆地更小，开发利用深远海域风能资源是满足能源需求不断增长、实施可持续发展的重要措施。

目前，全球的海上风电场以近海风电场为主，相关技术已趋近成熟，而深远海域风电场采用复杂的漂浮式结构，海上风电机组面临比陆上风电机组更加恶劣的服役环境，且具有更多和更复杂的荷载作用。海上风电机组除受到作用在风电机组叶片上的气动力荷载之外，还会受到波浪和海流作用在支撑平台上的水动力荷载，以及系泊系统作用在支撑平台上的系泊荷载。

陆上发电机组的分析通常采用空气动力学模型、控制系统（伺服）模型和结构、动态的（弹性）模型完全耦合（综合）仿真环境。相对于陆上风电机组分析的气动液压伺服弹性程序，海上风电机组，尤其是漂浮式风电机组，还必须考虑水动力荷载的存在和相应的附加动态行为。波生（衍射）和平台诱导（辐射）水动力荷载，这些最明显的新荷载也带来了新的挑战。漂浮式风电机组的分析还必须考虑支撑平台的运动和所述风电机组之间的动态耦合，以及使用了系泊系统的浮动平台的动态特性。线性频域流体力学方法已被用于评估离岸漂浮式风电机组的初步设计，以表明通过适当的设计，使支撑平台的自然频率可以被放置在波频谱很少的能量频段，以确保即使在风电机组的弹性被忽略时，其整体动态响应也能达到最小化。为了克服线性频域的分析无法捕捉非线性动态特性和瞬态事件的限制，而非线性动态特性和瞬态事件是在风电机组分析中需要重要考虑的因素，状态空间技术和不同的时域气动伺服弹性风电机组的仿真模型也开发用于考虑平台运动的影响后分析风电机组的动态响应。

在我国，随着海上风电场规划规模的不断扩大，各主要风电机组整机制造厂都积极投入到了大功率海上风电机组的研制工作中。华锐风电率先推出 3 MW 海上风电机组，并在上海东海大桥海上风电场批量投入，并网运行。金风科技在江苏大丰县海上风电机组研发基地研制的 2.5 MW 直驱式风电机组已在潮间带风电场批量应用，其 6 MW 直驱式海上风电机组也已安装运行。2016 年 7 月底，10 台由湘电公司研发的 5 MW 海上直驱永磁式风电机组已在福建莆田平海湾海上风场成功并网发电。重庆海装完成了 5 MW 海上高速永磁风电机组的试运行。国电联合动力研制的 6 MW 海上风电机组已安装并试运行。远景能源研制的 4 MW 海上风电机组已在江苏海上风电场并网运行。2016 年，上海电气 – 西门子联合研制的 4 MW 海上风电机组都已批量应用于海上风电场，上海电气从西门子引进的 6 MW 直驱永磁式海上风电机组也已在 2017 年安装在福建海上风电场。东方电气研制的 5.5 MW 高速永磁风电机组、广东明阳研制的 6.5 MW 中速传动永磁发电机全功率变流超紧凑型风电机组已取得新进展。南车株洲电力、浙江运达等也在全力研制大型海上风电机组。

未来海上风电机组将继续向 10 MW 以上的大型化机组发展，并且支撑基础将从固定式走向漂浮式。海上风电场的规模也将继续向大型化发展，并且海上风电场将从近海走向远海，从浅海走向深海。

漂浮式海上风电支撑基础主要有驳船式、半潜式、单柱式和张力腿式四类。其中，根据锚链的受力状态，又可将前三类归为悬链式支撑基础，最后一类为张紧式支撑基础。根据欧盟对新技术应用设定的成熟度等级划分，半潜式、单柱式漂浮支撑基础技术已经成熟。2017 年 10 月，采用 5 台西门子 6 MW 直驱永磁风电机组和单柱式漂浮支撑基础、总装机容量为 30 MW 的漂浮式海上风电场在苏格兰海域建成投运。驳船式和张力腿式漂浮支撑基础将在 2018 年技术成熟，可以预见在不久的将来，很快就会出现这四类漂浮式支撑基础技术同场竞技的场景。

（7）高空风电机组技术现状

高空风力发电的两种技术路线中，一种是利用氦气球等升力作用，将发电机升到半空中，在高空中利用丰富的风能转化为机械能，机械能转化为电能，之后将电力通过电缆传到地面电网。这一技术路线的典型代表为麻省理工学院分离出来的清洁能源创业公司（Altaeros Energies）的高空风电系统"空中浮动涡轮"。

另一种技术路线是将发电机组固定在地面，通过巨型"风筝"在空中利用风能拉动地面发电机组，从而将风能转化为机械能，带动地面的发电机将机械能转化成电能，从而解决电缆和发电机的自重问题。意大利 KiteGen 公司的 MARS 系统是该类技术路线的典型代表。风筝式高空风力发电装置是指工作于距地面几百甚至上千米高度的风筝式发电机。在这一高度，大气层的风速和气流相对稳定，无紊流干扰，因而适用于利用风能进行长时间的发电。这类发电装置的工作原理是：当筝面垂直于气流时，其拉力拖动绳索驱动地面上的卷扬机做功发电；当筝面平行于气流时，拉力最小，卷扬机倒转拉回风筝；由此，风筝反复做功发电。通过绞车滚筒连接一对风筝串联工作，当其中一只风筝上升到 450 m 的高度时，会拉动绞车滚筒上的绳索，使连接的另一只风筝相应下坠；然后 2 只风筝以数字"8"的运动轨迹上下浮动，如此反复，带动发电机连续发电。相较于传统高塔式的风力发电机，风筝式发电机能够到达风力强大的高空中，发电效率更高；此外，风筝式发电机也不需要叶片、涡轮机或其他机械设备，建设成本低廉，且噪声污染小。在国外，该领域的关键技术已取得突破。世界上首个规模化的风筝发电站是位于意大利的 KiteGenStem 发电站，该电站于 2015 年 4 月投入运营，装机容量为 3 MW，由意大利 KiteGen 公司负责建造。英国建造全球第 2 个规模化的风筝发电站，选址位于苏格兰的斯特兰拉尔郡附近，装机容量为 500 kW，于 2017 年 3 月投入运营。国内的广东高空风能技术有限公司也开展了相应的研究，并取得了很大的成果。

上述高空风力发电的两种技术路线都存在其自身缺陷：①发电机在空中的"气球路线"，由于发电机及输电电缆的重量会随着容量的增加而增加，其升空高度受到限制，所以如何降低发电设备重量是该路线目前需要解决的问题。②对于发电机位于地面的"风筝路线"，由于风筝的升空高度高、系统的建造难度低，该路线已经成为目前的主流技术路线。但是，其空中发电系统稳定性是这一技术路线所面临的最大问题，如何通过技术手段控制"风筝"在空中的运行轨迹，提高系统发电效率，保证系统持续运行是未来需要研究的主要问题。

（8）风电机组状态检测技术现状

风电场分布在沿海岛屿、内陆的高山、荒漠等人烟稀少地区，通信不畅，交通不便，给风电场运营管理、维修维护工作带来极大困难。机组检测任务量大，质保期内预防性状态检测与质保期外市场盈利状态检测无法兼顾。机组状态检测极易受到风速、雷雨和冰雪等天气因素干扰，导致单类型检测周期较长。风电机组检测数据量庞大，目前，国内专业的风电数据管理平台尚未形成，风电机组状态检测技术还未形成完备的技术标准。

风电机组工作环境恶劣。随着风速的变化，风电机组各部件在交变载荷的频繁冲击下，极易产生疲劳破坏。风电机组故障主要集中在叶片、齿轮箱、主轴、发电机、变流器等部件上。针对风电机组易发故障部件及其故障的表征模式，选择合理有效的检测监控方式，达到故障诊断及故障预知是风电机组状态检测技术的发展趋势。

1）振动状态检测：风电机组振动检测技术主要用于检测风电机组传动链的运行状态。当风电机组变载荷运行时，齿轮箱振动能量会随着载荷的增加而增加。当风电机组变转速时，齿轮箱内部各部件转动频率、各齿轮间啮合频率及轴承故障特征频率会随之变化。针对风电机组传动系统结构特点和变转速工作模式，对主轴承、齿轮箱内部齿轮和轴承及发电机前后端轴承进行振动数据采集；综合运用频谱分析、包络分析、小波分析等信号分析方法，寻找振动信号中蕴含的与机组传动系统各部件相对应的故障特征频率；结合机组运行工况，依据 VDI3834 标准和故障特征频率来综合评判风电机组传动链上关键部件的健康程度。该方法能够较好地识别机组传动链上齿轮和轴承故障，在实际应用中效果比较理想。

2）油液状态检测：风电机组齿轮箱齿轮啮合的接触应力高、齿面之间形成油膜条件差、齿面之间同时存在滚动和滑动的特点，要求风电齿轮箱润滑油具有较好的极压抗磨性能、良好的冷却性和热氧化稳定性、良好的水解安定性和粘温性能、较长的使用寿命和较低的摩擦系数。

风电机组主要润滑部位包括主轴承、齿轮箱、发电机轴承、变桨和偏航齿轮与轴承和液压刹车系统。油液检测主要分为离线检测和在线检测两种方式。离线检测是通过现场人员采集机组上的润滑脂和润滑油，利用光谱分析仪来进行实验室检测。在线检测是在齿轮箱底部润滑油过滤之前安装检测金属颗粒的设备。在线油液检测需要添加设备，费用较高，检测指标较少。

风电齿轮箱油液检测的目的是检测润滑油的特性以及是否要更换润滑油，评估齿轮箱内部磨损状态，指导现场进行齿轮箱维护。齿轮箱润滑油检测指标主要包括黏度、酸值、氧化指数、水分和污染度、铁、铜等，通过这些指标的变化，来评估润滑油的性能。

3）载荷状态检测：风电机组的实际运行工况十分复杂，机组设计时考虑的极限载荷和疲劳载荷存在偏差，通过对实际运行的机组进行载荷测试，来分析处理机组与外界环境耦合的运行载荷。在实际运行中，机组叶片掉落或叶片连接螺栓断裂、塔筒法兰螺栓断裂或塔筒地基开裂、主轴断裂或主轴承架连接螺栓断裂、偏航振动大等问题日益增多。因此，有必要对风电机组易损部件进行载荷检测。风电机组载荷测试系统中，机械载荷量的测试主要包括叶轮根部挥舞和摆振弯矩测试、偏航和俯仰力矩测试、主轴扭矩测试、塔底弯矩和扭矩测试；电气量的测试主要包括风电机组有功功率和无功功率等；气象量的测试主要包括轮毂中心高度处风速、风向、温度和气压等；其他参数包括桨距角、叶轮转速等。依据 IEC61400-1、IEC61400-13 标准和风电机组工作特点，在机组瞬态和稳态条件下，采用电阻应变片作为测试设备的传感器，连接应变电桥和数据采集装置，可采用有线和无线传输的方式进行测试后的数据分析。一般测试风电机组的叶片根部相互垂直方向的弯矩、偏航和俯仰力矩、主轴和塔架的扭矩和弯矩等。根据测得的应变计算应力，剔除无效数据，通过雨流计数法得到载荷谱，最后结果为等效载荷谱，通过软件计算得到机组的实际极限载荷。

4）模态状态检测：风电机组模态检测包括整机模态检测、齿轮箱模态检测和塔架模态检测。运行模态分析作为风电机组结构损伤的检测方法，是通过测量运行模态参数相对于正常值产生的变化来识别机组的损伤。风电机组塔架模态测试所需传感器为低频速度传感器，在塔架的3层平台上分别布置传感器，测出数值后，将其与设计值相比，可看其是否处于允许范围内，从而判断风电机组是否处于正常运行状态。

5）无损状态检测：无损检测普遍采用射线检测、超声检测、磁粉检测、涡流检测和渗透检测等5种常规检测技术。随着无损检测技术的发展，出现了声发射技术、红外检测、激光超声检测和金属磁记忆等新的检测方法。风电机组适用于无损检测的主要部件为叶片和塔筒。叶片主要采用红外检测、超声检测和声发射检测，其中超声检测在叶片出厂检测中应用最为广泛。塔筒主要采用超声检测和金属磁记忆检测。

6）防雷状态检测：依据IEC61400、IEC62305标准和GL认证指南要求，风电机组叶片、导流罩、塔架、机舱、齿轮箱和发电机等部件需要进行防雷保护和定期检测。叶片是最容易遭受雷击的部件，叶片接闪器是机组综合防雷系统的关键，其拦截闪电并导走雷电流的能力可以说明机组的防雷性能，一般通过高压接闪试验和大电流接闪试验来评价其防雷效果。塔架防雷一般是通过混凝土埋下引线，将雷电流导入大地来防雷。风电机组雷击部位主要集中在叶尖、轮毂和机舱尾部，雷击后可能损坏的部件包括叶片、机舱罩、机舱内部件和控制系统。风电机组防雷检测主要包括接地电阻检测、土壤电阻率检测、塔筒和控制柜接地检测、塔筒和机舱等电位检测、接闪器等电位检测。

7）不平衡状态检测：风电机组不平衡是由于风轮或传动链质量偏心或出现缺损造成的故障。导致机组不平衡的原因主要有叶片损伤或气动问题、传动链装配误差或损伤缺陷等。风电机组不平衡会影响发电量，严重不平衡会导致机组薄弱部件损伤。风电机组为大型旋转设备，其不平衡检测包括叶轮不平衡检测和传动链不平衡检测。传动链（主轴—齿轮箱—发电机）不平衡检测通常采用振动检测的方式；联轴器不对中采用对中仪进行调整。在叶轮不平衡检测方面，国外已经有比较成熟的在线检测产品。BLADEcontrol叶片在线检测产品在叶片损伤、结冰检测方面得到了认可。该系统是通过在叶片中安装振动加速度传感器，测量叶片挥舞和摆振方向上的振动信号，通过建立自学习模型，来评判叶片的运行状态。fos4x叶片在线检测系统通过光栅传感器测量叶片振动信号来检测叶片的运行状态。

8）性能状态检测：功率曲线是风电机组的设计依据，也是评估机组发电性能的重要指标。在风电机组设计、认证和使用过程中都涉及功率曲线。按照 IEC61400-12 标准的定义，风电机组的功率曲线是机组输出功率随 10 min 平均风速变化的关系曲线，通过实际测量的方式得到。风电机组功率曲线测量需要采集较长时间的连续 10 min 平均风速及平均功率、气压、空气密度、温度等，再换算成标准条件下的环境值，把风速换算成机组轮毂高度处的风速，对修正后的数据进行分类统计，最后绘制机组功率曲线图。

（三）风电学科技术发展趋势

1. 风电机组的主要发展趋势

风电作为现阶段发展最快的可再生能源之一，在全球电力生产结构中的占比在逐年上升，拥有广阔的发展前景。其主要的发展趋势主要包括以下四个方面。

（1）更大的机组规模

风电机组的单机容量持续增大，我国陆上的主流机型已经从 2009 年的 850~2000 kW 增加到 4 MW，海上的主流机型已经达到 9 MW。近年来，海上风电场的进一步开发也加快了大容量风电机组的发展，2018 年年底，世界上已运行的最大风电机组单机容量已达到 12 MW，欧洲已经开始进行 20 MW 风电机组的设计与制造。

（2）风电场和风电机组的智能化发展

由于 AI 领域中深度学习取得重大的突破，使智能风机成为可能。智能化是指风电场和风力发电机组全生命周期（设计、建设、运行和维护）的智能化，它主要依托智能传感、大数据和云计算、人工智能等技术从而达到降低度电成本、提高经济效益的目的。它可划分为优化运行技术和维护管理技术两个方面，其中优化运行技术需考虑机组风电场的整体出力、并网调度成本、机组疲劳载荷和运行经济效益等方面的内容；而维护管理技术主要包括状态诊断技术、运维策略优化和健康管理。

其实现的标准大致可从以下几点进行考虑：①输出功率最大：它包括单台机组或多台机组的尾流分析以及寻优等两个步骤；就风电场来说，即首先建立适用于风电场的快速尾流模型，然后再使用相关优化算法或技术实现基于尾流效应的风电场输出功率最大。②机组疲劳损伤量最小：探索降低风电机组疲劳主要部件疲劳载荷的优化运行方法，使风电场或风电机组在运行过程中疲劳损伤最小。③运行成本最低：在考虑风电功率具有不确定性的条件下给出经济、合理的机组启停和负荷分配计划。

（3）海上风电和低风速风电的发展

相较于陆上风力发电，海上风力发电具有不占用土地资源、风速高且稳定、湍流强度小、视觉及噪声污染小、靠近负荷中心等优势，近年来得到了许多国家的重视。德国、英国、丹麦等国家在发展海上风电方面走在了世界的前列，欧洲的装机容量约占世界海上风电总装机容量的90%，主要集中在北海、波罗的海和英吉利海峡等地。据 IEA 预计，到2050年，海上风电将占全球电力需求的5%；海上风电场将成为未来可持续能源系统的重要组成部分。而在海上风电中深远海风电具备更加优越的开发条件，且开发限制性影响因素小，便于实现规模化发展，将是未来海上风电发展的重要领域。但由于建设技术难度更大、送出并网存在难题、基础形式复杂、建设成本更高等因素，深远海风电开发将着重解决这些方面的挑战。

尽管海上风电技术在过去几年中经历了惊人的发展，但与其他更为成熟的能源技术进行比较，这些技术仍然处于起步阶段，需要强大的研究与创新和巨大的未来潜力；并应开展新的更长期的研究，以产生新的知识和创新。

海上风电市场最关键的支出是配套工程，可占开发成本的50%以上。包括子结构、现场通道、海上电网基础设施、变电站、出口电缆、装配和安装。

1）系统工程：随着越来越多的风能流入电网，研究将越来越需要解决系统级的挑战。特别是规划海上风力发电厂与电网的连接以及风力发电厂的布局等两个研究领域需要进行系统研究。在电网基础设施上，关键目标是通过互连电网创造更多的协同效应；这需要分析海上电网扩展和直流连接成本的瓶颈。风力发电厂级研究应侧重于动态分析工具的开发，以研究与系统级涡轮机、大气和电网基础设施相关的物理过程。此外，需要更好地了解风力发电场布局和运行对各个风力发电机组的影响，反之亦然。

2）海上电网设计：海上电气基础设施是海上风电场的主要成本驱动因素。主要研究重点包括分析可互换布局配置（无变电站的直流电，改进的交流布局，低频）、安装直流连接、考虑每个 TSO 网络中的不同连接方式以及变电站的最佳位置，还需要对这些配置中的操作控制和动态性能进行更多研究。同时也应为系统级电气设计开发工具和模型，包括模拟电应力。除此之外，海上电缆和电气系统的自动状态监测的开发、更好的剩余寿命估计和新的维修策略将减少停机时间并降低成本。

3）子结构设计：为海上工业建造更大的风力发电机组需要集中研究分析支持大型风电发电机组的最佳基础。需要进行研究以评估底部固定系统与浮动系统的交叉点，包括浅水区域的经济可行性。在其他方面，浮式海上风力发电机组的动态响应和负载建模需要进一步分析。大型部件、模块化基础、船舶、港口基础设施和新的多用途子结构的开发也应成为未来研究的重要焦点。

4）现场条件：最大限度地减少风能的不确定性和提高可预测性，包括在复杂的地形中，了解海洋和土壤相互作用是降低风能成本的重要驱动因素。在这方面，需要进一步改进多尺度环境建模和海洋建模及测量方法。目标是开发统一和集成的设计分析工具，以实现风、波和土壤相互作用的系统级研究。

我国的海上风电发展比较晚，与欧洲仍有一定差距，但近两年发展迅速。随着全球海上风电发展势头迅猛，我国海上风电也逐步展现后发优势，具备健康可持续发展的潜力，发展势头强劲，各发电企业之间竞争激烈。

对于低风速风电机组的设计，其设计理念主要包括以下三个方面：①方案设计：确定风电机组的主要参数、整体布局和结构形式（如双馈式、直驱式、半直驱式、分体式和磁钢结构）；对风电机组整体载荷即整体质量进行初步计算。②技术设计：针对不同工况下进行机组极端载荷和疲劳载荷的计算与分析。③施工设计：最终达到风火同价、平价上网的目的。同时还应注意的是：越是低风速越要考虑湍流的问题；对于每一个极端风况（模型）需要用一个软件进行仿真。

（4）发电机组可靠性的提升

风电机组是在波动风场环境中，实现风能捕获、传递和转换的复杂机电液一体化装备，其运行工况复杂多变，面临高温、高海拔、强沙尘、台风等多种极端恶劣环境条件，涉及多学科交叉领域，技术难度极大。随着风电机组装机数量不断增加，结构越来越复杂，其可靠性问题（如早期失效）变得非常突出。风电机组的高失效率增加了运行维护成本，影响了风场的经济效益。对于工作寿命为 20 年的风电机组，运维成本大约占风场收入的 10% ~ 15%；对于海上风电机组，运维成本更是高达20% ~ 25%。高额运维成本增加了风场运营商的经济负担，也影响了风电市场竞争力，因此，开展风电机组可靠性评估和预测技术研究显得非常迫切。

常用的可靠性分析方法主要有基于数据库的统计分析和基于载荷的应力 - 强度干涉理论两种。国内外对风电机组可靠性的研究从分析对象的角度大致可以分为两类：基于载荷的可靠性分析；基于数据库的可靠性统计分析。

其中，基于载荷的可靠性是根据疲劳损伤累积理论，分别计算出测试载荷和设计载荷下风电机组的疲劳寿命和可用度，进行可靠性评价。而基于风场数据库的可靠性统计分析，国外研究较多，主要采用某种方法或算法分析风电机组的运行数据。并将该数据分析技术运用到风电机组可靠性分析中，依据模型，研究有效寿命的预测方法。

可靠性理论经过多年发展渐趋成熟，但针对风电机组的可靠性研究尚处于初级阶段，研究深度不够，影响因素考虑不全面，手段有限，且研究成果缺乏工程应用价值。未来风电机组可靠性研究正朝着智能健康管理方向发展，它体现在以下三个方面：一般零部件故障远程诊断技术；关注零部件健康状态预测技术；整机寿命管理技术，即基于疲劳损伤累积理论，结合实测时序疲劳载荷，并根据零部件更换及传感器故障等插补值进行修正，得到各零部件剩余寿命，进而实现整机寿命的有效管理。

针对风电行业最关心的可靠性问题，国内外学者提出了很多研究方法，但大部分局限于齿轮传动系统，忽略了整机其他系统相互作用影响，采用简单串并联的方法计算可靠度，效果有限。因此目前风电机组可靠性研究主要集中于以下几个方面：①基于风电机组疲劳寿命的可靠性研究；②零部件健康状态渐进式变化机理及物理表征研究；③基于整机动力学可靠性研究；④多状态系统可靠性研究；⑤研发可靠性在线评估系统。

2. 风电数字化技术展望

在过去十年中，大多数成熟的重工业经历了数字革命，风能行业也不例外。增强的传感器数据收集和风电运营商与周围能源生态系统之间的高质量数据交换正在显著增长。利用这些数据可以实现：①释放新的生产力视野，并使该行业充分发挥其巨大潜力；②为风电运营商创造新的经济机会，增加每个兆瓦时产生的价值；③提高涡轮机产量和提高生产率，同时降低设计、运营和维护成本，从而降低度电成本，提高风电竞价上网能力。

数字化已经准备好在可再生能源的关键时刻为风能作出有价值的贡献。随着持续的能源转换引发分布式发电的增加，新数据的相关挑战正在出现。围绕可再生能源建设，可变发电机的渗透率更高，这种新的基于配电的能源系统将在很大程度上依赖于创新的数字解决方案，以增加各个参与者之间的连接性和交互性。整合可变可再生能源对于确保稳定的系统以及清洁且价格合理的能源至关重要，数字化对于此过程至关重要。

数字化主要作用在两个方面：

（1）系统集成，释放风能的全部潜力

可变可再生能源和分布式发电将是未来能源系统的关键方面。需要新的基于数据的工具来增加风电场与其他参与者之间的连通性和互动性。跨部门的协同作用将促进风能在电力系统中的整合。需要做到以下六点：①数据交换：系统运营商和风力发电机之间更多和更高质量的数据交换将改善整个电网中清洁能源的传输和分配。②实时网格支持功能：增强的数字化将使风电场能够更快、更有效地提供更多的电网服务。③与其他发电协同作用：数字解决方案将风力发电场与其他发电机连接起来，促进系统级能源管理。④消费者协同作用：数字化电力消耗和需求侧管理将改善消费者与发电机的连通性和互动性。⑤扇区耦合：数字化的增加为加强和发展电力部门与其他能源运营商之间的协同效应提供了机会。⑥存储：连接风能和存储的创新系统将增强风能成为能源系统关键部分的能力。

（2）降低成本，生产便宜的清洁能源

风能与传统能源竞争日益激烈，需要创新的数字解决方案才能继续发展。新的数据驱动设计和策略将进一步降低风能成本，同时提高风能价值。需要做到以下五点：①提高生产力：通过数字化增强预测和智能控制将使风力发电机组产生更多能量。②降低运营和维护成本（OPEX）：基于数据分析的改进决策将增强日常运营和维护，降低兆瓦时生产成本。③降低投资成本（CAPEX）：风力发电机的数据驱动设计以及新的建筑和制造技术将降低投资成本并避免过度工程化。④生命周期的延伸：数字化有助于开发智能材料和量身定制的运营和维护策略，从而延长风力发电机组的使用寿命。⑤提高每个兆瓦时的价值：通过数据驱动的电力市场分析、更好的运营和交易将提高风电生产的价值。

数字化具体应实现的功能包括：①辅助服务：数字通信将增强电网系统服务的提供，例如频率和电压支持以及风电场作为独立发电的能力。②虚拟发电场：数字化将使运营商能够通过虚拟发电场优化风电场管理，包括模拟更大的发电机组，将其作为电力市场中统一且灵活的资源运营。③预测：更多的数字传感器和更复杂的模型将提供从实时到2周的更准确的风力发电预测。④智能控制：通过加强风力发电场的控制策略，考虑到许多因素（天气预报、资产状况、工作人员可用性等），运营商可以做出最佳决策来发电，同时增强资产状况。⑤市场运作和电力交易：更好的数字通信和增强的大数据模型将使风电运营商能够通过数据驱动的交易策略提高风能价值。

3. 下一代风电机组技术展望

为了超越当今和未来的发展水平，风能行业需要一个涉及基础和开拓性研究的强大科学基础。这一基础工作必须解决风电机组长期应用方面的问题并刺激可能实现的技术突破。数字化和大数据管理是其中的关键挑战；分享数据的能力将增加部门知识并推动行业向前发展。而评估数据的敏感性是一项持续的挑战；网络安全是该行业的重中之重，对敏感数据的保护将成为企业竞争间的关键；未来的数据共享必须嵌入强有力的监管框架中。

随着越来越多的风力发电场的设计寿命即将结束，重新供电和退役的战略变得越来越重要。下一代技术的发展应考虑重新制定战略，包括开发新材料和相应的材料回收解决方案，主要包括以下几点：①数据驱动设计和操作方法；②高保真模型的开发和验证；③下一代组件、材料、塔架和支撑结构；④对激进或颠覆性创新的基础研究；⑤材料回收。

（1）数据驱动设计和操作方法

现如今，风力发电机组包含数百个可监控数千个组件的传感器。这些传感器生成的数据可提供有关风力发电机组运行状况和外部条件的宝贵信息。利用这些丰富的数据，制造商可以对风力发电机组及其部件设计进行优化，使操作员能够彻底改变其控制和维护策略，例如通过机器学习，新的控制概念将提高控制性能，减少负载并降低噪音。数据分析的增强将使制造商能够采用模块化方法并设计出市场特定的风力发电机组。因而风能行业需要提高其掌握所有这些数据的技能，以充分发挥数据的潜力；为此，需要创建共同的数据共享和访问结构，并明确定义哪些数据可用于公共研究。

（2）高保真模型的开发和验证

为了优化风力发电场的布局，需要在现场进行风力资源和风荷载建模的进一步开发；在广泛的现场条件下需要提高精度，在风力发电机组相关的时间和空间上具有足够的分辨率。风力发电机组和风力发电场级别的新测量技术和工具是必要的；它们应该伴随着实验进行测试，从而有助于解决与湍流、尾流、波浪和水流以及涡轮气动弹性响应相关的挑战，以及环境条件的表征。

同时，对外部气候条件及其与大型风力发电机组和风力发电场的相互作用的更好理解将为进一步降低风力成本提供空间。这包括改善流入条件建模的质量以及更好地了解场地的具体情况，从而减少风力发电机性能的不确定性，获得更好的风力特征描述和建模，从而产生更具成本效益的风力发电机组设计，并为潜在的电力产量提供额外信息。此外，更好地了解海浪和海床的相互作用可以降低基础成本。因此，改进的不确定性评估可以更好地评估风险和可能的改进。

随着关于资产和外部条件的智能、多用途传感器模块的开发，研究应侧重于创建可用于基于生命行动风力发电机数据验证模型和工具的数据集；应在更能代表实际操作环境的测试环境中进行组件验证。

同时还应致力于开发能够处理数百个变量的大数据工具；这需要创建一个稳定安全的框架，以便在风能社区内共享高质量的数据。

（3）下一代组件、材料、塔架和支撑结构

在风电机组（叶片、塔架）和支撑结构中使用新的先进材料需要进行更多调查，以便改善机器的结构完整性并优化设计余量。巩固对当今材料的了解并研究纳米材料和自修复材料等新材料的可能性是实现更轻、更强、更坚固、更可持续和经济结构的关键；对材料的进一步理解也将使更精简的涡轮机设计成为可能。对于叶片，则需要新的涂层材料以防止前缘侵蚀。对于大型转子，优质材料的开发或现有材料的优化使用将有助于减少疲劳负荷。同时，为了实现风电机组设计的下一个飞跃，需要开发以下新的可靠部件：①开发＞10 MW 涡轮机的轴承；②超导体发生器；③传输电缆（例如用于动态高压海底电缆的材料）；④新的叶片材料和涂层；⑤开发新塔和支撑结构。

并开发结构可靠性方法，以便更好地使用材料，以增强的方式预测损坏和裂缝。对结构可靠性进行合理的概率评估将在材料成本和相关的故障风险之间提供最佳平衡。新材料模型和寿命预测模型将有助于进一步理解和预测材料的行为，从而延长涡轮机的使用寿命。

（4）对激进或颠覆性创新的基础研究

研究人员需要不断寻找风力发电的新技术和游戏改变者，开发即用的技术进步；尤其是转子（例如多转子风力发电机组）和发电机以及支撑结构和电气系统，是一个不容忽视的突破机会。为此，应研究＞20 MW 风力机的理论模型的开发以及机载风能系统新原型的可行性。此外，应寻求解决方案，以便在深水、热带气候、寒冷气候和腐蚀性环境等高潜力市场中开发风能。同时还需要研究如人工智能等其他行业的技术，这些技术可以应用于风电行业，并通过调查其在现实应用领域的潜力来培育新生技术。

（5）材料回收

由于需求增长，原材料和稀土矿物正变得稀缺，而很多国家尤其是欧洲的风能产业主要依赖进口大量稀土矿物，尤其是钕和镝；因此保留进入仍然至关重要，必须能够获得这些稀土矿物和其他原材料的可持续和负担得起的供应。与此同时，必须致力于进一步制定全行业战略，以重复利用和回收原材料和稀土矿物，从而减少依赖性，并有助于减少风电部门的整体生态足迹。需要新的立法措施和市场机制来刺激回收过程，以及二级市场和生产者责任的发展。

随着很大一部分风能资产接近使用寿命，建立全行业的回收稀缺材料的策略将是创造大规模循环经济的关键。特别是叶片回收，是行业的优先事项；叶片含有许多纤维增强聚合物（FRP）热固性复合材料，这些复合材料难以回收利用。需要进行研究以使回收过程中的技术进步，从而可以更容易地回收纤维的机械性能。

三、生物质学科技术发展预测

（一）生物质能学科发展现状

1. 生物质能利用现状

作为仅次于石油、煤炭和天然气的第四大能源，生物质能因其可再生和环境友好的双重属性受到广泛关注。据国际能源署报道，截至 2017 年年底，在全球可再生能源消费中，有半数源自生物质能，其贡献是太阳能和风能总和的 4 倍。生物质能主要用于建筑和工业供热，其余则是在交通运输和电力行业，每年可减少二氧化碳排放达6500 万吨。

作为农业大国，我国生物质资源丰富，种类繁多，包括农业废弃物、林业废弃物、生活有机垃圾、工业有机废弃物以及其他生物质资源（如畜禽粪便、藻类等）。《生物质能发展"十三五"规划》中指出，我国可作为能源利用的生物质资源总量每年约 4.6 亿吨标准煤。由此可见，生物质能利用在我国能源结构中占有举足轻重的地位。

2. 生物质利用技术与发展现状

在过去的二三十年里，生物质利用技术得到了突飞猛进的发展。当前，世界上技术较为成熟的生物质利用方式主要有生物质直燃发电、生物质热解气化、生物质热解液化、生物质热解炭化、生物质厌氧发酵、生物燃料乙醇和生物柴油等，本节将详细介绍生物质利用技术发展及应用现状。

（1）生物质直燃发电

生物质直燃发电是利用农林废弃物、城市垃圾作为原料，采取直接燃烧的发电方式。其工作原理是将生物质燃料在专用锅炉直接燃烧产生高温高压蒸汽，再通过汽轮机、发电机转化为电能，同时余热可供给工业或者居民使用。

1）生物质直燃发电技术简介：生物质直燃发电技术是目前世界上总体技术最成熟、发展规模最大的现代生物质能利用技术。欧洲国家主要以林业废弃物为原料，而我国则以秸秆等农业废弃物为主。目前直燃发电技术主要包括炉排炉燃烧发电技术和流化床燃烧发电技术两类。

炉排炉生物质直燃技术是一种传统的层燃技术，生物质燃料铺在炉排上形成层状，与一次配风相混合，逐渐地进行干燥、热解、燃烧及还原过程，可燃气体与二次配风在炉排上方的空间充分混合燃烧。炉排炉的形式种类较多，包含固定床、移动炉排、旋转炉排和振动炉排等，适用于含水量较高、颗粒尺寸变动较大的生物质燃料。炉排炉生物质直燃技术投资和运行成本较低，一般额定功率小于 20 MW，国内的垃圾焚烧发电厂主要采用炉排炉技术。

流化床燃烧技术具有燃烧效率高（可达 95%～99%）、有害气体排放易控制、脱硫率高（可达 80%～95%）、NO_x 排放少（可减少 50%）、热容量大等一系列优点，该技术主要分为鼓泡流化床技术（BFB）和循环流化床技术（CFB）两大类，后者是较为理想的燃烧技术。循环流化床技术的主要特点是锅炉炉膛内含有大量的物料，在燃烧过程中大量的物料被烟气携带到炉膛上部，经过布置在炉膛出口的分离器，物料与烟气分开，并经过非机械式回送阀将物料回送至炉膛内，从而实现多次循环燃烧。由于物料浓度较高，其对炉膛内受热面的冲刷保证了受热面的清洁，而大量的高温床料也为燃料的着火提供了稳定的热源。此外，循环流化床技术的传热过程依赖于气固两相流动，因此对燃料的适应性强，能够适应生物质燃料的多变性和复杂性，是大规模高效利用生物质能最有前景的技术之一。不同燃烧方式的比较见表 5-2。

表 5-2　不同燃烧方式的比较		
燃烧方式	主要优点	主要缺点
层燃	结构简单，操作方便，磨损较小，投资与运行费用相对较低	燃料分布不均匀，空气容易短路，燃烧温度高，燃烧效率低
流化床	燃烧温度低，燃料适应广，燃烧效率高，环境污染小，负荷调节范围大	燃料尺寸要求严格；生物质灰分含量少，需添加床料；床料烧结团聚；磨损、黏结和腐蚀；灰渣与床料掺杂难以利用；耗电量大，运行费用高

2）生物质直燃发电技术发展现状：20 世纪 70 年代以来，受世界性能源危机的影响，欧美国家开始重视开发清洁能源，率先利用秸秆等生物质进行发电。丹麦 BWE 公司于 1988 年建成了世界上第一座以秸秆为原料的生物质直燃发电站（装机容量 5 MW），现有 130 多家秸秆发电厂遍及丹麦，总装机容量达 7000 MW。在芬兰，生物质发电量已占全国总发电量的 25%。美国也有 350 多座生物质发电站，总装机容量已超过 10 GW，单机容量达 10~25 MW。目前，国外技术先进、发展良好的生物质直燃电站主要有荷兰 Amer 电厂（装机容量 950 MW，年消耗木材 15 万吨）、英国 Fiddlers Ferry 电厂（4 台 500 MW 机组，每天消耗生物质约 1500 吨）、荷兰 Gelderland 电厂（装机容量 635 MW，年消耗木材类生物质 6 万吨）。

我国从 20 世纪 90 年代初开始研发和应用秸秆发电技术。为充分利用好秸秆这一能源资源，国家发展改革委于 2003 年起先后批复了山东单县（国能）、江苏如东（国信）和河北晋州（中节能）三个国家级秸秆发电示范项目，拉开了中国秸秆发电建设的序幕。2006 年我国正式实施《可再生能源法》以后，生物质发电优惠上网电价等有关配套政策相继出台，有力地促进了我国的生物质发电行业的快速发展，先后形成以凯迪、国能为龙头，五大电力集团下属新能源企业以及众多参与者并存的市场格局。2015 年，随着地方政府加大环境治理和秸秆田间禁烧力度，在鼓励秸秆综合利用政策的驱动下，秸秆直燃发电技术再次受到关注，除老牌企业继续扩张外，长青集团、上海电气、理昂生态、光大国际、北控集团等企业均开始了市场布局。

（2）生物质热解气化

生物质热解气化的基本原理是在不完全燃烧条件下，将生物质原料加热，使较高分子量的有机碳氢化合物链裂解，变成较低分子量的一氧化碳、氢气等气体，在转换过程中需要引入空气或水蒸气等气化剂。转化过程产生的热量用于维持热解和还原反应，以得到可燃性混合气体，对该气体过滤净化后（除去焦油及杂质），即可用于燃烧供暖或发电，能够部分替代现有的煤电以及天然气。

1）生物质气化技术简介：生物质气化技术存在多种形式，按气化剂存在与否分类，可分为使用气化介质和不使用气化介质的两种技术，前者又可根据气化剂的不同细分为空气气化、氧气气化、水蒸气气化等。

空气气化是以空气为气化剂的气化过程。空气中的氧与生物质中的可燃组分发生不完全氧化反应，放出热量为气化反应中的热分解与还原过程提供所需的热量，整个气化过程是一个自供热系统。该技术产生的可燃气主要成分为 CO、H_2、CH_4 及 N_2，

由于 N_2 含量高达 50% 左右，因此其热值较低（ $5 \sim 8\ MJ/m^3$ ）。

氧气气化是以氧气为气化剂的气化过程，其过程原理与空气气化相同，但没有惰性气体 N_2 稀释气化剂。与空气气化相比，在相同氧气当量比下，氧气气化的反应温度提高、反应速率加快、反应器容积减小、热效率增加，可燃气热值也会大幅提高；在相同反应温度下，氧气气化的耗氧量减少、当量比降低，从而提高了气体质量。在该反应中应控制氧气供给量，既保证生物质全部反应所需要的热量，又能使生物质不同过量的氧反应生成过多的二氧化碳。氧气气化生成的可燃气主要成分为 CO、H_2 和 CH_4 等，其热值为 $15\ MJ/m^3$ 左右，与城市煤气热值相当，属于中热值气体。

水蒸气气化是指水蒸气在高温下与生物质发生反应，它不仅包括水蒸气和碳的还原反应，还包括 CO 与水蒸气的变换反应和甲烷化反应等。水蒸气气化一般不单独使用，而是与氧气（或富养空气）气化联合使用，否则仅由水蒸气本身提供的热量难以为气化反应提供足够的热源。该技术较为复杂，不宜控制和操作。产生的可燃气典型组分包括 H_2（ $20\% \sim 26\%$ ）、CO（ $28\% \sim 42\%$ ）、CO_2（ $16\% \sim 23\%$ ）、CH_4（ $10\% \sim 20\%$ ）、C_2H_4（ $2\% \sim 4\%$ ）和 C_2H_6（ 1% 左右 ）。由于氢气和烷烃含量较高，因此可燃气热值可以达到 $11 \sim 19\ MJ/m^3$ ，属于中热值气体。

2）生物质气化技术应用现状：欧美国家农业生产以农场为主，生物质资源集中，生物质气化规模较大，以发电和供热为主，自动化程度高，工艺较复杂，主要有生物质气化燃气 - 蒸汽联合循环发电（IGCC）、热电联产（CHP）等，发电效率和综合热效率都较高。

我国生物质气化技术的研究开始于 20 世纪 80 年代初期，近 30 年来取得了较大进步。自主研制的用户气化炉及气化发电装置等已进入实用示范阶段，形成了不同系列的气化炉，从而满足不同种类物料的气化要求。

在生物质气化发电领域，中国科学院广州能源研究所在循环流化床气化发电方面进行了深入的研究，建立了几十处示范工程；山东大学在下吸式固定床气化集中供气、供热、发电系统上开展了大量研究，已在全国建立示范工程 200 余处，已完成 4 MW 的发电能力；海南三亚 "1 MW 生物质流化床气化发电系统"，气化效率大约在 75% 左右，每度电消耗原料为 $1.25 \sim 1.35$ 千克木屑；济南市历城区董家镇柿子园村 "200 kW 固定床生物质气化发电示范系统"，年消耗秸秆约 2000 吨，年发电量约为 140 万 kW·h，可代替燃煤 700 吨。

此外，生物质气化技术与催化技术联合还可用于合成液体燃料。该复合技术通过热化学方法将生物质气化产生高质量的合成气，进而采用催化合成技术制备液体燃料，是一种间接液化技术。广州能源研究所已研制成功气化合成柴油和二甲醚（DME）的中试装置，标志着我国在合成燃料关键技术方面取得了较大的进展，推进了生物质气化合成技术的开发和应用。

在家用、集中供热和供气方面，中国农业机械化研究院研制的 ND 系列和锥形流化床、山东科学院能源研究所研制的 XFL 系列、广州能源研究所研制的 GSQ 系列固定床气化炉在户用、集中供气和供热等方面均取得了良好的环保和经济效益。

（3）生物质热解液化

生物质热解液化技术是指在缺氧状态和中温（500℃）条件下，生物质快速受热分解，热解气经快速冷凝后主要获得液体产物（生物油），以及副产一部分固体产物（焦炭）和气体产物（燃气）的热化学转化过程。在三种热解产物中，生物油的价值最大，通过精制可以用作汽油柴油的替代物，也可通过分离提纯制取多种高附加值的化学品，如糠醛、左旋葡萄糖酮、愈创木酚和紫丁香酚等。

1）生物质快速热解液化技术简介：生物质快速热解液化是在传统热裂解基础上发展起来的一种技术。相对于传统裂解，快速热解液化技术的关键在于要有很高的加热速率（$10^3 \sim 10^4$℃/s）和热传递速率、极短的气体停留时间（<2 s）、严格控制温度范围（500℃左右），同时热解产生的挥发分快速析出和冷却。只有满足这样的要求，才能使生物质中的有机高聚物分子在隔绝空气的条件下迅速断裂为短链分子，降低焦炭和气体产物产率，从而最大限度获得较高品位的液体产品或化学品。

快速热解液化技术的一般工艺流程包括原料的预处理、热解以及热解产物的分离与收集。预处理主要包括干燥和粉碎两个环节。干燥能有效降低生物质热解产物中的水分含量，改善生物油的黏度、pH 值、稳定性等，因此，通常需将生物质含水量控制在 10 wt% 以下。将生物质粉碎到合适的粒径有利于热解过程中的传热传质和热解挥发分的迅速析出。此外，在预处理阶段还可通过酸洗或添加催化剂等手段，以达到制备某些特定化学品的目的。热解产物的分离与收集包括高温热解蒸汽中焦炭的分离和焦油的冷却收集。生物质在热解过程中会产生一些小颗粒的焦炭，并且几乎生物质中所有的灰分都留在了焦炭中。所以分离焦炭的同时也分离了灰分。这些小颗粒的焦炭和灰分会在热解蒸汽的二次热解中起到催化作用，并对生物油的稳定产生不利影响。因此，应采用旋风分离器等设备对气相中的焦炭进行分离，而生物油的收集则通过列管式换热器或喷雾冷凝来实现。

对于燃用气体产物为热解提供热源的自热式热解系统，以水分含量为10%的农作物秸秆为热解原料时，生物油的产率和热值分别为48%～53%和15～16 MJ/kg，炭粉的产率和热值分别为28%～33%和18～20 MJ/kg；若以水分含量为10%的林业废弃物为热解原料时，生物油的产率和热值分别为60%～70%和16～17 MJ/kg，炭粉的产率和热值分别为20%～25%和20～22 MJ/kg。生物质快速热解技术能够以较低的成本以及连续化生产工艺，将常规方法难以处理的低能量密度的生物质转化为高能量密度的气、液、固产物，解决了生物质堆积密度过低的问题，有利于储存和运输。

2）生物质快速热解液化技术发展现状：生物质热解液化技术的研究最早始于20世纪70年代，迄今国内外众多研究机构和企业在该领域已开展大量的研究工作，开发出了不同种类的快速热解工艺和反应器。反应器的类型及其加热方式在很大程度上决定了产物的最终分布，因此反应器类型和加热方式的选择是各种技术路线的关键环节。国内外达到工业示范规模的生物质快速热解液化反应器主要有流化床反应器、循环流化床反应器、烧蚀反应器、旋转锥反应器等。

流化床反应器的工作原理是利用反应器底部的常规沸腾床内物料燃烧获得的热量加热砂子（载体），热砂子随着高温燃烧的气体向上进入反应器与生物质混合并将传递热量给生物质，生物质获得热量后发生热裂解反应。生物质裂解过程中需要大量的热量，在小规模生产中可以采用预热载气的方法，但是更好的方法是间接加热石英砂。加拿大达茂公司（Dynamotive Technologies Corp）是采用燃烧天然气来加热砂子的方法进行供热，并进行了大规模的试生产。流化床反应器设备小巧，具有较高的传热速率和一致的床层温度，气相停留时间短，可以防止热解蒸汽的二次裂解，有利于提高生物油的产量。正是由于这些优点，该工艺已经成为应用最为广泛的生物质快速热解液化技术之一。

循环流化床反应器与流化床反应器的区别主要是：将热解液化获得的焦炭和热载体砂子一起送入流化床反应器底部的常规沸腾床，用焦炭燃烧释放的热量加热砂子，热砂返回流化床反应器提供热解所需的热量，这就构成一个完整的循环过程，而部分高温烟气被用作流化介质。基于上述原理可知，作为流化介质的高温烟气进入床内时的温度也不能过高，一般控制在600℃以内，剩下的高温烟气则可以在特制的流化床反应器外壁空心夹层中流过，为热解反应补充提供所需的能量。循环流化床式生物质热解液化装置的最大特点是：将提供反应热量的燃烧室和发生热解反应的流化床反应器合为一体，充分利用了副产物热解焦炭和热解气，使生物质热解液化实现热量自给，从而有效降低了生物油的生产成本，提高了热解液化技术的市场竞争力。目前，国际上研究循环流化床热解反应器的单位主要有加拿大渥太华的恩森公司（Ensyn）和芬兰国家技术研究中心（VTT）等，其中加拿大的 Ensyn 已建立了示范工厂。

烧蚀反应器是快速热解反应器研究最深入的类型之一，很多开拓性工作均由美国国家可再生能源实验室（The National Renewable Energy Laboratory，NREL）和法国南锡第一大学（University of Nancy I）理论化学实验室（NancyCNRS）完成。在烧蚀反应器中，生物质在反应器的壁上发生融化和汽化反应。因此，烧蚀反应器可以使用直径较大的生物质颗粒（最大可达 20 mm）。反应器中高速上升的气体（载气和蒸汽）加速了生物质的运动速率，离心力使生物质靠近反应器壁边缘，同时使生物质颗粒沿着反应器壁移动，在高温下发生裂解反应，因此该反应器非常有利于快速热解。英国阿斯顿大学（Aston University）对该技术进行了进一步优化改进，使其可以应用在更大规模的生产中。

旋转锥反应器是由荷兰特温特大学（Universiteit Twente）发明，并由荷兰乔特大学（University of Twente）的反应器工程组和生物质技术集团（BTG）制造的一种新型反应器。该反应器与循环流化床反应器具有相似的特点，主要差别在于旋转锥反应器采用离心力使生物质移动而非载气。生物质颗粒与过量的惰性热载体（砂子）一道送入反应器旋转锥的底部，当生物质颗粒和热载体构成的混合物沿着炽热的锥壁螺旋向上传送时，生物质与热载体充分混合并快速热解，而生成的焦炭和砂子被送入燃烧器中进行燃烧，从而使载体砂子得到加热。

生物质热解液化技术在国内外均已开始产业化示范。荷兰 BTG 公司和加拿大 Dynamotive Energy Systems 公司分别建成了日处理 30 吨棕榈壳和 100 吨木屑的热解液化工业示范装置，生物油产油率均在 60% 以上，分别用于锅炉燃烧发电和燃气轮机发电；中国科学技术大学于 2013 年完成了年产 10000 吨生物油热解示范工程，并实现稳定运行。

由于原始生物油具有安定性差、酸性和腐蚀性强、水含量高、热值低、不能与化石燃油互溶等缺点，因此，在替代化石燃料应用于现有内燃机时，需对原始生物油进行精制提炼以改善其燃料品质，而提高生物油品质的核心问题是如何脱除生物油中的氧（约占 40%）。现阶段精制生物油的方法主要有催化加氢技术、催化裂解技术、催化酯化技术和乳化技术，这些技术也是生物质热解液化技术的重要组成部分。

（4）生物质热解炭化

生物质热解炭化是指生物质在无氧或缺氧的条件下进行慢速热解，最后生成生物质炭的过程。近年来，单纯以生物质炭为目标产物的热解炭化研究越来越少，为了提高热解炭化系统的经济性，现有的生物质热解炭化技术一般以炭－气联产或者炭－液气联产为目标，在制备生物质炭的同时，联产高品位的燃气或者高附加值的液体副产物。

1）生物质热解炭化技术简介：生物质热解炭化技术是最为古老的生物质热解技术，在我国已有两千多年的应用历史。根据在热解过程中是否引入氧气，生物质热解炭化可以分为烧炭技术（有限供氧）和干馏（无氧）技术两类。为提高生物质碳产率，一般需要较低的反应温度（300～400℃）、缓慢的加热速率（0.01～2℃/s）以及较长的固相滞留时间（气相大于5 s，固相长达几分钟甚至几天）。在常规生物质热解炭化过程中，除了生物质炭这一主产物，还有可燃气、醋液和焦油等副产物。影响生物质炭化过程与生物质炭特性的因素有原料特性参数和炭化工艺技术参数等，其中原料特性参数包括原料种类、粒径和含水率等，工艺技术参数包括炭化温度、升温速率、环境压力、反应气氛和保温时间等。

2）生物质热解炭化技术发展现状：针对生物质热解炭化反应的特点，为产出质量和活性都符合要求的优质炭，生物质热解炭化反应设备应具备以下特征：温度易控制，炉体本身要起到阻滞升温和延缓降温的作用；反应是在无氧或缺氧条件下进行，反应器顶部及炉体整体密封性好；对原料种类、粒径要求低，无需预处理，原料适应性强；反应设备容积相对较小，加工制造方便，故障处理容易，维修费用低。

烧炭工艺历史悠久，传统的生物质炭化主要采用土窑或砖窑式烧炭工艺。该工艺的火力控制要求十分严格，资源浪费严重，生产过程中劳动条件差，生产周期长，污染严重。针对传统工艺的缺点，新型窑式炭化系统主要在火力控制和排气管道方面做了较大的改变，其主要构造包括密封炉盖、窑式炉膛、底部炉栅、气液冷凝分离及回收装置。该技术可产生质量较好的生物质炭、适应性强，且可以在产炭的同时回收热解过程中的气液产物。日本农林水产省森林综合研究所设计了一种具有优良隔热性能的移动式BA-Ⅰ型炭化窑，该窑炉具有保温性能良好、炉内温差小、通风量小、木炭产率高的特点。浙江大学开发了一种创新型外加热回转窑，生物质炭产率可达40%以上。河南省能源研究所雷廷宙等研制出一种三段式生物质热解窑，该窑炉炭化系统效率高，产物性能好。

从20世纪70年代起，生物质固定床热解炭化技术得到了迅猛发展，出现多种炭化炉炉型结构。生物质固定床式热解炭化反应设备的优点是运动部件少、制造简单、成本低、操作方便，适合小规模制炭。固定床热解炭化炉可分为外热式、内燃式和再流通气体加热式。外加热式固定床热解炭化系统包含加热炉和热解炉两部分，由外加热炉体向热解炉体提供热解所需能量。加热炉多采用管式炉，其最大优点是温度控制方便、精确，可提高生物质能源利用率，改进热解产品质量，但需消耗其他形式的能源。巴西利亚大学开发了一套增压外热式固定床热解炭化装置，在 10 bar 压力下可使小桉树炭化的炭产率增加到 50%。我国也开展了大量固定床热解炭化研究，南京工业大学于红梅等设计的热管式生物质固定床气化炉，利用热管的等温性、热流密度可变性调控气化炉床层温度，更好地达到调控制气与制炭的目的；中国石油大学开发了微波加热固定床热解炉型，微波加热速率较慢，蒸汽驻留时间长，相对于常规方法，其得到的炭具有更大的比表面积和孔径，经处理后可作为活性炭使用。内燃式固定床热解炭化炉的燃烧方式类似于传统的窑式炭化炉，需在炉内点燃生物质燃料，依靠燃料自身燃烧所提供的热量维持热解。中国林科院林产化学工业研究所开发了内燃式 BX 型炭化炉，所得生物炭品质较高；辽宁省生物炭工程技术研究中心和辽宁金和福农业开发有限公司研发的半封闭式亚高温缺氧干馏炭化技术以及配套的可移动组合式炭化炉，实现了在原料就地或就近制炭，解决了长期制约农林废弃物资源化和产业化的原料运输成本过高的"瓶颈"问题，使大规模制备生物炭成为可能。

（5）生物质厌氧发酵制沼气

厌氧发酵是指有机物质在一定的水分、温度和厌氧条件下，通过各类微生物的分解代谢，最终形成甲烷和二氧化碳等可燃性混合气体的过程。一般可分为三个阶段：①液化阶段：各种固体有机物通常不能进入微生物体内被微生物利用，因此必须在好氧和厌氧微生物分泌的胞外酶、表面酶（纤维素酶、蛋白酶、脂肪酶）的作用下，将固体有机质水解成相对分子质量较小的可溶性单糖、氨基酸、甘油、脂肪酸。这些可溶性物质可以进入微生物细胞内被进一步分解利用。②产酸阶段：各种可溶性物质（单糖、氨基酸、脂肪酸），在纤维素细菌、蛋白质细菌、脂肪细菌、果胶细菌胞内酶作用下继续分解转化成低分子物质，如丁酸、丙酸、乙酸以及醇、酮、醛等简单有机物质；同时也有部分氢、二氧化碳和氨等无机物释放。在这个阶段中，主要的产物是乙酸，约占 70% 以上，所以称为产酸阶段。③产甲烷阶段：产甲烷菌将第二阶段分解出的乙酸等简单有机物分解成甲烷和二氧化碳，其中二氧化碳在氢气的作用下可还原成甲烷。

1）厌氧发酵技术简介：厌氧发酵技术是生物质实现资源化利用的有效途径之一。

依据厌氧发酵底物浓度进行分类，当处理的有机固体废弃物的总固体浓度（TS）大于20%时，属干式厌氧发酵，小于10%属于湿式厌氧发酵，介于10%～20%之间的属于半干式厌氧发酵。其中干式厌氧发酵工艺还可按照反应温度划分成常温发酵、中温（35～40℃）发酵和高温（55℃）发酵。

干式厌氧发酵技术是指在没有或几乎没有流动水的无氧条件下，利用专性厌氧或兼性厌氧菌群分解各种有机质，产生沼气的生物处理方法。相比于常规湿式发酵，其优势在于：可直接处理农作物秸秆、畜禽粪便等含固率高的废弃物，不需要大量外部水，降低预处理成本；用水量少，产生沼液少，废渣含水量低，简化了后续处理步骤；此外干式发酵的发酵池工艺更简单、易操作。

2）干式厌氧发酵技术发展现状：目前干式厌氧发酵的机制还不清晰，普遍适用的反应动力学模型尚未建立。干式厌氧发酵过程面临的传质不均匀、搅拌困难、运行过程难以人为控制等问题，多依靠经验改变和优化工艺条件解决。

原料预处理：木质素和半纤维素坚固地镶嵌在纤维素中，形成结晶化和木质化，对纤维素起到保护和覆盖作用，阻止了厌氧过程中纤维素与微生物和降解酶的接触，致使秸秆厌氧发酵产气率较低，因此需要通过预处理进行组分分离。一般来说，预处理不仅能缩短发酵时间，还可有效提高秸秆的产气效率。秸秆的预处理方式有多种，最常见的是物理法、化学法、生物法。

物理预处理是利用热能、机械能、电磁辐射能等作用于难降解的生物质，破坏其细胞壁，释放胞内物质，降低难降解生物质的利用难度。物理法操作简便、处理迅速，但能耗过高、增加处理成本，因此不适合大规模投入使用。

化学预处理主要包括酸处理、碱处理、氨处理等额外添加试剂的方法，其中酸处理和碱处理是最常用的两种方法。碱处理的主要作用是去除木质素，酸处理可以溶解半纤维素、破坏木质素，二者均能释放纤维素使其易于被微生物分解。化学法处理高效，但后续需要进行中和处理，易对环境造成二次污染。

生物预处理不仅成本低且对环境友好，具有良好的应用前景，用于降解木质素的微生物主要是白腐菌、褐腐菌等真菌，以及部分细菌和放线菌。西班牙加迪斯大学（University of Cádiz）L. A. Fdéz-Güelfo 等将有机废物进行好氧堆肥处理后再进行干式厌氧发酵，沼气与甲烷产量分别提高了60.0%和73.3%。生物预处理法存在微生物生长条件苛刻、处理周期长等问题，通过基因工程改良菌种以提高处理效率是目前主要的研究方向。

混合底物发酵：我国关于有机废物干式厌氧发酵的研究，多以单一原料为底物。而单独使用农作物稻秆、畜禽粪便和餐余垃圾都不利于厌氧发酵的稳定运行。调节不同原料的比例，控制 C/N 比和底液的酸碱度对提高微生物活性和原料利用率具有重要意义，同时也有利于沼渣的后续应用。因此，混合厌氧发酵是厌氧发酵技术的一个重要研究方向。中国环境科学研究方少辉等采用干式厌氧发酵中试设备，对畜禽粪便、果蔬垃圾和秸秆等有机固体废弃物混合物料进行干式厌氧发酵，发酵过程能够稳定进行，并取得了较好的产气效果。F. M. Pellera 等人在《海水淡化及饮用水处理》期刊（*Desalination and Water Treatment*）2016 年第 57 卷第 10 期发表了将四种农业废弃物分别进行单消化和共消化，发现共消化不仅稳定性高于单消化，其产甲烷效率也更佳。

（6）生物燃料乙醇

生物燃料乙醇是以生物质为原料通过生物发酵等途径获得的可作为燃料用的乙醇。燃料乙醇经变性后与汽油按一定比例混合可制得车用乙醇汽油。燃料乙醇是生物燃料中最具潜力的可持续替代燃料，具有产量高、生产成本低等优势，能够很大程度上降低温室气体排放。燃料乙醇根据原料的不同可分为三类：以种子、粮食和糖类为原料的一代燃料乙醇，以富含木质纤维素的农林废弃物为原料的二代燃料乙醇，以藻类为主要原料的三代燃料乙醇。其中，二代燃料乙醇的原料主要是木质纤维素材料，包括农林废弃物、工厂废材、能源作物以及生活垃圾等，属于非粮资源，具有产量大、种类多的特性，具有较好环保、经济效益，是非常重要的化石燃料替代能源之一。

第一代燃料乙醇分为糖基乙醇和淀粉基乙醇，主要以甘蔗、玉米等粮食作物为原料。在巴西和美国，通过甘蔗和玉米生产的燃料乙醇已达到约 189 亿 L。第一代燃料乙醇可以用纯燃料，也可以与汽油或其他燃料混合使用。

以淀粉为原料转化燃料乙醇，需要对淀粉进行预处理。淀粉由两部分组成：直链淀粉和支链淀粉。直链淀粉约占淀粉组成的 20%，是一种 α- 葡萄糖子单元构成的直链聚合物，相对分子质量可以在几千到五十万之间变化，属于疏水聚合。支链淀粉约占淀粉组成的 80%，也是葡萄糖的聚合物，可溶于水。将淀粉与 α- 淀粉酶混合在一起经高温（140 ~ 180℃）蒸煮，可使淀粉液化。然后对混合物进行糖化处理，在其中加入葡萄糖 – 淀粉酶将淀粉分子转化为可发酵的糖。第一代燃料乙醇生产是以淀粉或糖为基础，存在"与人争粮"的问题。因此以木质纤维素类生物质为原料开发的第二代燃料乙醇逐渐受到人们关注。

第二代燃料乙醇（即纤维素乙醇）的原料主要包括农业作物、林产物、农林废弃物、畜禽粪便、海产物（藻类）和城市垃圾等。木质纤维素原料主要是由纤维素、半纤维素和木质素组成，纤维素是由 $D-$ 葡萄糖单元通过 $\beta-1，4$ 糖苷键连接在一起的线性聚合物，其聚合度较高。半纤维素是一种杂多糖，主要由戊糖、己糖和糖酸组成，具有支化且无定形特点，易水解。木质素是苯基丙烷单元通过醚键连接在一起的具有高度复杂结构的芳香族化合物，细胞壁力学强度高，难以水解。

从木质纤维素类生物质到燃料乙醇的转化是一个十分复杂的过程，主要包括：原料预处理、纤维素水解糖化、发酵和蒸馏等。生物质预处理的目的是降低纤维素的结晶度，增加物料比表面积，打破半纤维素和木质素的屏障作用，使纤维素更易与水解酶接触反应。水解过程是将原料中保留的半纤维素和纤维素聚合糖降解为可发酵的单糖，预处理和水解过程会生成各种抑制发酵微生物性能的有毒化合物，主要为酚、脂肪酸、呋喃和醛四大类。因此，需要通过解毒过程去除抑制性化合物或减少其生成。在木质纤维素类生物质生产乙醇过程中，发酵反应是以单糖为原料，在酵母或细菌的代谢作用下转化为乙醇。发酵液中产生大量的乙醇和水，必须经过蒸馏，才能得到纯度在 99% 以上的无水乙醇。

加拿大、瑞典、美国、丹麦、西班牙、法国及日本等多个国家正处于利用木质纤维素生产燃料乙醇的不同发展阶段，在燃料乙醇生产领域已经签署多个研发项目，从而推动木质纤维乙醇的产业化发展。我国燃料乙醇的主要原料是陈化粮和木薯、甜高粱、地瓜等淀粉质或糖质非粮作物，研发的重点主要集中在以木质纤维素为原料的第二代燃料乙醇技术。国家发改委已核准了广西的木薯燃料乙醇、内蒙古的甜高粱燃料乙醇和山东的木糖渣燃料乙醇等非粮试点项目，以农林废弃物等木质纤维素原料制取乙醇燃料技术也已经进入年产万吨级规模的中试阶段。

第三代燃料乙醇是以藻类为原料。由于藻类原料富含油脂，近年来其作为制备燃料及化学品的潜在来源而备受关注。目前可用于生产燃料乙醇的藻类生物质可分为大型藻类（如蓝藻）和微藻，而从微藻获得燃料乙醇的产量远高于大型藻类。与其他生物质相比，微藻具有更高的光合效率和比表面积产量，以及更快的生长速率。据估计，$1 hm^2$ 微藻可生产 4600～14000 L 乙醇，这要比玉米秸秆（1000～1400 L/hm^2）、甘蔗（6000～7500 L/hm^2）和柳枝稷（10700 L/hm^2）所得乙醇高很多。

通过藻类原料生产燃料乙醇的第一步是菌种的筛选和培养。主要有两种方法：一是对于大型藻类原料选择繁殖能力强的物种，且源自自然栖息地；二是选择人工培养条件下生长合理的微藻。与利用生物质原料生产燃料乙醇一样，藻类生物质也必须经过物理、化学预处理和酶法糖化，才可对水解单糖进行乙醇发酵。而利用水热预处理法处理微藻成为近年来的研究热点。通过水热法预处理，抑制物生成少且反应条件温和，后续水解时间缩短，糖回收率有很大提升。因为藻类生物质原料不含木质素，所以其转化为单糖的阻力也比秸秆等小得多。

以微藻为原料生产乙醇的工艺复杂，近年来研究热点转移到微藻直接生产乙醇。微藻直接生产乙醇主要方法有两种：微藻暗发酵生产乙醇和基因工程生产乙醇。当微藻处于黑暗厌氧环境下，会产生乙醇等代谢产物，其能量最终来源于微藻光合作用吸收的太阳能。除了暗发酵与基因工程手段，美国 Algenol 公司研发出一种微藻直接生产燃料乙醇的技术。基本流程为：利用蓝藻光合作用将碳固定在细胞内直接生产乙醇，乙醇溶解到培养基中，在光照下蒸发，冷却后聚集在覆盖膜内表面，收集膜表面的乙醇以达到初步的水醇分离和乙醇浓缩。

一些国家在利用藻类生产乙醇方面已取得较大的进展。苏格兰在 2013 年成功开发出海洋微藻的培养和收获工艺，该项目正在进行海藻产乙醇工艺研究。日本三菱研究所于 2012 年启动使用废弃微藻产乙醇的示范项目，到 2016 年开发出了微藻培养技术。

（7）生物柴油

生物柴油是指植物油、动物油、废弃油脂或微生物油脂与甲醇/乙醇经酯转化而形成的脂肪酸甲酯/乙酯。生物柴油作为一种新型的可再生能源，在缓解石油危机方面有良好应用前景，甚至有望取代石化柴油。研究证实，无论是小型、轻型柴油机还是大型、重型柴油机或拖拉机，燃烧生物柴油后，碳氢化合物排放减少 55%～60%、颗粒物减少 20%～50%、多环芳烃减少 75%～85%、CO 减少 45% 以上。因此，大力发展生物柴油对经济可持续发展、推进能源替代战略、减轻环境压力、控制城市大气污染具有重要的战略意义。

主要的生物柴油制备方法主要有碱催化酯交换法、酸催化酯交换法、生物酶催化法和超临界法。

碱催化法：作为目前国内外广泛采用的制备方法，碱催化法主要以菜籽油、大豆油等为原料，以 NaOH、KOH、有机胺等碱性物质作为催化剂生产生物柴油。此法的优点是反应速率快、技术成熟，可在低温下获得较高产率。但为了防止发生皂化反应，原料油中水分和游离脂肪酸的含量必须严格控制，且存在反应产物与催化剂难以分离等缺点，需要大量水进行中和洗涤处理，产生大量废水污染环境。国内很多高校及科研机构对非均相固体碱催化合成生物柴油的工艺进行了深入研究，结果表明固体碱催化的产物易于分离和纯化，催化剂可循环使用。同时，产物对原料油中水分和游离脂肪酸的耐受力提高、对反应设备腐蚀性小，易于实现自动化连续化工业生产。但由于固体碱与反应原料处于异相，因此其在体系中的分散受到限制，催化速率相对较低。如何进一步提高反应速率是固体碱催化剂研究的焦点，为获得与均相催化剂催化效率相当的固体催化剂，仍需深入研究相应催化机理。

酸催化法：主要以餐饮废油、油脚等脂肪酸和含水量高的油脂为原料，通常采用的酸催化剂有硫酸、苯磺酸等。此种方法虽然转化率较高，但催化剂腐蚀性较强，不但会降低设备的使用年限，而且酸催化剂会与游离的脂肪酸发生酯化反应，反应速率远远大于酯交换的反应速率。因此，工业上酸催化法受到关注度远小于碱催化法。

采用酸或碱作为催化剂制备生物柴油，虽然具有反应速度快、原料转化率高等优点，但也存在催化剂不易分离、成本高、腐蚀性强等缺陷。因此，近年来人们开始尝试新的催化体系制备生物柴油。

酶催化法：酶催化法是近年来被广泛研究和关注的一种生物柴油制备方法，该法以生物酶作为催化剂，采用动植物油脂和低碳醇（甲醇或乙醇）作为原料进行酯化反应制备生物柴油。酵母脂肪酶、猪胰脂肪酶等是广泛采用的生物酶催化剂。和传统的酸碱催化剂相比，脂肪酶具有来源广泛、选择性好、底物与功能团专一等优点。脂肪酶的来源不同，反应工艺也往往不同，目前主要以固定化脂肪酶法、液体脂肪酶法和全细胞法为主。这些方法具有条件温和、成本低廉、环境友好等优点，这也促使人们不断研究寻找更加适宜的生物酶作为生物柴油制备的催化剂。

超临界法：超临界法的反应机理与传统催化法大致相同，区别在于超临界法在高温高压下反应无需催化剂，而且大大缩短了反应时间，可以进行连续操作。然而，超临界法虽节省了催化剂使用成本，但高温高压的苛刻反应条件也增加了相应的生产费用，增大了进一步工业化生产的难度。

生物酶催化法和超临界法是近年来受关注较多的生物柴油制备方法，我国也逐渐加大对此领域的投入力度，国内很多院校和科研机构也在这一领域取得了丰硕的研究成果。与传统方法相比，生物酶催化合成法和超临界酯交换法虽然暂时无法实现工业化应用和规模化生产，但其具有工艺流程简单、对原材料要求不严格、成本低、环境友好以及产品收率高等优点。

生物柴油作为一种重要的新兴生物质能源，在全球生物质能利用的比例依然较低。截至 2015 年，世界各国年利用生物液体燃料约 1 亿吨，其中燃料乙醇占总量的 80%，生物柴油仅占总量的 20%。

（二）生物质能源学科发展路线图

1. 学科建设

在可再生能源学科领域，以生物质为代表的新能源研究普遍面临资源分布广泛、能量密度低；与自然环境高度融合，环境依赖性强；具有强烈的波动性和随机性特征等多重挑战，诸多关键科学问题急需解决，比如：可再生能源研究涉及多学科交叉融合不够，基础研究能力不足，围绕可再生能源科技创新体系缺乏整体部署，系统性、连续性、学科交叉不够。

2. 创新人才培养

培养德、智、体全面发展，政治思想进步，专业基础扎实，能够适应我国社会主义现代化建设需要、面向 21 世纪生物质专业从事教学与科研的高素质人才。

学术型研究生的实践环节是培养研究生科学研究训练与创新能力的重要手段。研究生的实践环节由所在学科、专业及指导教师负责安排。实践环节包括实验教学、专业生产实践以及教学实践等。可以结合科研课题到生产单位参加调研、项目研发等实践工作；或依托本学科重点实验室、实践教学基地等选修具有特定主题的系列实验课或以实验为主的专题课；或与学科应用技术相关的硬件、软件设计或系统设计；或在生物质专业重点实验室、实践教学基地等进行工程设计、实验设备安装调试或协助实验室教师指导本科生完成实验教学等实验工作。

学术活动是保证研究生培养质量，开阔研究生的学术视野，拓宽专业知识面，活跃学术思想，追踪学科前沿，提高研究生科研能力的重要途径。研究生应积极参加各种类型的学术活动，专业中心和导师应尽可能为研究生提供并创造这方面的机会和条件。

随着高等院校的招生人数越来越多，同时确保能够为国家培养更多的具有较高素质、技能与水平的人才，以及对目前的就业压力进行缓解，导致社会各界越来越重视本科生的教育与管理体制。由于高等院校的本科生人数逐渐增加，高等院校需要极其重视本科生的管理，从本科生的学习到生活都需极其严格地进行管理。

由于我国在生物质能源的开发和利用技术方面才起步，与发达国家先进水平差距还很大，而且目前全国开设相关课程的高校还较少，教材和参考资源较为缺乏。通过科研实践培养大学生创新素质，提高大学生创新能力。学生在参与教师的科研研究过程中，掌握查找文献、提取有用信息、编写文献综述、展望科研趋势等基本能力，并明确科学研究的基本要求，掌握科学研究的基本方法，运用所学知识来发现问题、分析问题和解决问题，全面提高大学生综合能力。

3. 团队与平台建设

学科建设离不开技术支持，只有瞄准高技术的发展前沿，保持科技优势，积极追踪高技术，引进新技术，发展新技术，才能不断地给学科发展注入新的活力。生物质能利用是当今可再生能源学科的热点研究领域，也是 21 世纪产业发展新方向。生物质能源学科技术研究平台建设主要依靠现有学会会员单位内的大专院校、研究机构和具有一定研究能力的企业单位，实现不同种类的可再生能源技术的学术研究和技术实践。

（1）大专院校

科技创新决定着学科建设水平综合能力，高等院校是科技创新的重要力量。目前，高等院校和科研机构是我国科技研究的主力军。在生物质能源利用研究中，有一系列的国家工程实验室、教育部重点实验室、省部级共建实验室依托于高等院校建设成立。

1）华北电力大学生物质发电成套设备国家工程实验室：生物质发电成套设备国家工程实验室成立于 2009 年，是经国家发展和改革委员会批准设立的国家级研究机构，由华北电力大学、国能生物发电集团、龙基电力集团和济南锅炉集团合作成立理事会共同建设。同时，聘请包括院士、国务院参事和企业总工在内的专业人员组成技术委员会，聘请清华大学知名教授吴占松为实验室主任，组建了产学研单位参加的实验室管理团队。

实验室重点研究突破制约生物质发电产业发展的瓶颈技术，即进行生物质高效清洁燃烧及热解气化、生物质发电新型动力设备及高温防腐防磨材料、生物质过程测控与仿真以及生物质成套设备集成优化等前瞻性技术研究。通过与共建单位合作，实验室形成了结构合理、富有创新能力的研发团队。在生物质多联产、清洁燃烧、垃圾综合处理、污染物脱除、量子化学等方面具有鲜明的特色。生物质发电成套设备国家工程实验室集理论研究、技术开发与装备研制为一体，为生物质发电产业和生物质能源学科建设的理论研究与工程实践提供理论支撑与技术支持。

2）东北林业大学生物质材料科学与技术教育部重点实验室：生物质材料科学与技术教育部重点实验室以"林业工程"国家重点学科为依托，2004 年在原林业部"木材科学与工程"重点开放性实验室的基础上筹建，2006 年实验室正式挂牌运行，2012

年9月顺利通过教育部工程材料领域重点实验室的评估。在东北林业大学和"211"工程三期、"985"工程优势学科创新平台等重点建设项目的大力支持下，实验室在人才队伍、学术积累和研究条件建设等方面取得长足发展，形成了以中国工程院院士、长江学者、中组部青年拔尖人才和11名教育部新世纪人才为骨干的创新团队。

生物质材料科学与技术实验室为国内同领域第一个获批设立的教育部重点实验室，实验室秉承"开放、合作、传承、创新"的理念，以实现生物质资源高效利用为宗旨，依托林业工程国家重点学科，拥有人才队伍、学术积累和研究条件等优势学术资源，形成了以生物质复合材料、生物基材料、生物质材料功能化和生物质能源为重点的特色研究方向，对生物质材料科学研究和产业发展发挥着引领和推动作用。

3）华中科技大学煤燃烧国家重点实验室：华中科技大学煤燃烧国家重点实验室始建于1986年，于1991年6月通过国家验收。是我国首批建设的国家开放型重点实验室。

煤燃烧国家重点实验室立足国家能源生产与环境保护的重大需求，定位国际学科前沿，致力于以煤为代表的化石燃料和以生物质为代表的可再生燃料的燃烧和转化过程及其污染物生成规律和控制方法的应用基础研究，促进先进的高效率低污染能源利用技术和装备的研发，服务经济、环境和社会的可持续性发展，在本学科前沿领域开展了一系列富有特色的研究工作，取得了一批创新性的研究成果。

煤燃烧国家重点实验室中生物质能研究团队重点对以热解、气化和燃烧为代表的生物质热化学转化进行系统研究，核心思路是基于生物质原料独特的理化特性，掌握热化学条件下生物质全组分及其耦合反应过程机理和迁徙变化规律，通过原料调质、过程调控和产物提升等方法，实现目标产物定向控制转化，同时联产多种高附加值产品，将生物质"吃干榨尽"；在此基础上，开发先进利用技术，推动产业发展。

4）中国科学技术大学安徽省生物质洁净能源重点实验室：中国科学技术大学自20世纪90年代开始进行生物质能源研究。2001年在校内跨学科成立了生物质洁净能源实验室。2007年12月18日安徽省科技厅、财政厅联合下文，批准于科大建设安徽省生物质洁净能源重点实验室。

安徽省生物质洁净能源重点实验室自成立以来，本着围绕国家和地方"加强生物质能源开发"的战略目标、瞄准生物质能源的科学前沿的建设宗旨，近年来承担了国家"973"计划、国家"863"计划、国家自然科学基金、教育部"211"工程、中科院知识创新工程和安徽省科技攻关等一批重要科研项目。在朱清时院士领导下，实验室在生物质组成与结构、生物质热解制备生物油、有机废弃物生物制氢、高活性催化剂制备、生物油重整制合成气与液体燃料合成等方面开展了一系列基础研究和应用技术开发，为安徽省生物能源产业提供了强有力的科技与人才支撑，为生物质能源学科建设提供了强有力的技术支持。

5）浙江大学能源清洁利用国家重点实验室：能源清洁利用国家重点实验室前身为 1993 年成立的"洁净燃烧技术国家教委开放研究实验室"，2005 年科技部批准建设，2006 年 6 月通过了国家科技部组织的验收。现任第三届学术委员会主任为中国工程院院士谢克昌教授，实验室主任为骆仲泱教授。实验室在 2013—2017 年间承担各类科研项目 1168 项，其中，主持承担了科技部国家重点研发计划重点专项项目 2 项、课题 4 项、国际合作项目 4 项、国际合作课题 1 项；科技部 "973" 计划首席项目 2 项、课题 8 项；科技部 "863" 计划首席项目 2 项、课题 1 项、国际合作项目 4 项；国家科技支撑计划课题 5 项。

能源清洁利用国家重点实验室以为国家能源清洁低碳高效发展的重大需求提供科学理论和创新技术为使命，围绕能源利用学科的前沿和国家重大需求，开展化石能源、新能源、固体废弃物能源化高效清洁利用等方面的应用基础研究，主要以多相复杂反应系统的计算和测量、化石燃料的高效清洁利用、新能源及先进能源系统、废弃物能源化高效清洁利用、燃烧污染物的生成及控制为研究方向，并已形成了鲜明的研究特色。

在生物质能源利用方面，该实验室提出了需从含氧官能团定向变换角度解决生物油品位提升的思路，构建了完整的生物质热化学转化制取高品位液体燃料的技术路径，主持负责了国家 "973" 项目；研究开发了生物质循环流化床直燃发电技术、医疗废物和工业危险废物焚烧处置技术。城市污水污泥和工业有毒有害污泥的干化焚烧综合处置技术等。这为生物质能源资源化利用提供了强有力的支持，推动了产业的发展。

6）浙江大学生物质化工教育部重点实验室：生物质化工教育部重点实验室由教育部于 2011 年 12 月批准立项建设，2012 年 4 月 16 日建设计划通过论证，2013 年 12 月 10 日通过验收。现有实验室总面积约 4900 平方米，现有仪器设备总价值超过 5440 万元，科研条件完备，是国内生物质化工领域独具特色的创新研究平台。

实验室集中针对生物质资源的特点，解决生物质资源化利用中的共性关键科学问题，通过降低生物质转化的能耗与物耗，提高生物质化工过程的技术经济可行性，最终实现生物质资源多层次、多途径利用。实验室主要围绕生物质大分子功能化、生物质定向化学转化、生物质生物催化与转化、生物活性物质分离与纯化和低品位生物质的资源化等五个方向开展研究，研究方向明确，特色和优势突出。

实验室主持国家"973"计划项目2项、"863"计划项目5项、国家自然科学基金重点项目5项、重点研发计划项目4项、国家优秀青年基金项目2项；获授权国家发明专利142件，发表SCI收录的学术论文275篇，其中影响因子大于3.0的论文141篇；以第一完成单位获省部级奖励5项；年均科研经费3000万元以上。对生物质化学转化利用科学研究和产业发展发挥着引领和推动作用。

7）南京林业大学江苏省生物质绿色燃料与化学品重点实验室：江苏省生物质绿色燃料与化学品重点实验室是在南京林业大学林产化学加工工程国家级重点学科基础上建立的省级重点实验室，实验室拥有一支结构合理、学术水平高的稳定研究队伍，多年来在生物质能源与化学品相关领域取得了令人瞩目的成绩，在国内外有较大的影响。

实验室的主要研究方向为：①生物柴油的先进生物合成技术；②生物质快速热解生物油的制备与改性技术；③生物质气化制取合成气及其催化转化合成液体燃料技术；④生物质化学品的生物合成技术；⑤生物质精细化学品的提取和合成。江苏省生物质绿色燃料与化学品重点实验室的获批与建设，将进一步提高生物质绿色燃料与化学品的科学研究开发水平及其学术影响力，促进国家级重点学科林产化学加工工程的建设，有力推动江苏省以及全国的生物质绿色燃料与化学品的产业化进程，促进江苏省和我国新型能源与新材料产业的持续发展。

（2）科研机构

1）广州能源所国家能源生物燃料研发中心：国家能源生物燃料研发中心于2012年7月获得国家能源局批复筹建，由中国科学院广州能源所独立建立。

国家能源生物燃料研发中心的主要任务是：在国家能源产业结构调整和新能源产业发展进程中，重点在生物质液体燃料、生物燃气和生物质成型燃料等方面，致力于生物质能源利用的科技核心技术攻关、关键工艺试验研究，开展能源重大装备样机及其关键部件的研制与检测试验；建成一系列示范工程和产业基地，强化对国家生物质能源战略任务、重点工程的技术支撑和保障，提高生物质能源产业科技的自主创新能力和核心竞争力，建立生物质能源利用的研发和技术转移平台；开展国际合作与交流，引进、消化、吸收国内外先进技术，积极创建联合研发中心；建立完善非粮液体燃料研发平台、纤维素液体燃料研发平台、生物柴油研发平台、生物燃气研发平台、成型燃料研发平台以及固体废弃物高效利用等；在各平台共同努力下，积极申请国家科技研发项目，开展生物燃料关键技术和核心技术设备工程化研究、工程试验及工业化推广。

2）河南省生物质能源重点实验室：河南省生物质能源重点实验室是河南省唯一专门从事生物质能源研究的省级重点实验室，2003年通过国家实验室认可委员会CNAS认证，2005年由河南省科技厅批准筹建，2009年顺利通过河南省科技厅的验收。

河南省科学院的河南省生物质能源重点实验室创新团队经过十余年的发展努力，实验室建立了一支高效合理的科研团队。实验室主要在生物质成型燃料技术及设备研究、生物质液化制取液体燃料研究、生物质热解气化及高效燃烧技术研究、生物质发电技术研究、生物质纳米材料研究五个方向开展了基础理论和应用技术的深入研究。先后承担国家"863"主题项目、国家科技支撑计划、国家自然科学基金等40余项。完成科研成果鉴定40项，其中10项达到国际先进水平，23项达到国内领先水平；获国家科技进步奖二等奖1项，河南省科技进步奖一等奖2项、二等奖11项；获国际专利公开2项、国家专利授权50多项；出版专著3部；在国内外期刊上发表论文100余篇。

实验室先后开发设计出生物质环模成型设备、平模成型设备、干燥设备、粉碎设备、生物质沸腾气化燃烧装置、上吸式生物质气化炉、生物质气化合成醇醚装置、生物质燃烧炉、生物质干馏装置、发电用生物质成型燃料固定床气化装置等生物质高效利用设备及装置20多种，推广利用设备上千台套。整体上在生物质能源化研究领域处于国内先进水平，为生物质能源利用研究提供了强有力的技术支撑。

3）生物质化学利用国家工程实验室：2008年，生物质化学利用国家工程实验室获得国家发展和改革委员会批准，其依托于中国林科院林产化学工业研究所。生物质化学利用国家工程实验室建设目标和任务是：围绕替代能源的开发利用，开展生物质热化学转化综合利用等方面的工程化关键技术研究的验证；开展定向热化学反应、水性化反应、绿色催化等绿色化学工程关键技术与装备的集成创新；开发高热值燃气、生物油、天然树脂、油脂基绿色化学品和生物基高分子新材料。

4）国家能源非粮生物质原料研发中心：国家能源非粮生物质原料研发中心是国家能源局于2011年9月批准设立，由中国农业大学、北京林业大学、中国大唐集团新能源股份有限公司和河南天冠企业集团有限公司共同组建，通过产学研相结合，集聚我国相关领域研发力量，广泛开展国际学术交流与合作，研究行业战略规划和政策，解决该领域的重大问题和瓶颈技术，应用研发成果制定行业技术标准、建立示范工程，总目标是建成中国高产、优质、低耗的非粮生物质原料可持续供应体系。

国家能源非粮生物质原料研发中心以一批年富力强的中青年学术骨干为中坚力量，重视引进人才。当前重点研究内容包括以下方面：中国非粮生物质原料发展战略规划和管理政策，宜能非粮地的标准及其分布和生产潜力，农林废弃物的资源、分布、特性和能源利用的可获得性，能源植物种质资源研究和遗传改良，以及原料规模化生产和收获、收集、储存、运输技术与示范。

（3）企业单位

借助社会企业的良好平台及资源，科研机构在技术开发的同时完成对研究方向的规划，以单纯的技术型研究机构转型成技术、方向性兼顾的研究机构，同时研究成果将推动企业以及行业的整体发展。

国家重点实验室是国家科技创新体系的重要组成部分，是国家组织高水平基础研究和应用基础研究的重要基地。企业国家重点实验室的重要任务是瞄准国际高技术前沿，针对产业和行业发展中的重大需求，开展应用基础研究、关键技术和共性技术研究，提高行业技术水平和企业自主创新能力，组织重要技术标准的研究制定，培养高层次科学研究和工程技术人才，加强行业科技合作与交流，推动技术扩散和技术储备。

1）非粮生物质酶解国家重点实验室：非粮生物质酶解国家重点实验室作为广西唯一一家企业国家重点实验室，自2010年12月开始批准建设，2016年1月通过建设验收并进入运行管理阶段。非粮生物质酶解国家重点实验室依托广西明阳生化科技股份有限公司建设，实验室技术支撑是广西科学院。

实验室以酶解核心技术为突破口，主要进行生物质能源作物培育和供给，生物加工过程、能源生产中的环保技术的研发任务。实验室的建设填补了长期以来广西没有企业国家重点实验室的空白，对我国部分实现能源替代，拉长非粮作物的产业链和提高农民收入，以及提高酶工程、发酵工程等生物技术水平，加快微生物和酶制剂对传统化学过程的改造等有着十分重要的意义。

实验室在评估期内取得了一系列标志性的成果，其中包括：发明了木质纤维超高压爆破技术、高产甘蔗糖蜜酒精的基因重组酿酒酵母等关键技术，解决了木质纤维素、半纤维素低成本水解糖化，以及糖液高浓度乙醇发酵等多个非粮生物质酶解技术难题，为木质纤维乙醇实现工业化生产提供了必备的技术支撑；承担造纸与发酵典型废水资源化和超低排放关键技术、纤维素乙醇清洁生产关键技术、生物质燃料乙醇制备及综合利用关键技术、甘蔗糖蜜酒精高效发酵清洁生产技术、蔗渣水解液态发酵生产燃料乙醇关键技术与示范等多个国家重大工程化项目，实现了以木薯、甘蔗渣及糖蜜等非粮生物质为原料的乙醇清洁生产工业化。

非粮生物质酶解国家重点实验室的研究工作以酶解技术为核心，促进生物质的高效转化，推动生物燃料乙醇、生物柴油技术发展，破解纤维素、半纤维素燃料技术难题，降低生物质能源生产成本，实现生物质能源产业技术根本性突破。

2）生物质热化学技术国家重点实验室：生物质热化学技术国家重点实验室依托于阳光凯迪新能源集团有限公司，于 2011 年 5 月由国家科技部批准建设。

生物质热化学技术国家重点实验室是国家级的从事生物质高效低污染燃烧、气化及液化技术的基础理论研究、工程应用研究、成果推广及高层次专业技术人才培养的基地。作为国家科技创新体系的重要组成部分，实验室紧密围绕我国生物质热化学转化方面的共性技术、关键技术及工程应用集成技术，并致力于将研究成果快速转化为现实的生产力。

实验室主要立足于生物质燃烧、气化和液化及与污染防治以及热能转换与利用领域的基础理论研究和应用技术开发。以生物质高效低污染燃烧、气化和液化理论和技术为核心，在生物质燃烧发电、污染物控制科学和技术以及热能转换与利用相关领域开展研究；以生物质气化理论为基础，在生物质高效气化理论、技术与污染物控制技术等相关领域开展研究；以生物质直接和间接液化理论为基础，开展生物质液化催化剂开发与制备技术、液化工艺开发、合成反应器优化技术等研究。

3）凯迪生态环境科技股份有限公司：绿色经济是未来经济发展的主基调。凯迪生态致力于打造清洁能源平台，业务涵盖绿色能源研发、环保发电、原煤销售。凯迪生态拥有世界领先级生物质发电技术、科学的生物质燃料收购体系和丰富的林业储备资源，已成为生物质发电行业的领军企业。

公司已运营 40 家生物质发电厂，签署生物质发电合作框架协议 285 个，已立项生物质发电项目分布在全国 22 个省、自治区，总装机容量 1182 MW，实现 23 年清洁能源生产，为当地农民平均年增收 4000 元，形成了明显的先发优势与排他优势。建立了以"村级收购"为主、"大客户收购"为辅的燃料收购体系，建设村级燃料收购点，组建生物质燃料产销专业合作社。坚持政府主导、企业主体、农民参与，结合当地秸秆利用及禁烧政策，通过补贴等方式，保证燃料收购数量。

在技术创新科技研究方面，凯迪生态公司已运营的生物质能发电项目 63% 采用自主研发的第二代技术锅炉，技术整体运行参数达到国际领先水平，并已成功研发了第三、第四代生物质能发电技术，具有持续升级的技术储备能力。凯迪采用自主研发、已达世界领先水平的高温超高压循环流化床锅炉燃烧技术，以农林废弃物为原料，实现了发电、供热和灰渣综合利用一体化。

4）山东琦泉集团：琦泉集团始创于 1989 年，是一家以生物质热电联产为主营业务，兼营电力建设、环保制造、融资租赁和通用航空等业务的综合性企业集团。初步形成"投产电厂 12 家，签约在建 7 家"的发展格局，总装机超 90 万 kW，员工 3000 余人，拥有 260 多项专利技术，先后被授予国家级"生物质能供热示范企业""高新技术企业""资源综合利用企业""循环经济示范企业"等多项荣誉称号。

琦泉集团已逐步发展为生物质发电装机容量山东第一、全国第三的新能源企业，运营生物质装机容量达到 530 MW，每年消耗秸秆 530 万吨，减少二氧化碳排放 680 万吨，相当于植树 3.8 亿株，间接增加农民收入近 16 亿元，相当于解决几十万贫困人口就业问题。

多年来，琦泉始终瞄准世界科技前沿，引领行业技术发展。公司与香港科技大学、东华大学、山东大学等知名学府在新能源、新材料、智能微电网等领域进行产学研合作；琦泉拥有电力设计院、中琦电力建设、中琦环保制造、碳桥环境技术、绿创信息技术等公司，致力于提供生物质能"设计咨询、电力建设、环保制造、碳资产管理、技术研发"全产业链服务，致力于搭建技术研发人员的创新创业平台。

琦泉集团积极开发清洁能源和可再生能源，将建设"中国一流的生物质研究院、中国一流的生物质设计院、中国一流的生物质电建公司、中国一流的生物质运营公司、中国一流的环保制造公司"，发展新能源，开发新技术，应用新材料，打造新业态。

（三）生物质能源学科技术发展建议

生物质能对满足我国能源需求及加快建设生态型经济社会有着非常重要的意义。经过多年的技术积累，我国在生物质能的开发利用方面已取得了一定成就，由于生物质的种类不同，其适合的转化利用技术也不同，研究开发完善多渠道、多方式的生物质能转化利用技术并进行大规模的推广应用是我国生物质能源技术发展的重点。

1. 生物质燃烧发电技术发展趋势展望

整体来看，农林生物质直燃发电是目前推广最为良好的生物质发电技术，也将是未来生物质发电产业中发展规模最大的部分，并率先突破经济性的瓶颈。然而，我国目前的生物质发电项目大多以纯发电为主，能源转换效率尚不足 30%，低效、低附加值的状态早已不能满足生物质发电发展的需要。从国际的生物质能利用经验来看，生物质热电联产的能源转化效率应达到 60%~80%，比单纯发电提高一倍以上。为提高生物质发电技术的经济性，首先可以通过热电联产改造来提升系统的能源转化效率。根据 2017 年发布的《关于促进生物质能供热发展指导意见的通知》，到 2020 年，生物质热电联产装机容量将超过 1200 万 kW。在 2018 年年初国家能源局发布的《关于开展"百个城镇"生物质热电联产县域清洁供热示范项目建设的通知》中写到，"百个城镇"清洁供热示范项目建设的主要目的，就是建立生物质热电联产县域清洁供热模式。从当前的生物质发电项目管理办法中能够看出，生物质发电项目向热电联产方向发展是必然趋势。

建设成本适中、适应多种生物质类型、具有较大规模的生物质电站，是生物质直燃发电技术的关键。大容量循环流化床生物质直燃发电锅炉正满足了这一需求并突破了规模化发展的瓶颈，是非常适合我国国情的生物质直燃发电炉型发展方向。进一步优化发展并推广配套的风冷干式排渣技术，提高锅炉整体效率和灰渣的利用价值，将是未来排渣技术的发展趋势。

此外，生物质发电应作为农村和县域发展的重要基础设施。随着我国城镇化战略推进和农民现代生活方式的逐步确立，农村生活垃圾对农村环境的破坏日趋严重，危及生态环境安全和居民健康。在农村和乡镇，生物质发电是有效控制城乡垃圾污染的重要手段，应作为未来城乡基础设施的重要组成部分，为城镇化发展开创更广阔的空间。生物质热电联产可以因地制宜地利用农村资源，承担部分农村供暖负荷，改善农村居民生活用能质量，有效替代燃煤等化石能源，缓解能源消耗与环境发展矛盾，有利于实现农村能源利用的转型发展。

2. 生物质热解气化技术发展趋势展望

生物质气化技术的发展需要加强两方面的研究，一方面要加大力度研究焦油裂解的经济实用方法，开发稳定性高、活性较好、具有抗积碳能力的新型催化剂用于催化裂解焦油，解决生物质气体燃料使用过程中产生的焦油问题以及除焦、除灰过程中带来的二次污染问题；另一方面应进一步优化工艺条件，开发气化效率高、产气热值高的流化床气化技术并扩大规模，为后续的工业化应用提供便利。

生物质气化技术发展的最大障碍是焦油问题，气化过程产生的焦油较多，会在发电、供气方面引起一系列技术问题。从长远来看，解决焦油问题最彻底的方法就是将焦油裂解为永久性气体，因而大力发展化学除焦法，研究高活性、低成本催化剂是焦油处理技术的未来发展方向。

开展生物质热解气化过程的机理研究也是极为重要的一环。生物质原料种类不同，气化过程复杂多变，深入研究气化机理对于不同种类原料的综合利用具有重要的指导意义。未来可以利用更加先进的分析仪器，对气化过程中得到的产物进行及时、准确的分析，以获得产物与反应条件的规律性关系，从而更加全面地研究生物质气化过程以完善相应的气化技术。

生物质气化技术发展的关键在于新型气化炉的研制，开发适应大规模生产的新型流化床气化炉，提高燃气的热值和整体气化效率，应作为我国气化技术规模化应用的主要研究方向。

3. 生物质热解液化技术发展趋势展望

生物质热解液化技术已经完成产业化示范，但迄今未能进入市场推广阶段，主要是生物油品质较差难以实现工业化应用。因此，生物质热解液化技术的关键发展方向应主要聚焦于高品质生物油的制备、生物油的精制深加工以及更加完善的热解机理研究。

生物质热解液化技术的未来研究方向将主要集中在如何提高目标产物收率，寻求高效精制技术、加氢脱氧技术提高生物油品质，优化工况、降低运行成本，实现生物油和副产物的综合利用和工业化生产等方面。同时，也需要更深入研究生物质热解液化反应机理，特别是不同原料及原料中各种成分的热化学转化路径。在理论研究的基础上，耦合选择性热解技术，将现有设备尺度放大，降低生物油生产成本，逐渐向大规模生产过渡，完善生物油成分和物理特性的测定方法，制定统一的规范和标准，开发生物油精制与品位提升新工艺，开发出用于热化学催化反应过程中的低污染高效催化剂，使其能够参与化石燃料市场的竞争。

4. 生物质热解炭化技术发展趋势展望

生物质炭化反应机理和炭化工艺研究是相关技术设备开发的基础，目前相关领域的研究主要集中在技术与设备开发方面，而对生物质炭化机理与工艺方面的研究明显不足。未来应加强对生物质炭化机理与工艺方面的研究，在炭化反应机理研究方面，重点开展农林废弃物热解特性、热解动力学模型和热化学转化过程等方面的研究；在炭化工艺研究方面，重点开展分段热解工艺、生物碳定向调控工艺和热解气净化分离工艺等方面的研究。

相比于固定床生物质炭化设备，移动床生物质炭化设备生产连续性好、生产率高、炭化工艺参数控制方便和产品质量稳定等，是生物质炭化技术装备开发的重点方向。

此外，遵循能源梯级利用的开发思路，以生物质干馏为技术手段，实现炭、气、油多联产是生物质热化学转化重要方向之一。因此，需重点突破物料平稳有序输送技术、耐高温密封与传动技术、安全预警与防爆技术和组合式焦油脱除技术等，为连续式生物质炭化设备和碳、气、油多联产系统的开发提供技术支撑。

5. 沼气工程发展趋势展望

沼气工程是未来生物质能源领域的重要研究内容，未来应加强以下几个方面的研究：在预处理方面，应注重发展高效、经济且不产生二次污染的秸秆预处理方法，比较各种处理方法对气体品质的影响，进一步优化工艺参数，如 pH 值、温度控制参数及控制方法、不同底物的最优接种物、最佳料液比等。在发酵装置设计方面，要不断改进发酵装置，设计结构简单、操作方便、成本低廉的反应装置，降低设备的制造成本和运行成本。此外，对不同底物和接种物的发酵原料，要进一步分析各参数对整个发酵效果的影响程度，从而降低发酵技术推广的难度。

6. 燃料乙醇发展趋势展望

根据近年来国内外对燃料乙醇的研究进展及其生产过程中所存在的问题，未来我国燃料乙醇转化技术的发展建议从以下几个方面加强研究：①加强国际合作，积极引进先进技术。我国生物质能源技术研究起步较晚，技术水平不高，必须引进和消化国外关键的先进技术。②筛选高效的预处理方法。在二代生物乙醇生产中，原料预处理的好坏直接影响着最终的燃料产量和品质。建立适用于不同生物质原料的预处理方法，是全球二代生物乙醇产业化发展面临的最大挑战。③提高纤维材料中糖分的利用率。在二代生物乙醇生产过程中，因为微生物代谢的抑制作用，糖分不易直接发酵，使得半纤维素酶水解转化成为一个难点。为此，寻找并培育合适的微生物群体，使原料中的糖分得以高效发酵转化，也是推动二代生物乙醇技术发展的关键。④利用基因工程对纤维素酶和发酵微生物进行基因改性以提高发酵效率。

7. 生物柴油发展趋势展望

碱催化是目前最主要的生物柴油制备方法，应用固体碱催化合成生物柴油可以有效解决产物与反应物的分离问题，减少污染物排放。今后应加强对固体碱催化的研究，重点提高催化剂的催化效率。

此外，超临界法制备生物柴油不依赖催化剂，还能极大地缩短反应时间，是未来的重要发展方向。但该工艺对设备依赖大，因此需进一步加强对超临界状态下酯交换过程的研究，重点研究如何根据原料差异调整工艺，提高转化率。

酶催化制备生物柴油的反应条件温和，环境友好，但脂肪酶转化效率低，且甲醇对脂肪酶有一定的毒性。因此，应深入研究脂肪酶的催化机理，应用基因工程改善酶的催化效果，提高对醇的耐受性。

以藻类为原料的第二代生物柴油更加符合可持续发展的需要，是未来研究发展的重点。今后应加大藻类生物柴油的研究，重点解决以下方面的技术难题：①藻类生物柴油生产过程中的固液分离问题；②针对不同地区环境、生物反应器类型、营养物的供求情况、当地气候变化，选择藻类品种的问题；③利用基因工程改造提升藻类品质的问题；④兼顾藻类生物柴油生产与污水治理的问题。

第三节　可再生能源学科发展路线图

一、学科现状

根据国家标准《学科分类与代码》（GB/T 13745—2009）的相关规定，部分可再生能源学科的分类与代码见表1-2。

可再生能源中属于一次能源的主要是太阳能、风能、生物质能、地热、海洋能等资源量丰富且可循环往复使用的一类能源资源，其转化利用具有涉及领域广、研究对象复杂多变、交叉学科门类多、学科集成度高等特点；列入二次能源的主要有沼气，没被列入的还有燃料乙醇、生物柴油、生物燃气等。可再生能源学科技术发展现状见表5-3。

表5-3　可再生能源学科技术发展现状			
学科	三级学科名称	基本情况	所含学科现状
一次能源	太阳能	针对太阳能规模化利用需解决太阳能能量转换各个环节不断出现的新设备、新工艺、新材料等方面的基础科学问题进行研究 1. 结合应用技术的开发，不断提高太阳能转换利用效率 2. 中期应该进一步丰富和发展太阳能转换利用研究体系，特别是将热力学、热经济学和强化传热学的思想深入贯彻到太阳能转化利用现象的分析中，解决太阳辐射—热能、太阳辐射—电能和太阳辐射—制冷等转换中涉及的光伏效应热力学、能量转换蓄存和传递等过程的强化问题	太阳能基本知识；太阳能光热转换原理与技术；太阳能光电转换原理及技术；太阳能光热电转换原理及技术；太阳能的其他转换方式及技术；太阳能应用工程技术；太阳能建筑一体化

续表

学科	三级学科名称	基本情况	所含学科现状
一次能源	风能	以海上风力发电或大型风力发电机组基础研究为方向，结合力学、大气科学、海洋科学、机械科学、电工科学、材料科学、自动化科学等多个学科的研究力量，以基金重点项目形式资助开展多学科交叉的风能利用基础研究工作，以期在风能利用前沿科技研究领域某一方向形成突破，以点带面，为风能产业的稳定发展奠定基础	风特性与风资源；风电机组；风电场建设；风电并网技术；海上风力发电
	生物质	开发利用生物质热化学转化技术，开展高效生物质热解液化和生物质气化发电，城市废弃物无害化能源化利用等研究；生物化学技术方面应开展高效厌氧消化装置和技术，以及生物制氢反应器研究；中期，应开展生物质高热值气化和气化制氢，生物质催化液化和超临界液化，生物质燃气和燃油的精制，生物质高效低成本转化新方法的研究	生物质成型技术；生物质热化学转化；生物质升华转化；生物质生化学转化；生物质其他转化技术
	水能（小水电）	重点研究单站容量 25000 kW 以下的水力资源	小水电资源勘测；小水电机组及配套设施；小水电工程建设；高性能小水电技术；小水电站运行与管理
	地热能	地热能利用近期应以地热热泵系统理论和应用技术研究为主，加强地热利用过程中含湿岩土传热传质特性、换热器抗垢和强化传热研究；进一步发展和完善地热发电站系统，研究地热能源在各适用领域中的综合利用方式方法等	地热资源勘测；采集中的热物理；地热能利用中的含湿岩土多孔介质传热传质学；地热能源综合利用系统和能量转换原理及性能
	海洋能	海洋能利用近期应重点研究大功率波浪、海流能机组及设备，结合应用研究解决大规模潮汐电站关键问题；加强对温差能综合利用系统的研究；中、长期可以考虑万千瓦级温差能综合海上生存空间系统等。必须强调，海洋能的利用和能源、海洋、国防和国土开发都紧密相关，应当从发展和全局的观点来考虑	海洋能能量高效利用转换装置及原理；洋流流体力学与海洋能资源利用
	储能	储能学科的发展	储热原理与技术；相变储热技术与材料；电池蓄能技术；其他类型储能材料及技术；储能控制技术
	交叉学科		能源与环境；可再生能源与经济学；智能微电网技术与实验系统；可再生能源科学与工程
二次能源	沼气	近年来沼气厌氧处理工艺发展十分迅速，各种新工艺、新方法不断出现，包括适宜处理高固含量原料的完全混合式厌氧反应器（CSTR）、升流式厌氧固体反应器（USR）和适宜处理溶解性有机物原料的升流式厌氧污泥床（UASB）、内循环厌氧反应器（IC）和厌氧接触工艺等，为沼气的规模化应用提供了技术支撑	工业污水厌氧反应器技术；畜禽粪便生物发酵技术；生物质秸秆生物发酵技术；沼气净化技术；沼气提纯技术

二、学科发展方向预测

根据国家现行标准《学科分类与代码》(GB/T 13745—2009)的分类方法和相关规定，参考国内外教育机构对可再生能源学科的设置情况以及国家科技管理部门对可再生能源科学研究领域的划分方法；同时分析和总结了目前国内外可再生能源前沿技术、产业规模、投资热点以及发展战略等相关内容，提出了可再生能源学科分类与发展趋势。可再生能源学科分类与发展方向预测见图5-3。

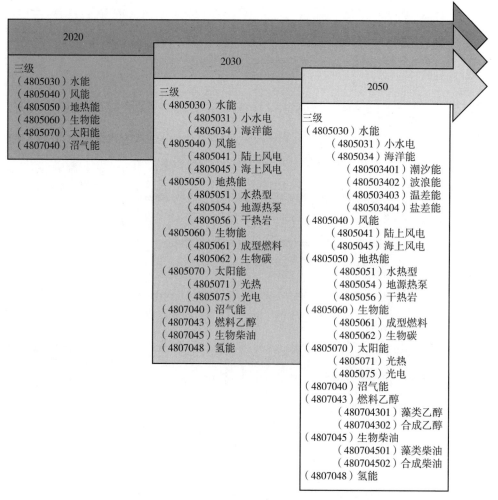

图5-3　可再生能源学科分类与发展方向预测图解

三、学科发展技术路线图

（一）学科技术路线发展预测

进入 21 世纪以来，随着科技进步和社会生产力的极大提高，我国可再生能源也得到了快速发展，创造了前所未有的应用规模，推进了可再生能源应用技术和学科的发展。与此同时，以煤炭为主的不合理能源结构、资源过度消耗、环境污染、生态破坏等已给我们的生存环境带来了重大问题，严重地阻碍着经济的发展和人民生活质量的提高，继而威胁着未来人们的生存和发展。在这种严峻形势下，我们不得不重新审视自己的社会经济行为和走过的历程，认识到通过高消耗追求经济数量增长和"先污染后治理"的传统发展模式已不再适应当今和未来发展的要求，而必须努力寻求一条经济、社会、环境和资源相互协调的、既能满足当代人的需求而又不对后代人构成危害的可持续发展道路。人们已经充分地认识到可再生能源技术及学科发展的对我国社会发展的重要意义，可再生能源可以成为解决我国经济发展与社会、科技发展相互协调的重要抓手之一。

可再生能源学科建设是高等学校建设和发展的长期任务；可再生能源学科建设的状态也体现高等学校的整体办学思想和紧跟社会科技热点能力。学科是高等学校的基本组成部分，学科建设是高等学校的一项重要基础建设，而重点学科建设是一项根据我国国情，加快高校发展的重要战略性措施。《中华人民共和国高等教育法》明确了高等学校具有培养高级专门人才、发展科学技术、为社会服务三大职能，可再生能源学科建设可以提高高校履行社会职能及在国内国际可再生能源领域所处的地位，而这不仅取决于它所培养的高级专门人才的数量和质量，也取决于它所具有的可再生能源学科的范围、特色和优势。可再生能源学科发展技术路线图见图 5-4。

到 2035 年，继续保持我国的优势领域，扶持相对薄弱的分支领域，鼓励和促进学科交叉与融合研究；深入研究可再生能源高效洁净转化，维护国家能源安全及环境保护的可再生能源相关基础理论与关键技术，推动我国可再生能源学科整体发展，达到国际先进水平，为我国经济社会可持续发展提供理论和技术支撑。

到 2050 年，研究并取得一些具有国际引领水平的基础研究成果或支持国家能源可持续发展战略的应用成果，培育出具有竞争国际知名能力的可再生能源青年科学家，形成国际知名科学家组成的高水平研究团队。重点支持可再生能源学科高效能源转换新材料、新技术，新型热动力循环和超常极端条件下的传热传质研究，智能电网和新一代能源电力系统，高效能系统基础研究，可再生能源大规模利用，高效低成本

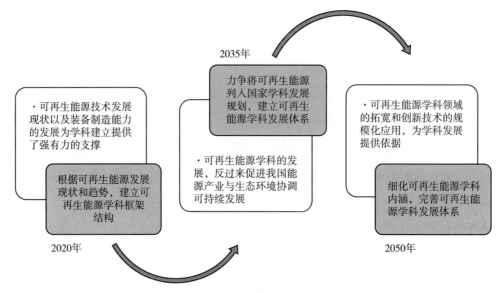

图 5-4　可再生能源学科发展技术路线图

规模化储能等研究领域。可再生能源学科发展技术目标见表 5-4。

表 5-4　可再生能源学科技术发展预测

学科	三级学科名称	近期目标（2020）	中期目标（2035）	远期目标（2050）
一次能源	太阳能	基于太阳能光电、光热效应的系统热力学分析及最优化理论；聚能式高效太阳能转化利用关键问题；基于建筑结构的太阳能高效收集与蓄存的模式、材料及有关传热问题；高效太阳能海水淡化方法及产水与能量过程优化	新型高效太阳能电池制备与加工中的热物理问题；太阳辐射—制冷效应转换过程优化与分析；太阳能制氢—储氢以及转换过程中的热物理问题；多能源供应体系下的能量利用系统中太阳能转换利用及其最优化；太阳能利用及蓄存新原理、新器件、新方法、新材料和新工艺。太阳能利用与建筑节能；太阳—植物光合作用；新型太阳能电池	探索太阳能利用新方法、新材料；发现和解决能量转化过程中的新现象、新技术；基于太阳能转化利用现象的热力学优化、能量转换过程的高效化；能量利用装置的经济化 光波动能
	风能	大型风力机的基础理论；海上风力发电的基础；风能气象学 风力发电机新型储能系统；新型风能系统和风能多能源综合利用系统	中期应开展风力发电机组储能技术和风能-氢能、风能-太阳能等多能互补综合利用系统的研究，同时开展对风能在海水淡化、制热和制冷等领域的应用研究	新型叶片外形与材料；风力发电系统新型控制方法；风能利用的方式与多能互补综合利用系统；风能利用研究应以大型风力发电机和海上风力发电的基础理论研究与应用技术研究为主，逐步加强对风能气象学及大气边界层风特性、局部风场预测和检测技术等方面的研究

续表

学科	三级学科名称	近期目标（2020）	中期目标（2035）	远期目标（2050）
一次能源	生物质能	高效生物质热解液化技术及基础理论；生物质高效气化基础及气化发电技术；城市废弃物无害化能源化利用；高效厌氧消化反应器生化反应动力学及相关热物理问题；生物制氢过程生化反应动力学及相关热物理问题	生物质催化液化和超临界液化；生物质燃气和燃油的精制技术及相关基础；生物质气化合成，生物质高效低成本转化新方法及机理。开展生物质高热值气化和气化制氢，生物质高效低成本转化新方法的研究	生物质热化学转化技术应开展高效生物质热解液化和生物质气化发电、城市废弃物无害化能源化利用等研究；生物化学技术方面应开展高效厌氧消化装置和技术，以及生物制氢反应器研究
	水电	梯级、滚动开发利用技术		水库调峰电站
	地热能	地热热泵系统理论和应用技术研究，加强地热利用过程中含湿岩土传热传质特性、换热器抗垢和强化传热研究	发展和完善地热发电站系统，研究地热能源在各适用领域中的综合利用方式方法等。高效率、高可靠性、长寿命地热流体发电系统；地热热泵等地热能综合能量利用系统	基于地热资源利用的含湿岩土传热传质学研究；地热能利用中的岩土力学问题；地热能利用过程中的材料防腐蚀、防结垢
	海洋能	重点研究大功率波浪、海流能机组及设备，结合应用研究解决大规模潮汐电站关键问题；加强对温差能综合利用系统的研究	海洋温差热力转换与海水淡化；海流能转换流体力学问题；海洋能利用中的海洋工程问题和多能互补问题；浓差能转换原理与材料	重点研究万千瓦级温差能综合海上生存空间系统等。必须强调，海洋能的利用和能源、海洋、国防和国土开发都紧密相关，应当从发展和全局的观点来考虑
	其他			
二次能源	生物燃气	生物方法；热解方法	研究生物化工转化技术，高效、多联产，实现生物质的逐级利用	元素催化裂解；燃气元素合成技术
	燃料乙醇	淀粉和糖蜜乙醇技术已成熟；纤维素乙醇规模化示范	纤维素乙醇转化技术进入成熟阶段，藻类乙醇技术逐步进入商业化阶段	藻类乙醇工艺技术大规模推广应用
	生物柴油	酯交换（第一代）	催化加氢（第二代）	气体合成（第三代）；藻类生物柴油工艺技术
	氢能	制氢技术研究	氢运输储存技术、氢能利用技术	生物质制氢、化工制氢

（二）可再生能源学科关键技术

1. 太阳能

太阳能转换利用研究内容主要是：针对太阳能规模化利用不断提高太阳能转换利用效率；中期应该进一步研究太阳能转换利用研究体系，特别是高温光热转化技术和弱光转化利用，解决太阳辐射—热能、太阳辐射—电能和太阳辐射—制冷等转换中涉及的光伏效应热力学、能量转换蓄存和传递等过程的强化问题，实现能源结构多元化，提高太阳能利用程度和水平发挥积极作用。

（1）光伏

近期，晶体硅电池通过减薄电池技术的实现、廉价太阳能级硅材料的获得以及效率的进一步提高，组件价格降至 6 元 /W；薄膜电池通过多结叠层技术和规模化生产的实现，组件价格降至 5 元 /W。光伏发电系统成本下降到 10 元 /W，发电成本达到 0.6 元 /（kW·h），在发电侧实现"平价上网"，在主要电力市场实现有效竞争。2020 年光伏发电占总发电量的 3%～5%。

中期，随着新材料、新技术和新结构电池的出现及规模化生产，组件价格降至 5 元 /W，光伏发电价格有可能降至 0.5 元 /W。能量回收期降到 0.75 年，电池使用寿命达到 35 年。单晶硅电池的产业化转换效率超过 23%，多晶硅电池超过 21%，非晶硅、碲化镉和铜铟镓硒等薄膜电池超过 18%。基于全新光电转换原理的新型太阳电池概念逐渐成熟。在解决光伏发电有效电网控制、分布式电站到群电站对电网的较少依赖等技术问题的基础上，光伏发电产业趋于完备，太阳能光伏发电进入战略能源。2035 年光伏发电占总发电量的 15% 左右。

远期，通过扩大国内市场份额，光伏发电将成为可再生能源的重要技术，具有强大的市场竞争力。可再生能源在能源结构中的比例占到 50% 以上，其中光伏发电的比例为 25%～30%。

（2）光热

近期，太阳能热水系统的应用仍将是主流应用方式，约 60% 建筑安装太阳能热水系统；同时太阳能采暖、制冷系统应用快速发展，1% 左右的总建筑面积将应用太阳能采暖、制冷系统。

中期，太阳能供暖和太阳能工农业热利用将迅速增长；太阳能热发电技术将与常规化石能源实现联合运行、电热／电水联供，并结合经济有效的储热技术，实现能源输出的稳定性、可靠性、可控性和经济性，还可以作为基础调节负荷，与光伏发电、风力发电等可再生能源发电技术组合形成稳定的高比例可再生能源电力系统。

远期，太阳能中温热利用在工农业领域有望发挥巨大节能减排作用。利用光利用促进我国相关产业升级，扩展制造业新领域，促进精准控制技术、大数据产业、数据处理技术能力提升。同时，在光热发电跟踪技术、熔盐储热技术、塔式换热器制造等方面优势互补，加速推进光热发电技术发展以及在全球加快应用。

2. 生物质能

近期，主要针对生物质热化学转化技术应开展高效生物质热解液化和生物质气化发电、城市废弃物无害化能源化利用等研究；一批生物质能利用技术进入商业化早期发展阶段，还需要通过补贴等经济激励政策促进商业化发展，如生物质发电、生物质致密成型燃料、以粮糖油类农作物为原料的生物液体燃料等。

中期，针对生物化学技术方面应开展高效厌氧消化装置和技术，以及生物制氢反应器研究；还有许多新兴生物质能技术正处于研发示范阶段，可望在未来的几十年内逐步实现工业化、商业化应用，主要是以纤维素生物质为原料的生物液体燃料，如纤维素燃料乙醇、生物质合成燃料和裂解油，还有能源藻类、微生物制氢技术等。

远期，开展生物质高热值气化和制氢、催化液化和超临界液化、生物质燃气和燃油的高品质精炼、高效低成本转化技术研究。利用化工技术实现生物质元素在工业中的醇醚合成工艺、费托合成工艺等，实现对纤维素乙醇的产业化应用。

3. 风能

近期，风能利用研究应以大型风力发电机和海上风力发电的基础理论研究与应用技术研究为主，加强对风能气象学及大气边界层风特性、局部风场预测和检测技术等方面的研究。

中期，开展风力发电机组储能技术和风能－氢能、风能－太阳能等多能互补综合利用系统的研究，同时开展对风能在海水淡化、制热和制冷等领域的应用研究。

远期，重点研究目标：国内风电机组制造企业在已有风电技术成果基础上，加大特殊环境条件下的风电机组设备研发力度，尤其是在高海拔地区、低风速地区、沿海潮间带和近海地区适用的风电机组设备研发。

4. 地热能

地热能利用的研究近期应以地热热泵系统理论和应用技术研究为主。

近期，全国利用浅层地热能的供暖和制冷面积将达到 1 亿 m^2，换热功率达到 5000 MW。高温地热发电和干热岩发电装机容量达到 75 MW。

中期，全国利用浅层地热能的供暖和制冷面积将达到 2 亿 m^2，换热功率达到 10000 MW。高温地热发电和干热岩发电装机容量达到 200 MW。

远期，全国利用浅层地热能的供暖和制冷面积将达到 5 亿 m^2，换热功率达到 25000 MW。高温地热发电和干热岩发电装机容量达到 500 MW。

5. 海洋能

近期，重点开发沿海及海岛海洋能资源，以实现区域供电和商业化装置为目标，进行研究和试验，开发总装机容量达到 40 MW，年发电量 12000 万 kW·h，实现替代 2.82 万吨原油 / 年或 3.96 万吨标准煤 / 年，减排 12.1 万吨二氧化碳 / 年和 792 吨二氧化硫 / 年。

中期，将研发海洋开发专用海洋能装置，为海洋开发提供电力；潮汐能电站总装机容量达到 200 MW，建成兆瓦级波浪能发电场 20 座，兆瓦级海流能发电场 20 座，百千瓦级温差能试验电站 20 座，年产淡水 40 万吨。

远期，研发执行特别任务的海洋能机器人；潮汐能电站总装机容量达到 1000 MW，波浪能发电场总装机容量 1000 MW，海流能发电场总装机容量 800 MW，温差能发电场总装机容量 5000 MW，年发电量达到 20 TW·h，年产淡水 200 万吨。

参考文献

［1］国务院学会委员会 教育部. 国务院学位委员会 教育部关于设置"交叉学科"门类、"集成电路科学与工程"和"国家安全学"一级学科的通知：学位〔2020〕30 号［A］. 2020-12-30.

［2］国务院学会委员会 教育部. 学位授予和人才培养学科目录设置与管理办法：学位〔2009〕10 号［A］. 2009-02-25.

［3］中华人民共和国国家标准. 学科分类与代码：GB/T 13745—2009［S］.

［4］王庆一. 能源词典［M］. 北京：中国石化出版社，2005.

［5］中国可再生能源学会. 可再生能源与低碳社会［M］. 北京：中国科学技术出版社，2016.

［6］中国科学院，国家自然科学基金委员会. 未来 10 年中国学科发展战略能源科学［M］. 北京：中国科学技术出版社，2012.

［7］戴松元. 太阳能转换原理与技术［M］. 北京：中国水利水电出版社，2018.

［8］黄志高. 储能原理与技术［M］. 北京：中国水利水电出版社，2018.

［9］田德. 风能转换原理与技术［M］. 北京：中国水利水电出版社，2018.

［10］熊超，胡平. 智能微电网技术与试验系统［M］. 北京：中国水利水电出版社，2018.

［11］李涛. 光伏发电试验实训教程［M］. 北京：中国水利水电出版社，2018.

［12］陈汉平，杨世关. 生物质能转化原理与技术［M］. 北京：中国水利水电出版社，2018.

［13］中国可再生能源学会光伏专业委员会. 中国光伏技术发展报告（2018 年）［Z］. 2018.

［14］国家可再生能源中心. 中国可再生能源产业发展报告（2017 年）［M］. 北京：中国经济出版社，2017.

［15］水电水利规划设计总院. 中国可再生能源发展报告（2017 年）［M］. 北京：中国电力出版社，2017.

［16］陈永祥，方征. 中国风电发展现状、趋势及建议［J］. 科技综述，2010（4）：14-19.

［17］张明锋，邓凯，陈波，等. 中国风电产业现状与发展［J］. 机电工程，2010，1（27）：1-3.

［18］党福玲，朝克，贾永. 我国风电产业发展现状浅析［J］. 经济论坛，2010（12）：58-60.

［19］沈德昌. 当前风电设备技术发展现状及前景［J］. 太阳能，2018（4）：13-18.

［20］张佳丽，李少彦. 海上风电产业现状及未来发展趋势展望［J］. 风能，2018，104（10）：49-53.

［21］孙振钧. 中国生物质产业及发展取向［J］. 农业工程学报，2004，20（5）：1-5.

［22］郭艳东. 生物柴油生产技术的发展现状及前景［J］. 当代化工研究，2016（12）：80-81.

［23］吕仲明，徐盛林. 生物质气化技术的研究现状［J］. 中国环保产业，2018（9）：32-35.

［24］国家自然科学基金委员会，中国科学院，能源科学发展战略研究组. 2011—2020年我国能源科学学科发展战略报告［R］. 2010.

［25］国家自然科学基金委员会工程与材料科学部. 工程热物理与能源利用学科发展战略研究报告［M］. 北京：中国科学出版社，2011.

［26］中国科学技术协会，中国自然资源学会. 资源科学学科发展报告（2011—2012）［M］. 北京：中国科学技术出版社，2012.